蒙古栎定向培育

程广有　唐晓杰　孟　昕　陈建伟　著

科 学 出 版 社

北 京

内 容 简 介

蒙古栎（*Quercus mongolica*）又称柞树，隶属壳斗科栎属，集材用、饲用、药用、食用和绿化等多种用途于一身，具有重要的开发价值。本书重点介绍了分布在我国境内的蒙古栎种质资源、开花结实规律、主要经济性状的种内变异、良种选育、育苗技术、立地分类、次生林经营、柞蚕饲养林培育、病虫害防治和耐盐碱性等理论与技术。

本书可供农林高等院校和科研院所师生及相关生产单位从事林业研究与技术指导的人员阅读参考。

图书在版编目 (CIP) 数据

蒙古栎定向培育 / 程广有等著. -- 北京 : 科学出版社, 2025. 3.
ISBN 978-7-03-080437-2

Ⅰ. S792.186

中国国家版本馆 CIP 数据核字第 2024PC6931 号

责任编辑：张会格　白　雪 / 责任校对：宁辉彩
责任印制：肖　兴 / 封面设计：无极书装

科 学 出 版 社 出版

北京东黄城根北街 16 号
邮政编码：100717
http://www.sciencep.com
北京天宇星印刷厂印刷
科学出版社发行　各地新华书店经销
*

2025 年 3 月第 一 版　　开本：720×1000 1/16
2025 年 3 月第一次印刷　　印张：18 3/4
字数：378 000

定价：**180.00 元**
（如有印装质量问题，我社负责调换）

前　言

蒙古栎（*Quercus mongolica*）又称柞树或橡树，隶属壳斗科栎属，主要分布于中国的华北、东北、内蒙古东部，以及朝鲜半岛、俄罗斯远东地区、蒙古国及日本等地区，在酸性、中性、石灰岩土壤上都能健康生长。其根系较发达，具有优良的耐瘠薄、耐干旱、耐寒害、耐林火和抗病虫等生物学特性，是构建天然林和培育人工林的重要乡土树种。

蒙古栎材质优良，可用于加工高档家具、地板、酿酒木桶等；其叶片可用于养蚕，幼嫩枝叶是鹿、狍、马、牛、羊的饲料；其果实富含淀粉，可食用，也可用于酿酒或生产淀粉；其树皮、根皮、叶、果实均可入药，有清热利湿、收敛、止泻、解毒等功效；其花粉可作为辅助蜜源；其腐烂的枝杈可供野生黑木耳自然生长；其枝干是食药用菌栽培的优质原料，因此蒙古栎林中常见菌菇之王——松茸。

针对用途的不同选育蒙古栎优良品种，结合现代森林培育技术进行分类经营、高效培育，可以提高蒙古栎林的生态效益、经济效益和社会效益。

基于蒙古栎重要的生态与经济价值，优质蒙古栎人工林的培育受到重视，并取得了丰硕的科研成果。本书就是这些成果的系统展示与介绍。全书共 10 章，分别为：第 1 章蒙古栎概述；第 2 章蒙古栎开花结实规律；第 3 章蒙古栎叶片性状变异；第 4 章蒙古栎生长性状变异；第 5 章蒙古栎良种繁育基地建设；第 6 章蒙古栎良种苗木培育；第 7 章蒙古栎次生林分类经营；第 8 章柞蚕饲养林建设与管理；第 9 章蒙古栎病虫害防治；第 10 章蒙古栎耐盐碱性。

本书首次提出蒙古栎分类经营理念，以主要经济性状遗传变异规律为依据，选育出蒙古栎功能品种，为其高效培育提供理论与技术支撑。

本书理论联系实际，内容充实，简明扼要。但限于作者写作水平，不足之处在所难免，敬请同行和广大读者批评指正。

著　者

2024 年 8 月

目　　录

第1章 蒙古栎概述

1.1 蒙古栎生物学特性

蒙古栎（*Quercus mongolica*）又称柞树或橡树，隶属壳斗科栎属（郑万钧，1985；陈有民，1990）。乔木或亚乔木，高达 30m，胸径达 60cm；树冠卵圆形；树皮幼时暗灰褐色，老时暗灰色、深纵裂；幼枝紫褐色，老枝栗褐色。叶片有波状齿缘，表面深绿色，背面淡绿色，单叶互生，倒卵形或倒卵状长圆形，长 7～17cm、宽 4～10cm，先端钝圆或短渐尖；自中部以下渐狭窄，基部耳形，边缘有波状钝齿，叶柄长 2～8mm。花较小，花丝细长，单性，雌雄同株。浆果黑色，球形；种子 2～3 粒，卵形；坚果卵形至长卵形，直径 1.3～1.8cm，长 2～2.3cm；壳斗碗状，包围坚果 1/3～1/2，壁厚，具肉质子叶。花期 5～6 月，果期 9～10 月（郑万钧，1985）。

蒙古栎抗性、适应性强，分布广，抗病虫害、霜冻，耐寒（郑希伟等，1990；陆文海等，2021；于顺利等，2000；高志涛和吴晓春，2005）。树皮厚，耐火烘、烧，过火后不易受伤，具有耐火能力，是防火好树种（郑焕能等，1986）。蒙古栎比一般树种发芽晚，一般可错过易发生火灾的防火戒严期，避免嫩芽遭到火烧。即使反复受自然火烧，也能够更新，可以出现多代萌生，具有顽强的生命力，而针叶树和有些阔叶树则不能。蒙古栎发芽晚还可避过寒冷的晚霜，即使下霜将嫩叶冻伤，其还可萌发出新芽（樊后保，1991；刘彤，1994；孙广义，1986；刘文祥等，2008；李克志，1958）。

蒙古栎适宜于温暖湿润的气候，可以抵抗一定的寒冷和干旱。在酸性、中性、石灰岩土壤上都能健康生长，而且耐瘠薄，但不耐水涝（陈大珂等，1994）。且喜光，耐侧方庇荫，喜温凉气候，耐寒。属深根性树种，根系较发达，能适应干旱瘠薄的土壤，萌芽力极强（郑希伟等，1990；殷晓洁等，2013）。

1.2 蒙古栎分布

蒙古栎在我国主要分布于华北、东北、内蒙古东部，为落叶阔叶林的主要树种。在河北省，栎林面积占全省森林面积的 8.5%，而蒙古栎林在栎林中面积最大。东北三省的蒙古栎林面积可占其次生林总面积的 35% 以上，如黑龙江省森工系统的蒙古栎林面积为 270hm²，占次生林总面积的 40%。蒙古栎是温带针阔混交林区域松林的重要伴生树种之一，同时在松林被干扰后，是形成次生阔叶林面积比例最大的建群树种（郑万钧，1985；周以良，1988）。

1.2.1 蒙古栎水平分布

蒙古栎的分布区包括中国华北、东北、内蒙古东部的连续分布区，以及朝鲜半岛、俄罗斯远东地区、蒙古国及日本的间断分布区。连续分布区又包括集中分布区和外围岛状分布区，外围岛状分布区位于内蒙古东北角与俄罗斯接壤处、山东半岛的昆嵛山和崂山及内蒙古的东部。蒙古栎林分布区的北界在中国漠河一带到俄罗斯远东地区斯塔诺夫山脉（外兴安岭）南坡海拔 300m 左右水平线位置，大约在北纬 55°线上；东界在俄罗斯萨哈林岛（库页岛）与日本北海道约东经 143°处；南界在我国山东昆嵛山约北纬 37°处；西界在内蒙古大青山约东经 111°处。对于蒙古栎分布区的西界，过去有学者认为在山西省中条山西南部也有蒙古栎分布，但通过实地考察及对这些地区栎属标本的审阅，未见蒙古栎的标本，大部分属辽东栎（高志涛和吴晓春，2005；郑万钧，1985；周以良，1988；陈科屹等，2018）。

蒙古栎在中国天然分布的北界为漠河、抚远一带的黑龙江南岸；最东分布在抚远市；东北界为乌苏里江沿岸及中国与朝鲜边境线，一直到辽东半岛和山东半岛昆嵛山；与昆嵛山遥隔华北平原的山西五台山为此种分布的西南角；最西分布于内蒙古大青山；西北界与大兴安岭北坡山地前的内蒙古森林草原界线相一致。蒙古栎在大兴安岭北部主要分布在东南麓，黑龙江流域和嫩江流域及各支流的低海拔山地、内蒙古大兴安岭南部山地。蒙古栎在黑龙江大兴安岭普遍生长在加格达奇林业局、松岭林业局、新林林业局、塔河林业局东部及沿黑龙江各林业局江前台地的山地上。蒙古栎林在小兴安岭、张广才岭和三江平原丘陵地带广泛分布，并且是黑龙江次生林中最重要的建群种。在吉林，蒙古栎分布在长白山、四平、长春一线以东山地及山前丘陵地带，一直到中朝边境线。蒙古栎在辽宁的分布位置因地区的差异有明显变化：在辽宁东部山地，主要分布在岗梁和阳坡山地；在辽宁西部丘陵地区，则多分布于阴坡和半阴坡，甚至沟谷地带。河北省蒙古栎林在栎林中面积最大，主要分布在围场、隆化、兴隆、滦平、青龙等地及太行山系、恒山等海拔 800m 以上的山地。蒙古栎林有纯林或混交林，纯林多在阳坡，阴坡多为混交林。蒙古栎在山东昆嵛山和崂山有少量分布，在山西分布在五台山和山西北部山地（高志涛和吴晓春，2005；郑万钧，1985；周以良，1988；陈科屹等，2018）。

1.2.2 蒙古栎垂直分布

蒙古栎具有明显的垂直分布特性，种群数量随着纬度的递增而逐渐减少。在大兴安岭北部海拔 250～400m 的区域内，蒙古栎常分布于低山的平坦顶部和坡度 5°以内各坡向的山坡上。在大兴安岭西南麓，蒙古栎分布在海拔 550～900m 范围内，而到了大兴安岭最南部的黄岗梁，则分布在海拔 870～1600m 范围内。在内蒙古翁牛特旗，蒙古栎分布在海拔 1100m 左右。在内蒙古大青山，蒙古栎分布在海拔 1400～1600m 的沟谷土地。在小兴安岭、完达山、张广才岭和三江平原，蒙古栎多分布在海拔 350～600m 的低山带，最高可达 800m。在长白山区最高分布海拔达 1000m。在以上这些山地，蒙古栎是红松阔叶林的主要伴生树种，同时是原始林被破坏后形成次生林的主要树种之一。在河北省，蒙古栎林生长在海拔 800m 以上的山地，如在承德，蒙古栎分布在海拔 900～1400m 范围内。在北京松山国家森林公园，蒙古栎分布在海拔 900～1600m 的半阳坡。在山东省昆嵛山和崂山，蒙古栎分布于海拔 300～900m 范围内。另外，蒙古栎在 2000m 以上山地的沟谷半阴坡有分布，并形成群落，同时在山西北部的高海拔山地也有分布（高志涛和吴晓春，2005；郑万钧，1985；周以良，1988；陈科屹等，2018）。

1.3　蒙古栎的价值

蒙古栎全身是宝，其树干是优质木材；叶可用于养蚕；幼嫩的枝叶可以供鹿、狍子等大型野生食草性动物食用，也可作为鹿、马、牛和羊的饲料；果实被称为"橡子"，野猪等野生动物喜食，还可用于生产淀粉、食用、酿酒；树皮、根皮、叶、果实均可入药，有清热利湿、收敛、止泻、解毒等功效；花粉可作为辅助蜜源；腐烂的枝杈上可自然生长野生黑木耳。蒙古栎可间接用于生产松茸，在牡丹江林区绥阳林业局等地，只有蒙古栎、赤松、杜鹃和胡枝子的混交林下才可能生长野生食用菌之王——松茸（远皓和杨传林，2016）。

1.3.1　化学成分

蒙古栎果实中除主要含有淀粉、蛋白质、脂肪、单宁外，还含有维生素 D_2、17 种氨基酸及 20 种微量元素（敖特根等，1998）。Ishimaru 等（1987）在蒙古栎种子中分离得到 6 个新的没食子单宁：1-O-没食子酰基-proto-环己五醇、1,4-O-二没食子酰基-proto-环己五醇、1,4-O-二没食子酰基喹啉酸、1,3,4-O-三没食子酰基喹啉酸、4-O-没食子酰基-(−)-莽草酸和 5-O-没食子酰基-(−)-莽草酸，以及 6 个已知的单宁成分：3-O-没食子酰基-proto-环己五醇、3-O-没食子酰基喹啉酸、4-O-没食子酰基喹啉酸、3,4-O-二没食子酰基喹啉酸、3,5-O-二没食子酰基喹啉酸和 3-O-没食子酰基-(−)-莽草酸。蒙古栎叶中含有糖、蛋白质、脂肪、单宁、叶绿素、灰分、维生素、果胶、17 种氨基酸、木栓酮、β-粘霉烯醇、羽扇豆醇和 β-谷甾醇及 20 种微量元素。王耀辉等（2006）用水蒸馏法提取了两个不同树龄（16 年生、55 年生）蒙古栎叶样品中的挥发性成分，采用气相色谱-质谱（GC/MS）技术和标准图谱检索对照的方法分别分离和鉴定了挥发性成分，并用离子流色谱峰面积归一化法计算了各组分的相对含量，结果从两样品中都分离出了 31 种化合物，并分别鉴定出了其中的 28 种（16 年生的蒙古栎叶样品）和 27 种（55 年生的蒙古栎叶样品）化合物。结果表明，两样品中都含有烷烃、醇、酯、酮、酸、酚和烯，主要成分都有二十三烷、二十五烷和二十七烷。其同时比较了两样品中挥发性成分的差异。王金兰等（2014）对蒙古栎树皮乙醇浸出液正己烷萃取物和乙酸乙酯萃取物的化学成分进行了研究，从中分离得到 20 种化合物，分别鉴定为蒲公英赛酮（taraxerone）、蒲公英赛醇（taraxerol）、20β-羟基达玛烷-23(24)-烯-3-酮（20β-hydroxydammarane-23(24)-en-3-one）、20(S),24(S)-二羟基达玛烷-26-en-3-one[20(S),24(S)-dihydroxy-dammarane-26-en-3-one]、熊果酸乙酸酯（ursolic acid acetate）、羽扇豆醇（lupeol）、β-谷甾酮（β-sitosterone）、异刺树醇（isofouquierol）、没食子酸（gallic acid）、5,6,7,4'-四羟基二氢黄酮（5,6,7,4'-tetrahydroxyflavanone）、花旗松素（taxifolin）、东莨菪内酯（scopoletin）、山奈酚（kaempferol）、β-谷甾醇（β-sitosterol）、(–)-开环异落叶松树脂酚[(–)-secoisolariciresinol]、古柯二醇（erythrodiol）、(–)-表儿茶素[(–)-epicatechin]、胡萝卜苷（daucosterol）、(–)-表松脂酚[(–)-epipinoresinol]和水杨酸（salicylic acid）。姚佳等（2012）对蒙古栎枝（去叶小枝）乙醇浸出液乙酸乙酯萃取物的化学成分进行研究，从中分离得到 7 种化合物，依据理化性质和波谱数据分析对其结构进行鉴定，结果分别为：(–)-开环异落叶松树脂酚、(–)-表松脂酚、β-谷甾醇葡萄糖苷（β-sitosterol glucoside）、(–)-表儿茶素、β-谷甾醇、水杨酸和古柯二醇（袁久志，1997；姚大地等，1998）。

1.3.2　蒙古栎主要用途

1. 优质木材

蒙古栎材质坚硬、抗磨损、抗腐蚀，具有较高的木材加工价值。申艳梅等（2014）通过对蒙古栎木材分类加工、剩余物利用等技术进行研究，充分挖掘蒙古栎的木材利用潜质，提高其经济效益和综合利用水平。刘彦龙等（2010）以长白山蒙古栎材为原料，对其进行露天自然风干、烘烤、机械加工等工艺，以此介绍橡木桶的生产工艺流程。

在加工方面，蒙古栎木材因强度高、防潮、质地坚硬、耐磨性好、色彩表现良好，并且木材易于干燥，长时间放置后不会变色，成为我国主要的木材种类之一。虽然蒙古栎木材加工难度较高，但其油漆和上蜡的效果非常好，适合用于制作椅子、床、沙发、餐桌、书桌等古典工艺家具。在我国北方地区，有一些大中型家具企业专门以蒙古栎为主要木材制作出口家具。

2. 入药

蒙古栎树皮、叶均可入药，微苦、涩、寒，有清热利湿、解毒、化痰等功效，主治急性肠炎、痢疾、黄疸、小儿消化不良、急慢性支气管炎、痔疮等症。

3. 饲料

蒙古栎叶中富含多种氨基酸和矿物质，能饲养柞蚕，也是野猪和鹿的优质饲料。

4. 工业用途

蒙古栎果实被称为"橡子"，主要成分为淀粉，可用于生产工业用淀粉或酒精。柞蚕丝工业用途更广，如可用于制作落伞、工作服、轮胎布等。

5. 食用菌栽培

蒙古栎的加工废料和枝杈的粉末可作为生产袋栽木耳、灵芝等食用和药用菌的基质，而废弃菌糠可用来生产机制炭进行取暖，菌糠又能撒播到林子里作为肥料。

6. 燃料

蒙古栎因热值高、易斧劈、坚硬，通常被用来作为烧材，是优良的能源树种。

7. 绿化

蒙古栎树型优美，冬季不落叶，耐寒，抗污染能力强，是城乡绿化的优良树种。适于作城市观赏绿化树种。可单植于庭院、广场、公园，冠大荫浓，叶片翠绿宽大，冬季变成棕红色而不落，新奇优美，是上等观赏树木。将蒙古栎作为行道树及小区、广场绿化树，是近几年的发展趋势（远皓和杨传林，2016）。

1.4　蒙古栎遗传改良

1.4.1　蒙古栎种质资源

李文英等（2003）以黑龙江省小兴安岭嘉荫、内蒙古大青沟和河北省雾灵山的 3 个蒙古栎群体及北京东灵山辽东栎群体为研究对象进行扩增片段长度多态性（AFLP）分析和聚类分析，结果表明，蒙古栎的遗传多样性主要存在于群体内，即群体内遗传多样性略高于群体间,蒙古栎群体之间存在随着地理距离增加遗传距离也逐渐递增的趋势。蒙古栎群体内部之所以遗传多样性偏低可能与环境破坏较为严重、现存林分基本为次生林等因素有关。夏铭等(2001)利用分子生物技术对黑龙江省25个典型蒙古栎天然群体的遗传多样性、群体内和群体间的遗传变异进行研究,结果发现,蒙古栎群体内的多样性水平较高,遗传多样性较为丰富,群体间的遗传分化不明显。张杰等(2007)应用微卫星DNA简单序列重复区间(inter-simple sequence repeat,ISSR)标记技术对东北地区的优势树种蒙古栎的25个种群遗传多样性进行了分析,从60条ISSR引物中筛选出10个特异性强、稳定性好的引物进行ISSR分析,共获得71个位点,其中有56个多态位点,多态位点百分率为78.87%。张杰等(2007)还对蒙古栎种群进行了PopGene分析,结果显示种群的平均多态位点百分率为45.2%、Shannon表型多样性指数平均值为0.25,这表明蒙古栎种群具有较高的遗传多样性,种群间存在一定程度的基因流和遗传分化,种群内的基因多样性占总种群的73.43%、种群间占26.57%,说明蒙古栎种群的变异主要来源于种群内。

陈晓波和王继志(2010)采用环境指数法对蒙古栎种源稳定性进行了评价,确定磐石、美溪、岫岩、宽甸、红石、白石山种源为高产型种源。王浩(2016)以科尔沁沙地蒙古栎为研究对象,进行了种质资源调查和优良种质资源筛选研究,结果表明,初选的26株优树中,乌旦塔拉与章古台种源初选优树个体间在单位投影面积平均结实量、单果重及平均种径3个经济指标均有较大的变异幅度。颜冰等(2015)对东北三省不同种源蒙古栎种子表型性状和淀粉含量进行了对比分析,黑龙江大箐山的蒙古栎种源为品质优良的种源,蒙古栎种子长度越大,单果越重。屈红军等(2013)对蒙古栎苗期种源进行了分析,结果表明,蒙古栎种源各生长性状存在着显著性差异;蒙古栎地理变异总趋势受经纬度影响,其中经度影响略大;不同种源蒙古栎生长性状与地理环境、气候因子之间具有一定的相关性。张杰等(2005)对不同种源蒙古栎的叶绿素荧光特性进行了研究,结果表明,汪清、湾甸子和白石砬子种源的蒙古栎叶绿素荧光特性均优于其他种源,具有优良的光合生理功能。

1.4.2 蒙古栎良种选育

张桂芹等(2015)对蒙古栎种源生长性状的遗传变异及优良种源选择进行了研究,结果显示,12年生蒙古栎25个种源间生长性状变异幅度较大;蒙古栎种源间树高、胸径、材积差异均达到极显著水平;该研究综合树高、胸径、材积生长指标,评选出磐石、集安、湾甸子、沾河、白石山、绥棱、松花湖7个种源为伊春地区的优良种源。黄秦军等(2013a)对蒙古栎生长及生理特征的种源间差异进行了研究，结果表明，江密峰种源生物量最大，其根质量和总质量与其他几个种源差异都达到显著水平；不同种源间单叶面积和栅栏组织厚度存在显著差异；不同种源生长及生理特征均存在差异，蒙古栎遗传资源变异丰富，江密峰种源表现最好，应用潜力大。厉月桥等（2013）对不同种源蒙古栎种子表型性状与淀粉含量的变异进行了分析，结果表明，不同种源蒙古栎种子表型性状与淀粉含量差异极显著，故可以通过在初选期先筛选出大而淀粉含量高的种子，再对初选材料进行实验室准确测定来选择良种。潘树百等（2018）对蒙古栎无性系间叶片氮、磷、钾含量变异进行了初步分析，结果表明，无性系间氮、磷、钾含量差异均达极显著水平。刘喜仁等（1997）对蒙古栎生长变异与早期选择进行了研究，结果表明，蒙古栎不同林分个体的生长变异与成、幼龄生长性状的相关系数均随年龄的增大而增长，天然林和人工林的最佳早期选择年龄分别为 35 年和 18 年。

第 2 章　蒙古栎开花结实规律

物候是生物受外界环境条件影响而形成的生长发育节律。对于植物来说，树液流动、开花结实等物候现象，都是对所在区域环境气候变化长期适应的结果，是重要的生活史特征之一，也是生殖能否成功的关键影响因素。其中，花期同步性是种子园筛选亲本需要考虑的基本要素，也是影响交配设计的重要因子。种子园不同无性系开花结实量存在显著差异，直接影响果实的产量和品质。种子园结实性状受多方面因素的影响，无性系间的差异是影响产量的主要因素，不同无性系结实能力有强弱之分。同时结实及种子性状随气候的不同发生周期性变化（蔡艺伟，2023）。

2.1　蒙古栎生长节律与气候

蒙古栎集材用、饲用、药用、真菌栽培、食用、绿化等多种用途于一身，具有较高的经济价值、生态价值和社会价值。

随着气温升高而出现的树液流动、生长、开花、结实等现象，都是植物对当地气候长期适应的结果。有关蒙古栎播种育苗、造林和抚育等的研究较多，而有关其营养生长、生殖生长与气候之间关系的报道较少。本节旨在探讨蒙古栎生长发育过程对气候的响应，为培育蒙古栎速生林和提高蒙古栎种子园结实量提供科学依据。

2.1.1　材料与方法

试验材料。本试验以吉林森工临江林业有限公司金山林场蒙古栎无性系种子园植株为调查对象。该园区位于吉林省白山市，属长白山气候区，海拔约 793m，年均温约 1.4℃，无霜期约 109d，年均降水量 830mm，年均风速 1.9m/s，昼夜温差较大，可达 18℃。种子园内主要为暗棕色肥沃森林土，伴有少量黄泥，腐殖质厚度 >15cm，土壤 pH 5.5~6.0。种子园被划分为两个小区：蒙古栎 I 区优树主要来源于长白山，面积约 2.5hm²，种子园内约有 20 个无性系，共 624 株母树；蒙古栎 II 区优树主要来源于小兴安岭，面积约 2hm²，种子园内约有 20 个无性系，共 500 株母树。以上两个小区蒙古栎均采用嫁接繁殖，各无性系分株数均大于 20 个，2003 年 5 月定植。

营养生长调查。选择蒙古栎种子园内 2 个种源，每个种源 3 个无性系，每个无性系 3 株，4 月开始在选定植株东、南、西、北 4 个方向树冠的上下 2 层共 8 个芽挂牌标记，定期观测叶芽萌动、叶片和新梢生长过程。

生殖生长调查。5 月开始，定期观测选定植株雌雄花和果实的发育过程。

气候因子。记录观测期内的气候因子。

统计分析。利用 Excel 软件对观测所得的数据进行整理统计，并用 SAS 9.4 软件进行方差及相关性分析。

2.1.2　蒙古栎营养生长对气候的响应

蒙古栎不同时期无性系平均芽长、芽宽见表 2.1。5 月初，当日均温达到 6℃ 左右时，蒙古栎枝条逐渐返青，圆锥形混合芽体积不断膨大，芽长日均增长量约为 0.75mm/d，芽宽日均增长量约为 0.215mm/d。直至 5 月 7 日左右，多数混合芽逐渐开裂，顶端紧抱的硬质芽鳞逐渐开裂、褪去，可见略带绒毛的柔嫩绿色尖端，剥开芽鳞可见叶序轴和幼叶。不同无性系单株进入芽开裂期的时间存在差异，如 Ⅱ-23 号无性系在 5 月 10 日左右混合芽芽鳞开始脱落，而 Ⅱ-18 号无性系在 5 月 7 日左右混合芽已开裂至可见颜色鲜嫩的幼叶。

表 2.1　蒙古栎不同时期无性系平均芽长、芽宽　　　　　（单位：mm）

无性系	特征	日期（月/日）			
		4/3	5/2	5/4	5/6
Ⅰ-8	芽长	15.80	17.30	20.28	22.56
	芽宽	6.10	6.81	7.93	8.88
Ⅰ-9	芽长	16.04	19.71	25.73	18.66
	芽宽	4.80	4.84	5.39	5.86
Ⅰ-14	芽长	14.16	15.10	17.33	19.84
	芽宽	5.27	5.54	6.15	7.32
Ⅱ-18	芽长	13.68	14.67	16.19	18.94
	芽宽	5.11	5.38	6.27	6.44
Ⅱ-23	芽长	14.15	14.59	16.15	17.46
	芽宽	4.96	5.36	6.03	6.70
Ⅱ-29	芽长	16.45	17.95	20.31	20.89
	芽宽	6.18	6.39	7.49	8.57

蒙古栎叶片生长曲线见图 2.1。由图 2.1 可见，叶片在最初的 3 周生长迅速，然后进入缓慢生长期。5 月 7 日，当日均温达到 7.5℃ 时，蒙古栎新叶开始生长。初期芽苞中伸出卷曲或沿叶脉折叠的小叶，平均叶长为 30.17mm，平均叶宽为 7.93mm（表 2.2）。5 月 13 日，当日均温达到 10.5℃ 时，叶片半展，生长速度加快，

此时叶片仍被松散的芽鳞包裹，且呈半聚拢状态，平均叶长为 38.90mm，平均叶宽为 15.71mm，叶长生长速率为 6.48mm/d，叶宽生长速率为 2.61mm/d，此时生长量占总生长量的 20.93%。5 月 15 日，第一批小叶从被芽鳞包裹的直立状态逐渐转至平展。5 月 16 日，当日均温达到 14℃时，半数以上枝条上的混合芽芽鳞几乎全部脱落，叶面积随着气温的升高不断增大，进入展叶盛期，叶片颜色也逐渐由嫩绿色转变为深绿色，且不断增厚，此时平均叶长为 58.83mm，平均叶宽为 32.86mm，叶长生长速率为 9.81mm/d，叶宽生长速率为 5.48mm/d，生长速度达到全年最高水平。5 月 23 日，当日均温达到 18.5℃时，进入春色叶变色期，新叶从鲜嫩的绿色转变为暗绿色，平均叶长达到 135.22mm，平均叶宽达到 79.65mm，此时生长量占总生长量的 79.07%。

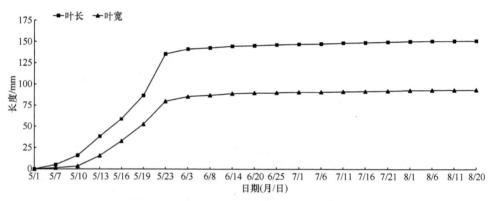

图 2.1　蒙古栎无性系叶长、叶宽生长过程

表 2.2　蒙古栎无性系叶片生长性状数量特征　　　　（单位：mm）

无性系	特征	日期（月/日）					
		5/7	5/10	5/13	5/16	5/19	5/23
I-8	叶长			38.00	54.08	83.70	132.53
	叶宽			13.75	26.43	40.43	69.55
I-9	叶长			32.29	61.23	92.08	149.00
	叶宽			11.35	36.15	60.60	97.50
I-14	叶长		32.74	44.43	66.83	80.65	146.23
	叶宽		5.15	22.15	41.08	59.75	70.75
II-18	叶长	30.17	34.67	39.95	56.95	90.33	122.55
	叶宽	7.93	10.51	21.60	35.20	63.33	91.38
II-23	叶长			39.00	53.78	82.30	133.05
	叶宽			11.80	25.80	44.25	71.15
II-29	叶长		28.54	36.35	60.08	89.80	127.93
	叶宽		4.59	13.58	32.50	47.20	77.55

注：空白格表示尚未萌发新叶

花期后，叶长、叶宽仍缓慢增加，逐渐加厚、革质化，叶色由深绿色变为墨绿色，淡黄色叶脉逐渐清晰、凸起。直至 9 月中旬，叶片边缘发黄、干枯、变脆，叶面逐渐布满锈色斑点，进入变色期。9 月末至 10 月初，蒙古栎进入落叶期，多数叶片干枯、凋落，部分宿存。

5 月中旬，蒙古栎新梢萌发，混合芽萌发后 10d 左右，一年生枝顶部新梢开始生长。新梢生长初期，纵向生长速度较快，平均生长速率为 3.28mm/d，5 月 18 日进入花期后，生长速度明显减缓，平均生长速率为 1.61mm/d，径向生长在短期内无明显变化（图 2.2、表 2.3）。

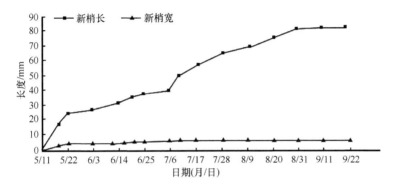

图 2.2　蒙古栎无性系新梢长、新梢宽生长过程

表 2.3　蒙古栎无性系新梢生长性状数量特征　　　　　（单位：mm）

无性系	特征	日期（月/日）								
		5/16	5/19	5/23	6/20	7/7	7/17	8/1	8/15	8/30
I-8	新梢长	16.20	29.00	34.30	58.10	64.40	64.90	65.60	66.40	71.20
	新梢宽	2.10	2.12	2.21	2.69	3.17	3.88	4.48	4.79	5.01
I-9	新梢长	20.80	26.00	37.30	37.80	71.80	73.30	79.90	100.56	101.90
	新梢宽	2.60	2.65	2.72	2.94	2.99	3.23	3.55	4.11	4.81
I-14	新梢长	18.60	31.10	33.30	46.70	52.30	58.30	66.40	71.90	77.30
	新梢宽	2.70	2.73	2.79	2.99	3.05	3.27	3.88	3.96	4.79
II-18	新梢长	19.10	30.80	33.50	45.70	52.80	63.20	69.70	77.20	79.90
	新梢宽	3.10	3.11	3.14	3.64	3.77	3.84	3.99	4.17	4.46
II-23	新梢长	9.60	19.60	21.90	40.30	46.80	57.70	64.20	68.10	71.20
	新梢宽	2.00	2.06	2.11	2.55	2.71	2.83	3.45	3.79	4.16
II-29	新梢长	19.10	25.50	26.70	52.30	55.50	72.60	73.70	85.50	88.30
	新梢宽	2.20	2.29	2.32	2.64	2.79	3.44	3.73	4.56	5.19

花期结束后，蒙古栎新梢继续生长，此时新梢长增长量为 0.74mm/d，新梢宽增长量为 0.03mm/d，8 月末至 9 月初逐渐停止生长并达到最大。同时，柔软的新

梢逐渐木质化，颜色由翠绿色逐渐变成深绿色，最后呈棕褐色，进入越冬休眠期。

2.1.3 蒙古栎营养生长与气候因子的相关性

蒙古栎营养生长与主要气候因子的相关性见表 2.4。由表 2.4 可知，芽长与最高温度、最低温度、平均温度呈显著正相关；芽宽与最高温度、最低温度、平均温度呈显著正相关；叶长与最高温度、昼夜温差、风速、紫外线强度呈显著正相关，与最低温度、平均温度呈极显著正相关，与相对湿度呈显著负相关；叶宽与最高温度、昼夜温差、风速、紫外线强度呈显著正相关，与最低温度、平均温度呈极显著正相关，与相对湿度呈显著负相关；新梢长与最高温度、最低温度、平均温度呈极显著正相关，与紫外线强度呈显著正相关，与相对湿度呈极显著负相关；新梢宽与最高温度、平均温度呈极显著正相关，与最低温度呈显著正相关。由此可知，温度和光照是影响蒙古栎营养生长的最主要因素。

表 2.4 蒙古栎营养生长与气候因子的相关性

气候因子	芽长	芽宽	叶长	叶宽	新梢长	新梢宽
最高温度	0.766*	0.763*	0.809*	0.823*	0.852**	0.919**
最低温度	0.751*	0.762*	0.876**	0.893**	0.857**	0.769*
平均温度	0.777*	0.783*	0.878**	0.895**	0.879**	0.838**
昼夜温差	0.646	0.666	0.767*	0.779*	0.700	0.509
风速	0.253	0.238	0.765*	0.719*	0.660	0.687
相对湿度	−0.623	−0.635	−0.805*	−0.822*	−0.907**	−0.692
紫外线强度	0.624	0.635	0.711*	0.704*	0.721*	0.638
相对气压	0.314	0.317	−0.306	−0.302	−0.259	0.143

注：*表示显著相关（$P<0.05$）；**表示极显著相关（$P<0.01$）

2.1.4 蒙古栎生殖生长对气候的响应

1. 雄花发育

蒙古栎花芽于上年 8 月底完成分化，翌年春季继续发育。蒙古栎雄花序发育经过 6 个时期，包括混合芽萌动期、雄花序形成期、雄花序伸长期、花药形成期、雄花序散粉期、雄花序枯萎期。蒙古栎雄花序 5 月初开始生长，伸长生长较快（图 2.3）。5 月 13 日，混合芽开裂后 5d，即可见由多个花粉囊组成的雄性柔荑花序，此时花序原基生长较快，花药紧凑，颜色呈嫩绿色，最长花序长度为 36.00mm，最大花序宽为 3.80mm，为雄花序形成期（表 2.5）。随着气温的升高，雄花序顶端微微发红，花序轴迅速伸长，平均生长速率为 7mm/d，单日最大生长量为 20.6mm。

5 月 19 日雄花序长达到最大值，花序最长可达 104.85mm，最短为 57.00mm，并形成饱满的、较为分散的黄绿色花药，同时部分花药开裂散粉，开裂顺序是从花序基部逐渐到顶部直至整个花序完全开放，花粉颜色为淡黄色。散粉后花药迅速萎缩干瘪，雄花序枯萎，逐渐变为灰褐色并凋落。

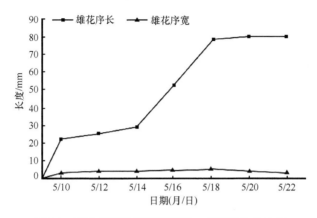

图 2.3　蒙古栎无性系雄花序长、花序宽生长过程

表 2.5　蒙古栎无性系不同时期雄花序长、花序宽　　　（单位：mm）

无性系	特征	日期（月/日）			
		5/10	5/13	5/16	5/19
I-8	花序长	20.94	36.00	46.88	81.18
	花序宽	3.13	3.38	4.30	4.98
I-9	花序长		19.45	55.28	62.20
	花序宽		3.80	4.00	6.45
I-14	花序长	19.75	29.13	55.50	62.65
	花序宽	3.32	3.51	3.92	4.45
II-18	花序长	18.17	28.83	56.08	104.85
	花序宽	3.14	3.63	4.23	6.18
II-23	花序长		20.58	38.85	69.20
	花序宽		3.13	4.00	4.38
II-29	花序长		18.03	38.70	57.00
	花序宽		3.22	3.86	4.43

注：尚未萌动的无数据，即空白

2. 雌花发育

蒙古栎雌花多生于新枝顶端，由花柱、总苞和胚珠 3 部分组成。依据形态变化，雌花自萌动至开花被分为 5 个时期，即萌动期、柱现期、柱裂期、柱干期、

子房膨大期（表 2.6）。5 月 14 日，混合芽萌发后 7d 左右，可见新梢顶端出现 3～5 个微小的红色圆点状凸起，为雌花萌动期。5 月 15 日，当日均温达到 14℃左右时，雌花进入柱现期，多个雌花向上伸长，可见淡绿色细长花柱，并伴有淡黄色绒毛，此时柱头尚未开裂。5 月 18 日，当日均温达 16.5℃时，柱头开始大量开裂，期初开裂角度约为 45°，随着雌花的进一步发育，柱头逐渐平展直至向外翻卷，开裂角度可达 120°，表面较为湿润，呈嫩绿色，宽度约为 2mm，此时雌花直径为 2mm，最适宜接受花粉。授粉后，柱头转变为暗紫色，表面光滑、干燥，进入柱干期，随后子房迅速膨大。

表 2.6 蒙古栎雌雄花发育过程

发育时期		发育特征	起止时间（月/日）
花芽分化期		由枝条顶端叶腋处的红色凸起逐渐生长为包裹着黄褐色鳞片的芽	6/20～8/30
花芽萌动期		树液开始流动，枝条逐渐返青	3/22～4/30
		芽开始膨大，芽鳞逐渐松散脱落	5/1～5/7
		芽开裂并露出柔嫩绿色尖端	5/7～5/10
花器官发育期	雄花	雄花序形成并伴有少量白色花丝	5/10～5/13
		花序伸长，嫩绿色花药紧凑且顶端微微泛红	5/13～5/16
		花序轴继续生长，黄绿色花药由紧凑逐渐变得松散饱满	5/16～5/18
		花序轴停止生长，花药开裂散出淡黄色花粉	5/18～5/24
		散粉始期	5/18～5/19
		散粉盛期	5/19～5/21
		散粉末期	5/22～5/24
		花药萎缩呈灰褐色，雄花序干枯凋落	5/22～5/24
	雌花	叶腋可见笔直向上生长的淡红色雌花	5/13～5/15
		花柱停止生长，顶端柱头瓣状开裂约 45°	5/15～5/18
		淡绿色柱头逐渐向外翻卷并附有湿润黏液	5/18～5/23
		开花始期	5/18～5/20
		开花盛期	5/20～5/22
		开花末期	5/23～5/25
		柱头表面光滑呈暗紫色，不再附着花粉	5/22～5/25
		花柱基部子房开始膨大	5/23～5/26

3. 授粉

当日均温达到 16℃时，蒙古栎雄花序开始散粉，此时雌花柱头开裂，开裂角度多在 45°，呈淡绿色花瓣状，湿润，易于接受花粉，进入开花始期。5 月 20 日，进入开花盛期，50% 以上植株雄花序散粉，此时雌花柱头开裂角度可达到 120°，达到开裂最大角度，并向外翻卷。散粉时雄花序长为 71.39mm，宽度为 5.28mm，达到可授粉状态的雌花直径为 2mm。5 月 23 日，半数以上的蒙古栎雄花序散粉结束，干枯脱落，雌花柱头表面也变得光滑，并呈暗紫色，标志着蒙古栎进入开花末期。

4. 果实发育

5 月 24 日，授粉开始后 7d 左右，雌花子房开始膨大，进入坐果期。蒙古栎幼果呈棕褐色，成熟时多为淡黄色。6 月 20 日，叶腋可见黄绿色壳斗包裹的蒙古栎幼果，淡绿色花柱依然留存于壳斗中央，柱头干枯呈黑褐色，此时壳斗直径为 5.52mm，尚未见果实。随后壳斗不断增大，直至 7 月 7 日左右，壳斗外壁的小苞片更加凸起，呈三角状，壳斗略有增大，直径为 8.05mm，完全包裹住花柱，柱头呈硬革质三角状，分 3～4 片留存于壳斗底部中央，并微微向外翻卷。8 月 1 日左右，壳斗外表面小苞片呈半球形瘤状凸起，底部向中间凹陷呈圆形，边缘呈粉红色，并可见壳斗内果实，此时壳斗直径为 15.62mm。至 8 月中旬，淡黄绿色壳斗内可见圆形光滑的深绿色果实，壳斗底部边缘变为灰白色，直径为 20.02mm，果实略凸起于壳斗底部。8 月底，果实直径生长至最大值，此时果实明显向外隆起，呈墨绿色，被绒毛并有光泽，果实底部向内凹陷，壳斗包裹种实的 1/2，直径为 26.99mm。至 9 月中旬，壳斗逐渐干枯呈黄褐色，果实脱落，壳斗部分随果实脱落，部分宿存。

2.1.5　蒙古栎生殖生长与气候因子的相关性

蒙古栎生殖生长与气候因子的相关性见表 2.7。由表 2.7 可知，雄花序长与最高温度、最低温度、平均温度呈极显著正相关，与昼夜温差、紫外线强度呈显著正相关，与相对湿度、降水量呈显著负相关；雄花序宽与最高温度、最低温度、平均温度、昼夜温差呈极显著正相关，与紫外线强度呈显著正相关，与相对湿度、

表 2.7　蒙古栎生殖生长与气候因子的相关性

气候因子	雄花序长	雄花序宽	雌花长	果实长	果实宽
最高温度	0.879**	0.859**	0.841**	0.882**	0.926**
最低温度	0.951**	0.950**	0.911**	0.895**	0.873**
平均温度	0.954**	0.947**	0.913**	0.915**	0.914**
昼夜温差	0.812*	0.857**	0.798*	0.731*	0.679
风速	0.595	0.407	0.472	0.601	0.548
相对湿度	−0.828*	−0.836**	−0.799*	−0.801*	−0.847**
降水量	−0.719*	−0.908**	−0.816*	−0.731*	−0.813*
紫外线强度	0.734*	0.794*	0.653	0.630	0.701
相对气压	−0.185	0.091	−0.079	−0.155	0.016

注：*表示显著相关（$P<0.05$）；**表示极显著相关（$P<0.01$）

降水量呈极显著负相关；雌花长与最高温度、最低温度、平均温度呈极显著正相关，与昼夜温差呈显著正相关，与相对湿度、降水量呈显著负相关；果实长与最高温度、最低温度、平均温度呈极显著正相关，与昼夜温差呈显著正相关，与相对湿度、降水量呈显著负相关；果实宽与最高温度、最低温度、平均温度呈极显著正相关，与相对湿度呈极显著负相关，与降水量呈显著负相关。

2.1.6 小结与讨论

1. 小结

（1）本研究通过营养生长观测发现，蒙古栎营养生长进程主要分为萌芽期、展叶期、新梢生长期和木质化等阶段。5 月初，当日均温达到 7.5℃ 左右时，蒙古栎混合芽鳞开始脱落，并露出柔嫩绿色尖端，新叶进入生长阶段。直至 5 月中旬，小叶从被芽鳞包裹的直立状态逐渐转至平展，半数以上枝条的混合芽芽鳞几乎全部脱落，进入展叶盛期，叶片颜色也逐渐由嫩绿色转变为深绿色，且不断增厚。同时，新梢也进入快速生长阶段，翠绿柔嫩的新梢逐渐变得坚硬，直至 8 月末，新梢木质化呈棕褐色，此时叶片呈硬革质，颜色为深绿色，并逐渐从边缘开始枯萎、凋落。

（2）蒙古栎花芽在 7 月开始形成，并于 8 月底完成分化。雄花序发育经过 6 个时期，包括混合芽萌动期、雄花序形成期、雄花序伸长期、花药形成期、雄花序散粉期、雄花序枯萎期。蒙古栎雌花多生于新枝顶端，自萌动至开花大致可被分为萌动期、柱现期、柱裂期、柱干期、子房膨大期。5 月 18 日左右雄花序开始散粉，雌花进入可授期，开花持续 7d 左右。授粉后的雌花子房开始膨大，进入坐果期。8 月底，果实直径生长至最大值，果实明显向外隆起，呈墨绿色，被绒毛，有光泽，果实底部向内凹陷，壳斗包裹种实的 1/2，直径为 26.99mm。至 9 月中旬，壳斗逐渐干枯呈黄褐色，果实脱落，壳斗部分随果实脱落，部分宿存。

2. 讨论

植物生长发育不仅与自身遗传特性有关，还与外界环境条件（如温度、湿度、光照、土壤等）密切相关（储吴樾等，2020；杨汉波等，2017；Rathcke and Lacey，1985）。温度升高与光周期增加协同作用有助于促进蒙古栎春季物候期提前，短光周期则明显抑制花芽的生长发育，长时间降雨易使花粉霉变，不利于花粉扩散。花期常伴随大风天气，频繁的空气流动有利于花粉扩散和雌花授粉，有助于花粉混合，缩短雌雄花花期，降低自交概率。在整个蒙古栎雌雄花发育阶段，光照条件较好的晴天仅占整个发育阶段的 20%，雨天占 40%，日均空气湿度为 70%，特别是花期的强降雨天气导致种子园内花粉受潮，这极大地影响了花粉传播和授粉。

本研究发现，气温和降雨是影响金山种子园蒙古栎营养和生殖生长的主要因素。提前收集和保存花粉、人工辅助授粉可避免降雨及长时间弱光照对授粉的不利影响，从而有效提高授粉成功率。

2.2　蒙古栎花量变异及空间分布

开花结实是植物生长发育的重要阶段，关系到植物的繁衍生息，且与产量和品质密切相关。因此，对果树开花授粉生物学的深入研究有助于生产者在栽培过程中科学地进行花期管理、选择与配置适宜的无性系，创造良好的授粉受精条件，以奠定丰产基础，同时也有助于遗传研究与品质改良。植物雌花和雄花的空间分布是其结实量的重要影响因素。例如，球花空间分布若不合理，将会影响油松的授粉状态，进而影响油松产量。雌雄花的空间分布不仅与植物自身生物学特性有关，还受到光照等环境因子的影响。在蒙古栎种子园内，各无性系花量及其占全园总花量的比例是决定园内配子贡献平衡性的重要因素，直接影响种子的产量和品质。掌握无性系间、冠层间及树冠方位间雌雄花的分布规律是种子园花粉管理，尤其是人工辅助授粉与控制授粉的前提和基础。

2.2.1　材料与方法

试验材料同 2.1.1 节。

观测方法。在蒙古栎Ⅰ区、蒙古栎Ⅱ区内分别选择 10 个无性系，每个无性系选择 3 个健壮的分株，测量每个分株的生长性状。每个分株选取树冠外围阳面的枝条，标记 3 个标准枝，统计并记录单株标准枝数、单个标准枝小枝数、单个小枝雌雄花数。对所选择的无性系，按东、南、西、北 4 个方向，树冠上下 2 层，各标记 2 个标准枝，并记录每株树各方向和冠层的标准枝数、每个标准枝花序数、每个花序小花数。

统计分析同 2.1.1 节。

其中无性系花量嵌套设计模型为：

$$x_{ijk} = \mu + \alpha_i + \beta_{j(i)} + \varepsilon_{ijk}$$

式中，x_{ijk} 为第 i 个区组第 j 个无性系第 k 个分株的花量；μ 为群体总平均数；α_i 为第 i 个区组的效应；$\beta_{j(i)}$ 为第 i 个区组内第 j 个无性系的效应，下标 $j(i)$ 为嵌套于第 i 个区组内的第 j 个无性系；ε_{ijk} 为随机误差。

2.2.2　蒙古栎开花性状数量特征分析

蒙古栎开花性状数量特征分析见表 2.8。

表 2.8　蒙古栎种子园开花性状统计

区组	数量特征	单株标准枝数	单个标准枝小枝数	单个小枝雄花数	单个小枝雌花数	单株雄花序数	单株雌花数
蒙古栎 I 区	平均值	36	11	44.6	4.9	16 703	2 164
	标准差	9.32	2.74	26.43	1.19	11 482.18	951.06
	变异系数/%	25.6	20.8	61.2	12.9	62.5	35.1
	最大值	56	18	103	7.2	53 350	5 263
	最小值	19	7.5	3	2.9	4 026	826
蒙古栎 II 区	平均值	33.8	12.2	48.3	4.7	18 429	2 223
	标准差	9.44	2.42	31.11	0.84	12 816.85	658.51
	变异系数/%	24.3	20.9	55.2	6.1	42.7	20.2
	最大值	52	17	114	5.3	47 012	3 550
	最小值	17	7.5	3	4	1 618	1 107

由表 2.8 可以看出，在蒙古栎 I 区内，无性系各花量性状平均值分别为 36 个、11 个、44.6 个、4.9 个、16 703 个和 2164 个，其中，单株雄花序数变异系数最大（62.5%），变幅为 4 026～53 350 个，单个小枝雌花数变异系数最小（12.9%），变幅为 2.9～7.2 个。在蒙古栎 II 区内，无性系各花量性状平均值分别为 33.8 个、12.2 个、48.3 个、4.7 个、18 429 个和 2223 个，其中，单个小枝雄花数变异系数最大（55.2%），变幅为 3～114 个，单个小枝雌花数变异系数最小（6.1%），变幅为 4～5.3 个。

2.2.3　蒙古栎无性系间花量变异

本研究对蒙古栎种子园内不同区组、不同无性系开花性状进行方差分析，分析结果见表 2.9。

表 2.9　蒙古栎花量性状方差分析

性状	变异来源	自由度	均方	F 值
单株标准枝数	区组	1	129.1	1.73
	无性系	18	127.7	1.71[*]
	误差	40	74.5	
单个标准枝小枝数	区组	1	6.5	1.25
	无性系	18	10.7	2.04[*]
	误差	40	5.2	
单个小枝雄花数	区组	1	803.7	1.29
	无性系	18	1 602.3	2.58[**]
	误差	40	621.8	

续表

性状	变异来源	自由度	均方	F 值
单个小枝雌花数	区组	1	3.0	7.04*
	无性系	18	2.6	6.08**
	误差	40	0.4	
单株雄花序总量	区组	1	44 682 257	0.52
	无性系	18	303 432 337	3.55**
	误差	40	85 539 546	
单株雌花总量	区组	1	208 337.59	0.48
	无性系	18	1 274 309.32	2.96**
	误差	40	430 173.25	

注：*表示显著相关（$P<0.05$）；**表示极显著相关（$P<0.01$）

由表 2.9 可以看出，除单个小枝雌花数外，其他花量性状区组间差异不显著，各花量性状无性系间差异均达到显著或极显著水平。单株标准枝数、单个标准枝小枝数无性系之间差异达到显著水平，单个小枝雄花数、单个小枝雌花数、单株雄花序总量、单株雌花总量无性系之间差异均达到极显著水平。

同一种子内不同无性系开花性状多重比较结果见表 2.10。

表 2.10　蒙古栎无性系间开花性状多重比较

无性系	蒙古栎Ⅰ区				无性系	蒙古栎Ⅱ区			
	标准枝数	标准枝小枝数	单个小枝雄花数	单个小枝雌花数		标准枝数	标准枝小枝数	单个小枝雄花数	单个小枝雌花数
Ⅰ-5	36.7ab	14ab	73.7a	2.9g	Ⅱ-3	39abc	14.2a	38bcd	4.5ab
Ⅰ-6	30.3ab	9c	16.7d	5.5cd	Ⅱ-4	42.7ab	12.3ab	4.3d	4.3ab
Ⅰ-7	44.3a	11.7bc	20.7cd	4.3e	Ⅱ-8	35abcd	12ab	10cd	5.1a
Ⅰ-8	27b	9c	66.5ab	5.1d	Ⅱ-9	22d	13ab	40bcd	4.7a
Ⅰ-9	34.7ab	14.5ab	39.5abcd	5.7bc	Ⅱ-11	32abcd	10.5ab	71.5ab	5.2a
Ⅰ-11	44a	10.5c	34bcd	5.2cd	Ⅱ-15	34abcd	9.8b	66ab	4.1b
Ⅰ-14	31.3ab	10.2c	58abc	6.1b	Ⅱ-18	30.7bcd	13ab	50abc	5a
Ⅰ-23	42ab	15.5a	22cd	5.3cd	Ⅱ-19	27.7cd	13ab	54.7abc	4b
Ⅰ-26	38.7ab	10.5c	39abcd	7.2a	Ⅱ-23	29bcd	12.8ab	60ab	5.3a
Ⅰ-45	38ab	10.5c	39.3abcd	3.7f	Ⅱ-29	45.3a	11.3ab	88a	4.3ab

注：同列数值后有相同字母的表示差异不显著，字母不同的表示差异显著（$P<0.05$）

由表 2.10 可以看出，在蒙古栎Ⅰ区内，Ⅰ-7 号无性系单株标准枝数最多，与Ⅰ-8 号无性系差异达显著水平；Ⅰ-23 号、Ⅰ-5 号、Ⅰ-9 号无性系单个标准枝小枝数较多，与Ⅰ-6 号、Ⅰ-7 号、Ⅰ-8 号、Ⅰ-11 号、Ⅰ-14 号、Ⅰ-26 号、Ⅰ-45

号无性系差异达显著水平；Ⅰ-5 号、Ⅰ-8 号无性系单个小枝雄花数较多，与Ⅰ-6 号、Ⅰ-7 号、Ⅰ-23 号无性系差异达显著水平；Ⅰ-26 号无性系单个小枝雌花数最多，与其他无性系差异均达到显著水平。在蒙古栎Ⅱ区内，Ⅱ-29 号无性系单株标准枝数较多，与Ⅱ-9 号、Ⅱ-18 号、Ⅱ-19 号、Ⅱ-23 号无性系差异达显著水平；Ⅱ-3 号无性系单个标准枝小枝数较多，与Ⅱ-15 号无性系差异达显著水平；Ⅱ-29 号无性系单个小枝雄花数最多，与Ⅱ-3 号、Ⅱ-4 号、Ⅱ-8 号、Ⅱ-9 号无性系差异达显著水平；Ⅱ-23 号无性系单个小枝雌花数最多，与Ⅱ-15 号、Ⅱ-19 号无性系差异达显著水平。

对同一种子内不同无性系的雌雄花总量进行多重比较，结果见表 2.11。

表 2.11 蒙古栎无性系间总花量多重比较 （单位：个/株）

无性系	蒙古栎Ⅰ区		无性系	蒙古栎Ⅱ区	
	雄花序量	雌花量		雄花序量	雌花量
Ⅰ-5	34 543^a	2 056^{bc}	Ⅱ-3	20 777^b	2 295^{bc}
Ⅰ-6	4 405^b	1 249^c	Ⅱ-4	2 438^c	2 306^{bc}
Ⅰ-7	10 149^b	2 362^{abc}	Ⅱ-8	2 350^c	3 162^a
Ⅰ-8	16 045^b	1 196^c	Ⅱ-9	14 776^{bc}	2 212^{cd}
Ⅰ-9	19 449^{ab}	2 767^{ab}	Ⅱ-11	21 144^b	2 976^{ab}
Ⅰ-11	18 683^{ab}	2 306^{abc}	Ⅱ-15	22 091^b	1 353^e
Ⅰ-14	18 001^{ab}	1 960^{bc}	Ⅱ-18	18 886^b	1 853^{cde}
Ⅰ-23	8 973^b	2 194^{abc}	Ⅱ-19	21 068^b	1 519^{ed}
Ⅰ-26	18 508^{ab}	3 539^a	Ⅱ-23	16 557^b	2 017^{cde}
Ⅰ-45	18 280^{ab}	1 429^{bc}	Ⅱ-29	44 206^a	2 546^{abc}

注：同列数值后有相同字母的表示差异不显著，字母不同的表示差异显著（$P<0.05$）

由表 2.11 可以看出，在蒙古栎Ⅰ区内，共有 6 个无性系雄花序数量大于平均值，共有 5 个无性系雌花量大于平均值，其中Ⅰ-5 号无性系单株雄花序总量与Ⅰ-9 号、Ⅰ-11 号、Ⅰ-14 号、Ⅰ-26 号、Ⅰ-45 号无性系差异不显著，与Ⅰ-6 号、Ⅰ-7 号、Ⅰ-8 号、Ⅰ-23 号无性系差异达显著水平；Ⅰ-26 号无性系单株雌花总量与Ⅰ-7 号、Ⅰ-9 号、Ⅰ-11 号、Ⅰ-23 号无性系差异不显著，与Ⅰ-5 号、Ⅰ-6 号、Ⅰ-8 号、Ⅰ-14 号、Ⅰ-45 号无性系差异达显著水平。在蒙古栎Ⅱ区内，共有 6 个无性系雄花序数量大于平均值，共有 5 个无性系雌花量大于平均值，其中Ⅱ-29 号无性系雄花序总量与其他无性系差异均达到显著水平；Ⅱ-8 号无性系雌花总量与Ⅱ-11 号、Ⅱ-29 号无性系差异不显著，与其他无性系差异则均达到显著水平。

为更有效地对各无性系花量进行分类，分别对各无性系单株雄花序总量、雌花总量进行聚类分析，结果如图 2.4 所示。

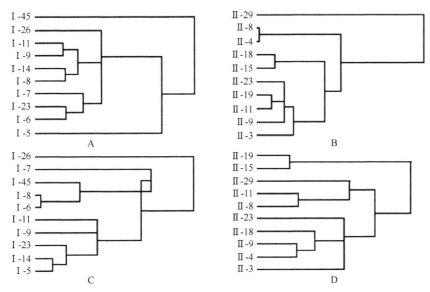

图 2.4　蒙古栎无性系花量聚类分析

A. 蒙古栎Ⅰ区单株雄花序总量聚类分析；B. 蒙古栎Ⅱ区单株雄花序总量聚类分析；
C. 蒙古栎Ⅰ区单株雌花总量聚类分析；D. 蒙古栎Ⅱ区单株雌花总量聚类分析

由图 2.4 可以看出，在蒙古栎Ⅰ区内，以单株雄花序数量为依据时，Ⅰ-5 号无性系被聚类为多花类群，Ⅰ-6 号、Ⅰ-7 号、Ⅰ-23 号无性系被聚类成少花类群，其余无性系则被聚类为中间类群；以单株雌花量为依据时，Ⅰ-26 号无性系被聚类为多花类群，Ⅰ-6 号、Ⅰ-8 号、Ⅰ-45 号无性系被聚类为少花类群，Ⅰ-5 号、Ⅰ-7号、Ⅰ-9 号、Ⅰ-11 号、Ⅰ-14 号、Ⅰ-23 号无性系则被聚类成中间类群。在蒙古栎Ⅱ区内，以单株雄花序数量为依据时，Ⅱ-29 号无性系被聚类为多花类群，Ⅱ-4 号、Ⅱ-8号无性系被聚类为少花类群，Ⅱ-3 号、Ⅱ-9 号、Ⅱ-11 号、Ⅱ-15 号、Ⅱ-18 号、Ⅱ-19号、Ⅱ-23 号无性系则被聚类成中间类群；以单株雌花量为依据时，Ⅱ-8 号、Ⅱ-11号、Ⅱ-29 号无性系被聚类为多花类群，Ⅱ-15 号、Ⅱ-19 号无性系被聚类成少花类群，Ⅱ-3 号、Ⅱ-4 号、Ⅱ-9 号、Ⅱ-18 号、Ⅱ-23 号无性系则被聚类成中间类群。

2.2.4　蒙古栎雌雄花空间分布

本研究对蒙古栎无性系上下冠层和 4 个方向上的雌雄花量进行方差分析，结果见表 2.12。

由表 2.12 可以看出，对蒙古栎Ⅰ区和Ⅱ区雌雄花空间分布方差分析结果表明，蒙古栎Ⅰ区雄花序数量在树冠不同方向间差异不显著，在冠层间的差异达到极显著水平；雌花数量在树冠不同方向间差异达到显著水平，在冠层间的差异达到极显著水平。蒙古栎Ⅱ区雄花序数量在树冠不同方向间差异不显著，在冠层间的差异达到显著水平；雌花数量在树冠不同方向间差异不显著，在冠层间的差异达到极显著水平。

表 2.12　蒙古栎雌雄花空间分布方差分析

区组	变异来源	雄花序			雌花		
		自由度	均方	F 值	自由度	均方	F 值
蒙古栎 I 区	方向	3	5 746 442	1.25	3	110 539	2.67*
	误差	36	4 605 152		36	41 379	
	冠层	1	577 834 000	23.61**	1	9 140 872	47.49**
	误差	18	24 472 524		18	192 497	
蒙古栎 II 区	方向	3	2 609 940	0.28	3	25 783	0.87
	误差	36	9 300 440		36	29 642	
	冠层	1	420 242 784	7.8*	1	7 409 096	60.83**
	误差	18	53 911 707		18	121 801	

注：*表示显著相关（$P<0.05$）；**表示极显著相关（$P<0.01$）

　　蒙古栎种子园内无性系雌雄花数量在树冠上的分布均表现为树冠上层显著多于树冠下层。其中，在蒙古栎 I 区内，树冠上层雄花序数量均值为 13 727 个，下层雄花序数量均值为 2977 个，冠层内花量 $C_上$：$C_下$=1：0.22；树冠上层雌花量均值为 1763 个，下层雌花量均值为 411 个，冠层内花量 $C_上$：$C_下$=1：0.23。在蒙古栎 II 区内，树冠上层雄花序数量均值为 13 407 个，下层雄花序数量均值为 4239 个，冠层内花量 $C_上$：$C_下$=1：0.32；树冠上层雌花量均值为 1755 个，下层雌花量均值为 538 个，冠层内花量 $C_上$：$C_下$=1：0.31。

　　蒙古栎种子园内无性系雌雄花在树冠不同方位分布数量不同。在蒙古栎 I 区内，无性系雄花序数量在东、西、南、北 4 个方向上的均值分别为 4947 个、4438 个、4116 个和 3148 个，树冠 4 个方向上的花量 $D_东$：$D_西$：$D_南$：$D_北$=1：0.90：0.83：0.64；无性系雌花量在东、西、南、北 4 个方向上的均值分别为 663 个、526 个、509 个和 407 个，树冠 4 个方向上的花量 $D_东$：$D_西$：$D_南$：$D_北$=1：0.79：0.77：0.61。在蒙古栎 II 区内，无性系雄花序数量在东、西、南、北 4 个方向上的均值分别为 5071 个、4414 个、5049 个和 4024 个，树冠 4 个方向上的花量 $D_东$：$D_西$：$D_南$：$D_北$=1：0.87：0.99：0.79；无性系雌花量在东、西、南、北 4 个方向上的均值分别为 608 个、525 个、590 个和 502 个，树冠 4 个方向上的花量 $D_东$：$D_西$：$D_南$：$D_北$=1：0.86：0.97：0.83。

2.2.5　小结与讨论

1. 花性状变异

　　在蒙古栎 I 区内，单株雄花序数变异系数最大（62.5%）；在蒙古栎 II 区内，单个小枝雄花数变异系数最大（55.2%）。在蒙古栎种子园中，单株标准枝数和单个标准枝小枝数无性系之间的差异达显著水平，单个小枝雄花数、单个小枝雌花数、雄花序数、雌花总数无性系之间差异均达到极显著水平。

2. 花数量聚类

在蒙古栎 I 区内，I-5 号无性系被聚类为雄花序多花类群，I-6 号、I-7 号、I-23 号无性系被聚类为雄花序少花类群，I-8、I-9、I-11、I-14、I-26、I-45 号无性系被聚类为中间类群；I-26 号无性系被聚类为雌花多花类群，I-6 号、I-8 号、I-45 号无性系被聚类为雌花少花类群，I-5 号、I-7 号、I-9 号、I-11 号、I-14 号、I-23 号无性系则被聚类为中间类群。在蒙古栎 II 区内，II-29 号无性系被聚类为雄花序多花类群，II-4 号、II-8 号无性系被聚类为雄花序少花类群，II-3 号、II-9 号、II-11 号、II-15 号、II-18 号、II-19 号、II-23 号无性系则被聚类为中间类群；II-8 号、II-11 号、II-29 号无性系被聚类为雌花多花类群，II-15 号、II-19 号无性系被聚类为雌花少花类群，II-3 号、II-4 号、II-9 号、II-18 号、II-23 号无性系则被聚类为中间类群。

3. 花数量与冠层

蒙古栎种子园内，雌雄花量在冠层之间的差异均达到显著水平。在蒙古栎 I 区内，雄花序数量在冠层间比值 $C_上$：$C_下$ 为 1：0.22；雌花数量在冠层间比值 $C_上$：$C_下$ 为 1：0.23。在蒙古栎 II 区内，雄花序数量在冠层间比值 $C_上$：$C_下$ 为 1：0.32；雌花量在冠层间比值 $C_上$：$C_下$ 为 1：0.31。这说明雌雄花绝大多数分布在树冠上层。

4. 花数量与树冠方位

蒙古栎 I 区内无性系雄花序数量在树冠不同方向上的比值东：西：南：北为 1：0.90：0.83：0.64，蒙古栎 II 区内无性系雄花序数量在树冠不同方向上的比值东：西：南：北为 1：0.87：0.99：0.79；蒙古栎 I 区内无性系雌花量在树冠不同方向上的比值东：西：南：北为 1：0.79：0.77：0.61，蒙古栎 II 区内无性系雌花量在树冠不同方向上的比值东：西：南：北为 1：0.86：0.97：0.83。

在植物生活史中，花序分布及其数量变化不仅涉及植物生长过程中的生殖分配，而且是植物种的重要适应特征。湿地松的雌球花大多数都分布在局部生长旺盛、激素含量相对较高的枝条上，而雄球花则主要集中在树冠以下生长旺盛度较低的枝条上。红海榄花的分布特征为上层枝条相对较多、中层次之、底层最少，这可能是上层接受阳光和热量多的缘故（曾群英，2016）。胡杨和灰叶胡杨雄树的雄花序主要分布在树冠的中部，上部次之，下部最少；雌花主要分布在树冠的上部，中部次之，下部最少（刘建平等，2004）。东北红豆杉雌球花主要分布在光照充足的树冠中上部（程广有，2001）。本研究调查表明，蒙古栎雌雄花绝大多数分布在树冠上层的枝条,下层枝条花的数量较少。蒙古栎无性系雄花序数量在树冠不同方向上差异未达到显著水平,东南两侧数量较多,西北两侧数量较少,这与油松雌雄球花各方位的分布相似。油松雌球花量在树冠上部各个方位比较接近,在树冠中下部以光照条件较好的南向枝最多(李国锋等,1997)。雄球花在树冠上部基本没有分布,在树冠中下部,各无性系在各个方位枝条上着生的雄球花量基本相同,而红海榄群落不同方位的花分布主要集中在南北两个方位,这是因为南和北的枝叶相对能得到较多光照。

2.3　蒙古栎无性系花期同步性

无性系花期同步性是交配设计和种子园亲本选择需考虑的基本因素,且无性系之间花期同步性差异在林木中是普遍存在的。在蒙古栎种子园内,不同无性系间花粉飘散早晚和雌蕊成熟缺乏同步性不仅会导致种子园交配失衡(蔡艺伟,2023),自交水平提高,更会影响种子的产量和品质。本研究以金山种子园蒙古栎无性系对比林为研究对象,对蒙古栎雌雄花生长发育的时空动态进行观测,旨在揭示蒙古栎花期同步性规律,为蒙古栎种子园控制授粉、提高结实量,进而进行无性系再选择提供理论参考。

2.3.1　材料与方法

试验材料同 2.1.1 节。

调查方法。采用固定样株法调查花期。在蒙古栎种子园内 2 个不同种源中,每个种源选取 10 个无性系,每个无性系选取生长健康、无病虫害的 3 株母树,共 60 株。每个分株标记树冠阳面的 3 个标准枝,每个标准枝标记 2 个带有雄花序和雌花的小枝,于 2021 年 4 月 30 日至 5 月 25 日,分别调查母树花芽的状态、雄花序颜色、雄花序长度及雌花颜色等性状。天气晴朗或阴天时每天观测 1 次,雨天则每 1～2d 观测一次。

单个雌雄花花期判断方法:以雄花序形成饱满的、较为分散的黄绿色花药,轻触花序时有少量花药开裂散粉为开花始期;以花序基部逐渐到顶部直至整个花序完全开放,散出大量金黄色花粉为开花盛期;以整个雄花序干瘪、枯萎,逐渐变为灰褐色并凋落为开花末期。雌花以柱头呈现淡绿色,微微开张,花瓣状开裂角度为 45°左右时为开花始期;以柱头呈嫩绿色,逐渐平展直至向外翻卷,表面较为湿润,附着较鲜明、湿润的凸起物,开裂角度达 120°时为开花盛期,此时最适宜接受雄花序花粉;以柱头转变为暗红褐色,表面光滑、干燥,子房稍稍膨大为开花末期。无性系群体花期划分标准为:①以 30%雌雄花达到开花始期的时间为群体开花始期;②以 60%雌雄花达到开花盛期的时间为群体开花盛期;③以 90%的雌雄花达到开花末期的时间为群体开花末期。

蒙古栎进入花期后将每株母树按东、西、南、北 4 个不同的方向,树冠上、下 2 层各标记 2 个带有雄花序和雌花的小枝,每日调查处于散粉状态的雄花序数量及达到可授粉状态的雌花数量。

统计分析。运用 Excel 软件对所观测数据进行整理统计,并用 SAS 9.4 软件对数据进行方差分析、多重比较和聚类分析。

花期同步性计算公式如下:

$$PO_{ij} = \sum_{k=1}^{n} \min(M_{ki}, P_{kj}) / \sum_{k=1}^{n} \max(M_{ki}, P_{kj})$$

式中,PO_{ij} 为第 i 个无性系与第 j 个无性系间的花期同步指数;M_{ki} 为第 i 个无性系雄花序在第 k 天的开花频率;P_{kj} 为第 j 个无性系雌花在第 k 天的开花频率;n 为 i 和 j 无性系最早开花至最晚结束的时间,当两个无性系亲本的花期完全重叠时,$PO_{ij}=1$,完全不重叠时 $PO_{ij}=0$,部分重叠时 $0<PO_{ij}<1$。

以第 i 个无性系作父本的平均同步指数(PO_i)和以第 j 个无性系作母本的平均同步指数(PO_j)计算公式为:

$$PO_i = \sum_{i=1}^{t} PO_{ij} / (t-1); PO_j = \sum_{j=1}^{t} PO_{ij} / (t-1)$$

式中,t 为嫁接无性系数量。

2.3.2　蒙古栎花期特征

蒙古栎花芽于上年 8 月底完成分化。日均温为 5～12℃时,蒙古栎枝条开始返青,混合芽开裂,紧抱的棕色硬质芽鳞逐渐松散脱落,并露出柔嫩绿色尖端。5 月 10 日,随着气温逐渐升高,日均温达 10～16℃时,雌雄花形成,雄性柔荑花序常数个集生于当年生新枝下部,雌花则 3～6 枚着生于当年生新枝顶端叶腋。此后雌雄花不断伸长,雄花序紧凑的黄绿色花药逐渐变得松散饱满,雌花花柱达到最大长度后顶端柱头呈花瓣状开裂,并逐渐向外翻卷。5 月 18 日,日均温达 12～19℃时,蒙古栎雌雄花均进入开花期。单株水平上,金山种子园内蒙古栎雄花序散粉时间持续 3～4d,雌花可授时间持续 4～5d;无性系群体水平上,雄花散粉时间持续 7d 左右,5 月 18 日进入开花始期,5 月 22 日左右达到无性系群体最大开花频率,雄花开放散粉后花药迅速枯萎;雌花群体可授时间持续 7～8d,5 月 19 日左右进入开花始期,于 23 日左右达到最大开花频率,雌花授粉后柱头迅速变干发红,子房膨大。在蒙古栎种子园中,雌雄花开放类型均表现为大量式爆发,最大开花频率持续时间均较短,雄花开放时间一般稍早于雌花。

对蒙古栎种子园内两个不同种源无性系雌雄花花期的统计发现，在蒙古栎 I 区内，各无性系雄花序开花始期持续时间为 1～4d，平均经历 1.7d 后进入开花盛期，盛期持续时间为 1～5d，平均经历 2.9d 后进入开花末期，末期持续时间为 2～4d；雌花开花始期持续时间为 1～3d，平均经历 1.7d 后进入开花盛期，盛期持续时间为 2～4d，平均持续 2.8d 后进入开花末期，末期持续时间为 3～5d。在蒙古栎 II 区内，各无性系雄花序开花始期持续时间为 1～4d，平均经历 1.9d 后进入开花盛期，盛期持续时间为 1～4d，平均经历 2.6d 后进入开花末期，末期持续时间为 2～3d；雌花始期持续时间为 1～2d，平均经历 1.6d 后进入开花盛期，盛期持续时间为 1～4d，平均持续 2.5d 后进入开花末期，末期持续时间为 3～6d。

2.3.3 无性系花期分类

对各无性系进入花期的时间进行方差分析可知，在蒙古栎种子园内，雄花序进入开花始期、盛期的时间在各无性系间差异达到极显著水平，雌花进入开花始期、盛期、末期的时间在无性系间差异均达到显著或极显著水平（表 2.13）。花期在各无性系间存在显著差异，表明各无性系决定花期的遗传物质有较大差异，通过选择花期接近的无性系进行交配，可减少种子园授粉障碍，提升母树产量。

表 2.13　蒙古栎种子园无性系间各花期方差分析

区组	性状	变异来源	自由度	雄花		雌花	
				均方	F 值	均方	F 值
蒙古栎 I 区	开花始期	无性系	9	1.3926	5.22**	1.3186	4.40**
	开花盛期	无性系	9	1.4667	4.89**	1.3481	5.06**
	开花末期	无性系	9	0.4778	1.10	0.7259	4.36**
蒙古栎 II 区	开花始期	无性系	9	1.2630	4.74**	1.4852	4.05**
	开花盛期	无性系	9	1.9444	5.83**	2.8926	10.85**
	开花末期	无性系	9	0.2259	0.85	1.6630	2.49*

注：*表示显著相关（$P < 0.05$）；**表示极显著相关（$P < 0.01$）

进一步对各无性系花期进行多重比较（表 2.14）。在蒙古栎 I 区内，I-8 号无性系雄花序进入开花盛期的时间与其他无性系差异达到显著水平，I-8 号无性系雌花进入开花盛期的时间与 I-5 号、I-7 号、I-26 号、I-45 号无性系差异达到显著水平，与其他无性系差异不显著。在蒙古栎 II 区内，II-4 号、II-8 号和 II-15 号无性系雄花进入开花始期的时间差异不显著，II-8 与 II-11 号无性系雄花进入开花盛期的时间差异不显著，与其他无性系差异则达到显著水平；II-4 号无性系与 II-8 号、II-9 号、II-11 号、II-15 号、II-29 号无性系雌花进入开花始期的时间差异不显著，II-4 号与 II-8 号、II-15 号、II-29 号无性系雌花进入开花盛期的时间差异不显著，与其他无性系的差异达到显著水平。

表 2.14　蒙古栎无性系间开花始期和开花盛期多重比较

无性系	蒙古栎 I 区				无性系	蒙古栎 II 区			
	雄花始期	雄花盛期	雌花始期	雌花盛期		雄花始期	雄花盛期	雌花始期	雌花盛期
I -5	20^{bcd}	21^{bc}	20^{ab}	21^{b}	II -3	19^{c}	20^{c}	19^{b}	19^{e}
I -6	21^{a}	22^{a}	19^{bc}	20^{bcd}	II -4	21^{a}	21^{b}	21^{a}	22^{a}
I -7	20^{abc}	21^{ab}	20^{ab}	22^{a}	II -8	21^{a}	22^{a}	21^{a}	22^{a}
I -8	18^{e}	19^{d}	18^{d}	20^{d}	II -9	20^{bc}	21^{b}	20^{ab}	21^{bc}
I -9	20^{abc}	20^{bc}	20^{ab}	20^{cd}	II -11	20^{bc}	22^{a}	20^{ab}	21^{bc}
I -11	19^{ed}	20^{bc}	19^{cd}	20^{bcd}	II -15	20^{ab}	21^{b}	20^{ab}	21^{ab}
I -14	20^{abc}	20^{c}	20^{ab}	20^{c}	II -18	20^{ab}	20^{bc}	19^{b}	20^{ed}
I -23	20^{abc}	21^{bc}	20^{ab}	20^{cd}	II -19	19^{c}	20^{c}	20^{b}	20^{cd}
I -26	19^{cd}	20^{c}	21^{a}	21^{bc}	II -23	19^{c}	20^{bc}	19^{b}	19^{e}
I -45	20^{ab}	20^{bc}	20^{ab}	21^{bc}	II -29	20^{bc}	20^{bc}	21^{a}	21^{ab}

注：数值表示 5 月的日期，如 20 表示 5 月 20 日

为更有效地对无性系花期进行分类，分别以各无性系及其分株进入开花盛期的时间进行聚类分析（图 2.5）。在蒙古栎 I 区内，以雄花序开花盛期为依据时，I -8 号无性系被聚类为早花类群，I -6 号、I -11 号无性系被聚类为晚花类群，其余

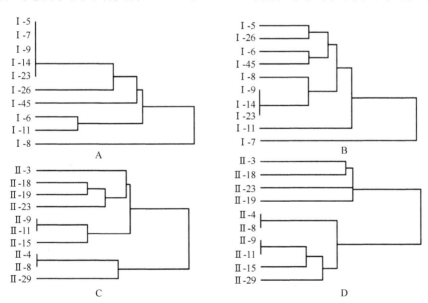

图 2.5　蒙古栎无性系开花盛期聚类分析

A. 蒙古栎 I 区雄花开花盛期聚类分析；B. 蒙古栎 I 区雌花开花盛期聚类分析；
C. 蒙古栎 II 区雄花开花盛期聚类分析；D. 蒙古栎 II 区雌花开花盛期聚类分析

无性系均被聚类为中间类群；以雌花开花盛期为依据时，Ⅰ-8号、Ⅰ-9号、Ⅰ-14号、Ⅰ-23号无性系被聚类为早花类群，Ⅰ-7号无性系被聚类为晚花类群，其余无性系则被聚类为中间类群。在蒙古栎Ⅱ区内，以雄花序开花盛期为依据时，Ⅱ-3号、Ⅱ-18号、Ⅱ-19、Ⅱ-23号无性系被聚类为早花类群，Ⅱ-4号、Ⅱ-8号、Ⅱ-29号无性系被聚类为晚花类群，其余无性系则被聚类为中间类群；以雌花开花盛期为依据时，Ⅱ-3号、Ⅱ-18号、Ⅱ-19号和Ⅱ-23号无性系被聚类为早花类群，Ⅱ-4号、Ⅱ-8号无性系被聚类为晚花类群，其余无性系则被聚类为中间类群。

根据聚类分析结果可知，早花型雄花序在5月18日至5月19日即可进入开花盛期，雌花在5月19左右可进入开花盛期；中花型雄花序在5月20日至5月21日可进入开花盛期，雌花在5月20日至5月22日进入开花盛期；而晚花型雌雄花则在5月22日以后才可进入开花盛期。

2.3.4 花期同步指数

不同无性系的平均花期同步指数存在差异（图2.6）。在蒙古栎Ⅰ区内，当各嫁接无性系作为父本时，平均同步指数变动幅度为0.644～0.811，变异系数为6.95%；当各嫁接无性系作为母本时，平均同步指数变动幅度为0.609～0.842，变异系数为9.77%。在蒙古栎Ⅱ区，当各嫁接无性系作为父本时，平均同步指数的变动幅度为0.634～0.764，变异系数为6.53%；当各嫁接无性系作为母本时，变动幅度为0.475～0.804，变异系数为13.96%。

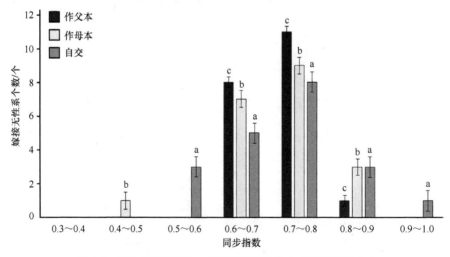

图2.6 蒙古栎种子园20个无性系平均和自交同步指数分布

种子园内，96.5%以上的无性系平均花期同步指数大于50%，说明该群体花期相遇程度较高，但部分无性系自交花期同步指数稍优于其作为父母本的花期同步指数，且存在自交同步指数为 0.9～1.0 的高度同步现象。

为了解平均花期同步指数在种源及无性系之间的差异性，本研究对蒙古栎种子园内两个不同区组间的无性系平均花期同步指数进行了方差分析。结果可知，平均花期同步指数在种源之间的差异不显著，在无性系之间的差异则达到极显著水平。进一步对各无性系作为父本、母本时的平均花期同步指数与自交同步指数进行相关性分析，结果见表 2.15。由表 2.15 可知，各无性系作为父本时平均花期同步指数与作母本及自交同步指数没有明显的相关性，而各无性系作母本时的平均花期同步指数与自交同步指数呈极显著正相关。

表 2.15　花期同步指数相关性分析

花期同步指数	作父本	作母本	自交
作父本	1		
作母本	−0.0307	1	
自交	0.2620	0.7544**	1

注：**表示极显著相关（$P<0.01$）

蒙古栎种子园内各无性系间花期同步指数见表 2.16 和表 2.17。由表可知，不同无性系组合间花期同步指数存在较大差异。在蒙古栎 I 区内，各无性系组合间花期同步指数最大值为 0.927，最小值为 0.491，变异系数为 13.3%；在蒙古栎 II 区内，各无性系组合间花期同步指数最大值为 0.954，最小值为 0.392，变异系数为 17.29%。结合无性系花期同步指数和持续时间，可对种子园内两个不同区组中部分高同步性组合进行选择，以提高散粉期和可授期的重叠程度。

表 2.16　蒙古栎 I 区各无性系间开花同步指数

	I -5	I -6	I -7	I -8	I -9	I -11	I -14	I -23	I -26	I -45
I -5	0.525	0.611	0.579	0.692	0.835	0.683	0.788	0.78	0.624	0.597
I -6	0.711	0.76	0.731	0.785	0.861	0.747	0.866	0.798	0.844	0.783
I -7	0.624	0.648	0.688	0.723	0.898	0.661	0.785	0.755	0.793	0.685
I -8	0.491	0.656	0.541	0.745	0.744	0.76	0.737	0.729	0.583	0.558
I -9	0.603	0.656	0.664	0.745	0.932	0.723	0.86	0.83	0.861	0.661
I -11	0.665	0.782	0.849	0.807	0.779	0.738	0.824	0.792	0.927	0.87
I -14	0.546	0.725	0.602	0.682	0.868	0.674	0.82	0.812	0.65	0.621
I -23	0.64	0.621	0.683	0.698	0.875	0.633	0.76	0.731	0.75	0.732
I -26	0.604	0.769	0.665	0.875	0.802	0.84	0.817	0.837	0.717	0.694
I -45	0.595	0.67	0.665	0.753	0.913	0.689	0.801	0.772	0.717	0.673

表 2.17 蒙古栎Ⅱ区各无性系间开花同步指数

	Ⅱ-3	Ⅱ-4	Ⅱ-8	Ⅱ-9	Ⅱ-11	Ⅱ-15	Ⅱ-18	Ⅱ-19	Ⅱ-23	Ⅱ-29
Ⅱ-3	0.733	0.392	0.512	0.566	0.649	0.764	0.733	0.917	0.811	0.613
Ⅱ-4	0.652	0.595	0.777	0.791	0.912	0.787	0.706	0.809	0.722	0.723
Ⅱ-8	0.635	0.523	0.683	0.699	0.806	0.716	0.648	0.673	0.664	0.644
Ⅱ-9	0.675	0.393	0.513	0.567	0.65	0.765	0.673	0.685	0.741	0.614
Ⅱ-11	0.718	0.421	0.55	0.609	0.693	0.821	0.718	0.734	0.793	0.713
Ⅱ-15	0.635	0.616	0.804	0.868	0.954	0.768	0.688	0.765	0.703	0.789
Ⅱ-18	0.761	0.418	0.546	0.604	0.693	0.815	0.762	0.774	0.815	0.654
Ⅱ-19	0.822	0.479	0.626	0.692	0.793	0.909	0.834	0.866	0.87	0.75
Ⅱ-23	0.856	0.461	0.602	0.666	0.764	0.828	0.782	0.847	0.846	0.721
Ⅱ-29	0.741	0.573	0.557	0.616	0.707	0.832	0.741	0.759	0.819	0.668

自交或具有一定亲缘关系的个体近交，是影响种子生活力的重要因素。蒙古栎种子园内，各无性系自交同步指数存在差异。在蒙古栎Ⅰ区内，各无性系自交花期同步指数最大值为 0.932，最小值为 0.525，变异系数为 14.18%；在蒙古栎Ⅱ区，各无性系自交花期同步指数最大值为 0.866，最小值为 0.567，变异系数为 13.55%。在选择种子园建园亲本时，应避免选择自交同步指数高于异交的无性系。

对蒙古栎种子园内各无性系平均花期同步指数进行多重比较可知，在蒙古栎Ⅰ区，当各无性系作为父本时，Ⅰ-11 号无性系平均花期同步指数最大，除与Ⅰ-5 号、Ⅰ-8 号、Ⅰ-14 号、Ⅰ-23 号无性系差异达显著水平外，与其他无性系差异不显著；当各无性系作为母本时，Ⅰ-9 号无性系平均花期同步指数最大，与Ⅰ-14 号、Ⅰ-23 号无性系差异不显著，与其他无性系平均花期同步指数差异则均达到显著水平。在蒙古栎Ⅱ区内，当各无性系作父本时，Ⅱ-9 号无性系平均花期同步指数最小，且与Ⅱ-4、Ⅱ-15、Ⅱ-19 无性系的差异达到显著水平；当各无性系作母本时，Ⅱ-4 号无性系平均同步指数最小，且与其他无性系均达到极显著差异水平（表 2.18）。

结合不同无性系花期类型可知，在蒙古栎Ⅰ区内，以雄花序开花盛期为依据时，Ⅰ-8 号无性系被聚类为早花类群，Ⅰ-6 号、Ⅰ-11 号无性系被聚类为晚花类群，其余无性系均被聚类为中间类群，雌花早花型、中花型、晚花型分别有 4 个、5 个和 1 个；在蒙古栎Ⅱ区内，以雄花序开花盛期为依据时，Ⅱ-3 号、Ⅱ-18 号、Ⅱ-19 号、Ⅱ-23 号无性系被聚类为早花类群，Ⅱ-4 号、Ⅱ-8 号、Ⅱ-29 号无性系被聚类为晚花类群，其余无性系则被聚类为中间类群。雌花早花型、中花型、晚花型则分别有 4 个、4 个和 2 个。各花期类型平均花期同步指数见表 2.19，可知"雌花早花型"×"雄花中花型"平均花期同步指数较高，"雌花晚花型"花期同步指数普遍较低。因此，选择雌花早花型无性系作为母本更有利于蒙古栎种子园内无性系花期相遇。

表 2.18 蒙古栎无性系平均花期同步指数多重比较

无性系	蒙古栎Ⅰ区		无性系	蒙古栎Ⅱ区	
	作父本	作母本		作父本	作母本
Ⅰ-5	0.688±0.147^{CD}	0.609±0.118^{f}	Ⅱ-3	0.662±0.27^{AB}	0.722±0.134^{bc}
Ⅰ-6	0.792±0.081^{AB}	0.682±0.1^{de}	Ⅱ-4	0.764±0.148^{A}	0.475±0.141^{e}
Ⅰ-7	0.730±0.168^{ABC}	0.664±0.185^{ef}	Ⅱ-8	0.668±0.144^{AB}	0.610±0.194^{d}
Ⅰ-8	0.644±0.153^{D}	0.751±0.124^{bc}	Ⅱ-9	0.634±0.241^{B}	0.679±0.189^{cd}
Ⅰ-9	0.734±0.243^{ABC}	0.842±0.098^{a}	Ⅱ-11	0.675±0.254^{AB}	0.770±0.184^{ab}
Ⅰ-11	0.811±0.146^{A}	0.712±0.128^{cde}	Ⅱ-15	0.758±0.196^{A}	0.804±0.105^{a}
Ⅰ-14	0.687±0.24^{CD}	0.804±0.067^{ab}	Ⅱ-18	0.676±0.258^{AB}	0.725±0.109^{bc}
Ⅰ-23	0.710±0.165^{BCD}	0.789±0.06^{ab}	Ⅱ-19	0.753±0.274^{A}	0.774±0.143^{ab}
Ⅰ-26	0.767±0.146^{ABC}	0.75±0.177^{bcd}	Ⅱ-23	0.725±0.264^{AB}	0.771±0.107^{ab}
Ⅰ-45	0.731±0.182^{ABC}	0.689±0.181^{cde}	Ⅱ-29	0.705±0.148^{AB}	0.691±0.098^{c}

注：大写字母表示各无性系作父本时平均花期同步指数差异，小写字母表示各无性系作母本时平均花期同步指数差异

表 2.19 不同花期类型无性系平均同步指数

区组	雄花序	雌花		
		早花型	中花型	晚花型
蒙古栎Ⅰ区	早花型	0.739	0.610	0.541
	中花型	0.801	0.687	0.674
	晚花型	0.828	0.769	0.731
蒙古栎Ⅱ区	早花型	0.799	0.700	0.516
	中花型	0.748	0.755	0.577
	晚花型	0.698	0.713	0.544

2.3.5 小结与讨论

（1）金山种子园内蒙古栎单株水平上雄花序散粉时间为 3～4d；雌花可授时间为 4～5d，群体水平上花期持续时间为 7～8d。基于无性系花期变异规律，在蒙古栎Ⅰ区，以雄花序进入开花盛期的时间为依据时，Ⅰ-8 号无性系为早花型，Ⅰ-5 号、Ⅰ-7 号、Ⅰ-9 号、Ⅰ-14 号、Ⅰ-23 号、Ⅰ-26 号、Ⅰ-45 号为中花型，Ⅰ-6 号、Ⅰ-11 号为晚花型；以雌花进入开花盛期的时间为依据时，Ⅰ-8 号、Ⅰ-9 号、Ⅰ-14 号、Ⅰ-23 号无性系为早花型，Ⅰ-5 号、Ⅰ-6 号、Ⅰ-11 号、Ⅰ-26 号、Ⅰ-45 号为中花型，Ⅰ-7 号为晚花型。在蒙古栎Ⅱ区，以雄花序进入开花盛期的时间为依据时，Ⅱ-3 号、Ⅱ-18 号、Ⅱ-19 号、Ⅱ-23 号无性系为早花型，Ⅱ-4 号、Ⅱ-8 号、Ⅱ-29 号为晚花型，Ⅱ-9 号、Ⅱ-11 号、Ⅱ-15 号为中花型；以雌花进入开花盛期的时间为依据时，Ⅱ-3 号、Ⅱ-18 号、Ⅱ-19 号、Ⅱ-23 号无性系为早花型，Ⅱ-9 号、Ⅱ-11 号、

Ⅱ-15 号、Ⅱ-29 号为中花型，Ⅱ-4 号、Ⅱ-8 号为晚花型。不同花期类型组合的平均同步指数表现为雌花早花型、中花型与雄花各个类型的平均同步指数较高。因此，在选择交配和建园亲本时，要对无性系花期类型与同步指数进行综合考虑，选择雌花早花型无性系作为母本，更有利于种子园内无性系花期相遇，提高坐果率。

（2）两个区组内各无性系组合的花期同步指数均值分别为 0.729 和 0.702。其中，在蒙古栎Ⅰ区，各无性系组合间花期同步指数最大值为 0.927，最小值为 0.491；在蒙古栎Ⅱ区，各无性系组合间花期同步指数最大值为 0.954，最小值为 0.392。96.5%的无性系组合间花期同步指数超过 50%，具有较高的同步性。但平均花期同步指数在无性系间差异达到显著水平，各无性系组合间同步指数也有较大差异，说明依据同步指数对无性系进行筛选和优化仍具有较大潜力，这也为种子园建园材料的选择和人工控制授粉提供了科学依据。

2.4 蒙古栎结实性状变异

种子园的经营目标是实现种子的优质高产。蒙古栎种群具有高遗传多样性，不同种源、家系间种子性状差异较为显著。了解和掌握蒙古栎种子园无性系结实性状变异规律，可以为种子园去劣疏伐和升级提供依据。

2.4.1 材料与方法

试验材料同 2.1.1 节。

调查方法。在种子园内的两个不同种源中分别选择 10 个无性系，每个无性系选择生长健壮的 3 个分株。2021 年与 2022 年 9～10 月分别采集各无性系分株掉落的果实，处理后取种并统计产量。对每个无性系分株的种子，随机选取 30 粒，用游标卡尺测量种子长、宽，精确到 0.01mm，重复 3 次。待种子风干后，每个无性系分株随机选取 100 粒种子，用电子秤称取其重量，精确到 0.01g，重复 3 次。

数据统计方法。利用 Excel 软件对数据进行统计整理，并用 SAS 9.4 软件对数据进行方差分析、多重比较、聚类分析、相关性分析等。

2.4.2 蒙古栎无性系结实及种子性状变异分析

在蒙古栎Ⅰ区内，无性系结实量的平均值为 1843.75g，种子的百粒重、结实率、空籽率、长、宽、长宽比均值分别为 370.25g、21.16%、25.11%、20.94mm、17.56mm、1.19。其中结实率变异系数最大，为 15.70%，变幅为 3.68%～38.40%；长宽比变异系数最小，为 3.23%，变幅为 0.88～1.49。在蒙古栎Ⅱ区内，无性系结实量的平均值为 1599.80g，百粒重、结实率、空籽率、长、宽、长宽比均值分别

为 342.90g、25.29%、22.10%、21.14mm、17.52mm、1.21。其中结实率变异系数
最大，为 14.23%，变幅为 4.39%～80.32%；百粒重变异系数最小，为 2.36%，
变幅为 280～394g（表 2.20）。

表 2.20　蒙古栎结实及种子性状统计参数

种子性状	蒙古栎 I 区				蒙古栎 II 区			
	均值	变异系数/%	最大值	最小值	均值	变异系数/%	最大值	最小值
结实量/g	1843.75	4.59	5270	115	1599.80	3.64	3735.00	445.00
结实率/%	21.16	15.70	38.40	3.68	25.29	14.23	80.32	4.39
空籽率/%	25.11	10.76	65.90	0.90	22.10	8.32	44.50	5.50
百粒重/g	370.25	5.02	595.00	244.00	342.90	2.36	394.00	280.00
长/mm	20.94	13.92	29.94	13.91	21.14	11.56	33.01	15.09
宽/mm	17.56	8.59	23.54	12.75	17.52	10.35	28.08	12.19
长宽比	1.19	3.23	1.49	0.88	1.21	2.85	1.35	1.05

本研究对蒙古栎种子园内不同种源中各无性系结实及种子性状分别进行方差
分析（表 2.21）。结果表明，结实量、空籽率、百粒重在种源及无性系之间的差异
均达到极显著水平；结实率在种源之间的差异不显著，在无性系之间的差异达到
极显著水平；种长在种源之间的差异达到显著水平，在无性系之间的差异达到极
显著水平；种宽在种源之间的差异不显著，在无性系之间的差异达到极显著水平；
种子长宽比在种源之间的差异不显著，而在无性系之间的差异达到极显著水平。

表 2.21　蒙古栎种子性状方差分析

性状	变异来源	自由度	均方	F 值
结实量	区组	1	892 674.0	310.60[**]
	无性系	18	6 195 503.2	2 155.66[**]
	误差	40	2 874.1	
结实率	区组	1	0.001 1	0.84
	无性系	18	0.134 9	100.59[**]
	误差	40	0.001 3	
空籽率	区组	1	0.013 6	14.29[**]
	无性系	18	0.077 7	81.5[**]
	误差	40	0.000 9	
百粒重	区组	1	1 122 033.75	64.87[**]
	无性系	18	2 045 342.08	118.25[**]
	误差	40	17 296.25	
种长	区组	1	16.767 8	4.36[*]
	无性系	18	386.935 9	100.60[**]
	误差	1780	3.846 4	

续表

性状	变异来源	自由度	均方	F 值
	区组	1	0.800 7	0.35
种宽	无性系	18	229.530 7	100.94**
	误差	1780	2.274 0	
	区组	1	0.000 6	0.45
长宽比	无性系	18	0.039 3	29.62**
	误差	40	0.053 1	

注: *表示显著相关（$P<0.05$）；**表示极显著相关（$P<0.01$）

　　进一步对不同无性系结实性状进行多重比较可知，在蒙古栎 I 区内，共有 4 个无性系结实量大于平均值，其中 I -11 号无性系结实量均值最大（5270g），且与其他无性系差异均达到显著水平；共有 5 个无性系结实率大于平均值，其中 I -11 号无性系结实率最大（0.38），除与 I -6 号无性系差异不显著外，与其他无性系差异均达到显著水平；共有 4 个无性系空籽率大于平均值，其中 I -45 号无性系空籽率最高（0.66），且与其他无性系差异均达到显著水平；共有 5 个无性系百粒重大于平均值，其中 I -11 号无性系百粒重最大（595g），且与其他无性系差异均达到显著水平。在蒙古栎 II 区内，共有 2 个无性系结实量大于平均值，其中 II -19 号无性系结实量最大（4635g），且与其他无性系差异均达到显著水平；共有 2 个无性系结实率大于平均值，其中 II -19 号无性系结实率最大（0.80），除与 II -15 号无性系差异不显著外，与其他无性系差异均达到显著水平；共有 5 个无性系空籽率大于平均值，其中 II -29 号无性系空籽率最高（0.45），且与其他无性系差异均达到显著水平；共有 6 个无性系百粒重大于平均值，其中 II -11 号无性系百粒重最大（394g），且与其他无性系差异均达到显著水平（表 2.22）。

表 2.22　无性系间种子性状多重比较

无性系	蒙古栎 I 区				无性系	蒙古栎 II 区			
	结实量/g	结实率	空籽率	百粒重/g		结实量/g	结实率	空籽率	百粒重/g
I -5	2135[d]	0.24[cd]	0.07[gh]	425[b]	II -3	1355[c]	0.17[b]	0.16[e]	355[ed]
I -6	115[j]	0.36[ab]	0.44[b]	250[e]	II -4	600[f]	0.07[d]	0.13[f]	345[d]
I -7	2825[b]	0.26[c]	0.14[fg]	445[b]	II -8	445[g]	0.04[d]	0.25[d]	320[e]
I -8	1500[f]	0.3[bc]	0.18[ef]	415[b]	II -9	555[f]	0.09[cd]	0.24[d]	280[f]
I -9	2280[c]	0.19[ed]	0.36[c]	430.5[b]	II -11	1410[c]	0.08[cd]	0.29[c]	394[a]
I -11	5270[a]	0.38[a]	0.01[h]	595[a]	II -15	3735[b]	0.77[a]	0.09[g]	360[c]
I -14	860[h]	0.16[ef]	0.23[ed]	270[ed]	II -18	1098[d]	0.18[b]	0.38[b]	325[e]
I -23	1657[e]	0.25[cd]	0.16[ef]	297[cd]	II -19	4635[a]	0.80[a]	0.06[h]	380[b]
I -26	1120[g]	0.11[f]	0.27[d]	265[ed]	II -23	840[e]	0.14[bc]	0.17[e]	290[f]
I -45	675[i]	0.15[ef]	0.66[a]	310[c]	II -29	1325[c]	0.14[bc]	0.45[a]	380[b]

　　对不同无性系种子的长宽进行多重比较可知，在蒙古栎Ⅰ区内，Ⅰ-6 号无性系种长均值最大（22.34mm），除与Ⅰ-5 号无性系差异不显著外，与其他无性系差异均达到显著水平；Ⅰ-23 号无性系种宽均值最大（19.09mm），且与其他无性系差异均达到显著水平；Ⅰ-14 号无性系种子长宽比均值最大（1.44），且与其他无性系差异达到显著水平。在蒙古栎Ⅱ区内，Ⅱ-15 号无性系种长均值最大（22.39mm），且与其他无性系差异均达到显著水平；Ⅱ-8 号无性系种宽均值最大（18.25mm），除与Ⅱ-9 号、Ⅱ-19 号无性系差异不显著外，与其他无性系差异均达到显著水平；Ⅱ-15 号无性系种子长宽比均值最大（1.32），除与Ⅱ-4 号、Ⅱ-23 号无性系差异不显著外，与其他无性系差异均达到显著水平（表 2.23）。

表 2.23　无性系间种子长宽多重比较

无性系	蒙古栎Ⅰ区			无性系	蒙古栎Ⅱ区		
	种长/mm	种宽/mm	长宽比		种长/mm	种宽/mm	长宽比
Ⅰ-5	22.23^{ab}	17.39^c	1.11^f	Ⅱ-3	20.72^{cd}	17.14^d	1.25^b
Ⅰ-6	22.34^a	18.21^b	1.17^{def}	Ⅱ-4	20.98^{bcd}	17.33^{cd}	1.31^a
Ⅰ-7	21.21^{cd}	18.18^b	1.27^b	Ⅱ-8	21.49^b	18.25^a	1.11^{de}
Ⅰ-8	20.5^{de}	16.82^{cd}	1.32^b	Ⅱ-9	21.35^{bc}	17.89^{ab}	1.17^c
Ⅰ-9	19.92^e	16.48^d	1.26^{bc}	Ⅱ-11	21.45^b	17.59^{bcd}	1.08^e
Ⅰ-11	20.05^e	17.41^c	1.12^{ef}	Ⅱ-15	22.39^a	17.19^{cd}	1.32^a
Ⅰ-14	21.41^{bc}	18.10^b	1.44^a	Ⅱ-18	21.29^{bc}	17.2^{cd}	1.19^c
Ⅰ-23	20.97^{cd}	19.09^a	1.19^{cd}	Ⅱ-19	21.15^{bc}	17.72^{abc}	1.19^c
Ⅰ-26	20.11^e	16.88^{cd}	1.18^{de}	Ⅱ-23	20.28^d	17.61^{bcd}	1.28^{ab}
Ⅰ-45	20.68^{cde}	17.08^{cd}	0.92^g	Ⅱ-29	20.26^d	17.28^{cd}	1.15^{cd}

　　依据方差分析结果，分别以蒙古栎种子园内各无性系结实量、百粒重进行聚类分析（图 2.7）。结果表明，在蒙古栎Ⅰ区内，以结实量为依据时，Ⅰ-11 号无性系被聚类为高产类群，Ⅰ-5 号、Ⅰ-9 号、Ⅰ-7 号无性系被聚类为中产类群，其余无性系则被聚类为低产类群；以种子百粒重为依据时，Ⅰ-11 号无性系被聚类为高百粒重类群，Ⅰ-5 号、Ⅰ-8 号、Ⅰ-7 号、Ⅰ-9 号无性系被聚类为中间类群，其余无性系则被聚类为低百粒重类群。在蒙古栎Ⅱ区内，以结实量为依据时，Ⅱ-15 号、Ⅱ-19 号无性系被聚类为高产类群，Ⅱ-4 号、Ⅱ-8 号、Ⅱ-9 号无性系被聚类为低产类群，其余无性系则被聚类为中产类群；以种子百粒重为依据时，Ⅱ-11 号、Ⅱ-19 号、Ⅱ-29 号无性系被聚类为高百粒重类群，Ⅱ-9 号、Ⅱ-23 号无性系被聚类为低百粒重类群，其余无性系则被聚类为中间类群。

2.4.3　无性系生长及结实性状相关性分析

　　本研究对两个区组内不同无性系生长和结实性状进行相关性分析（表 2.24），

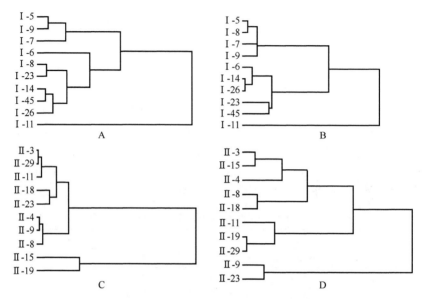

图 2.7　蒙古栎无性系结实量及百粒重聚类分析

A. 蒙古栎 I 区结实量聚类分析；B. 蒙古栎 I 区种子百粒重聚类分析；
C. 蒙古栎 II 区结实量聚类分析；D. 蒙古栎 II 区种子百粒重聚类分析

表 2.24　无性系间生长及结实性状相关性分析

	X_1	X_2	X_3	X_4	X_5	X_6	X_7	Y_1	Y_2	Y_3	Y_4	Y_5	Y_6	Y_7
X_1	1													
X_2	0.9^*	1												
X_3	0.38	0.4	1											
X_4	0.3	0.13	−0.1	1										
X_5	−0.2	−0.4	$−1^*$	−0.1	1									
X_6	0.36	0.25	0.29	0.7^*	−0.3	1								
X_7	−0.1	−0.1	−0.3	−0.2	0.8^*	0.21	1							
Y_1	0.43	0.53	0.31	−0.1	−0.1	0.24	0.24	1						
Y_2	0.13	0.19	0.13	−0.2	0.13	0.33	0.34	0.9^*	1					
Y_3	0.11	0.12	0.29	0.7^*	−0.2	−0.3	−0.3	0.44	0.5	1				
Y_4	−0.4	−0.5	0.11	0.09	−0.2	−0.2	−0.3	$−1^*$	−0.5	−0.4	1			
Y_5	0.07	0.07	−0.3	0.25	0.36	0.29	0.29	0.7^*	0.8^*	0.35	$−1^*$	1		
Y_6	0.17	0.15	0.14	−0.3	0.21	0.52	0.52	0.8^*	0.9^*	0.34	−0.3	0.52	1	
Y_7	−0.1	−0.1	−0.4	0.52	0.18	−0.2	0.09	−0.1	−0.1	−0.1	−0.4	0.49	−0.5	1

注：X_1：树高；X_2：地径；X_3：无性系作父本时平均花期同步指数；X_4：无性系作母本时平均花期同步指数；X_5：单个小枝雄花数；X_6：单株雄花序总量；X_7：单株雌花总量；Y_1：结实量；Y_2：百粒重；Y_3：结实率；Y_4：空籽率；Y_5：种长；Y_6：种宽；Y_7：种子长宽比。*表示差异显著，$P<0.05$

结果可以看出，两个不同种源内，各无性系性状间相关程度各不相同，在蒙古栎Ⅰ区内，树高与地径呈显著正相关，相关系数 0.9；无性系作父本时的平均花期同步指数与单个小枝雄花数呈显著负相关，相关系数约为–1；无性系作母本时的平均花期同步指数与单株雄花序总量呈显著正相关，相关系数为 0.7；结实量与种长、种宽呈显著正相关，相关系数分别为 0.7、0.8，与空籽率呈显著负相关，相关系数约为–1；百粒重与种长、种宽呈显著正相关，相关系数分别为 0.8、0.9；空籽率与种长呈显著负相关，相关系数约为–1。

2.4.4　小结与讨论

（1）蒙古栎种子园内结实量、空籽率、百粒重在种源及无性系之间的差异均达到极显著水平；结实率在无性系之间的差异达到极显著水平；种长在种源之间的差异达到显著水平，在无性系之间的差异达到极显著水平；种宽在无性系之间的差异达到极显著水平；种子长宽比在无性系之间的差异达到极显著水平。

（2）在蒙古栎Ⅰ区内，Ⅰ-6 号无性系种长均值最大（22.34mm），Ⅰ-23 号无性系种宽均值最大（19.09mm），Ⅰ-14 号无性系种子长宽比均值最大（1.44）；在蒙古栎Ⅱ区内，Ⅱ-15 号无性系种长均值最大（22.39mm），Ⅱ-8 号无性系种宽均值最大（18.25mm），Ⅱ-15 号无性系种子长宽比均值最大（1.32）。

（3）以结实量为依据，将蒙古栎种子园内各无性系结实量分别聚类成高产、中产和低产 3 个类群，Ⅰ-11 号无性系被聚类为高产类群，Ⅰ-5 号、Ⅰ-9 号、Ⅰ-7 号无性系被聚类为中产类群，其余无性系则被聚类为低产类群；Ⅱ-15 号、Ⅱ-19 号无性系被聚类为高产类群，Ⅱ-4 号、Ⅱ-8 号、Ⅱ-9 号无性系被聚类为低产类群，其余无性系则被聚类为中产类群。

（4）以种子百粒重为依据，将蒙古栎种子园内各无性系种子分别聚类成高、中间和低 3 个类群，Ⅰ-11 号无性系被聚类为高百粒重类群，Ⅰ-5 号、Ⅰ-8 号、Ⅰ-7 号、Ⅰ-9 号无性系被聚类为中间类群，其余无性系则被聚类为低百粒重类群；Ⅱ-11 号、Ⅱ-19 号、Ⅱ-29 号无性系被聚类为高百粒重类群，Ⅱ-9 号、Ⅱ-23 号无性系被聚类为低百粒重类群，其余无性系则被聚类为中间类群。

在蒙古栎Ⅰ区内，无性系作母本时的平均花期同步指数与单株雄花序总量呈显著正相关，结实量与种长、种宽呈显著正相关，与空籽率呈显著负相关，百粒重与种长、种宽呈显著正相关，空籽率与种长呈显著负相关。

对开花结实性状间的关系进行分析后，可以依据相关性大小，采用不同的方式对优树进行选择。针对某些相关性强的性状进行选择时，改良其中某个性状，可能会同时改变其他性状对选育目标的影响。而存在负相关性状时，则会引起遗传负增益现象。因此，在种子园改良过程中，应以综合性状优良为主进行优树选择，兼顾特殊性状的改良效果。

2.5 结论与讨论

2.5.1 主要结论

本研究对蒙古栎种子园一个年度内无性系开花结实特性进行野外调查，记录数据并进行统计分析，得出如下主要结论。

（1）蒙古栎种子园两个区组内，雌雄花不同数量性状的变异系数差异较大，其中在蒙古栎Ⅰ区内，单株雄花序总量变异系数最大，可达 62.5%；在蒙古栎Ⅱ区内，单个小枝雄花数变异系数最大，为 55.2%。无性系单株花量在种源之间的差异不显著，在无性系之间的差异达到显著水平，说明不同无性系控制单株花量的基因型差异较大，这是导致单株花量变异的主要因素，对同一种源内不同无性系进行选择，可以获得较大的遗传增益。

（2）种子园内，不同方向和冠层之间的花量有所差异。其中在蒙古栎Ⅰ区内，雄花序花量在方向上的差异不显著，在冠层间的差异达到极显著水平；雌花量在方向上的差异达到显著水平，在冠层间的差异达到极显著水平。在蒙古栎Ⅱ区内，雌雄花量在方向上的差异均不显著，而雄花序花量在冠层间的差异达到显著水平，雌花量在冠层间的差异则达到极显著水平。雌雄花在树冠上的分布特征反映了光照等自然条件对该种子园的影响，可为种子园经营管理提供参考。

（3）在蒙古栎种子园内，各无性系 5 月初开始进入营养生长和生殖生长阶段，气温和降雨是影响蒙古栎生长的主要因素。无性系新叶和花序萌发的时间虽然有所差异，但进入花期的时间大致相同，雄花序约比雌花早 1d 进入开花始期。种子园内雌雄花最大开花频率持续时间较短，这种集中的开花模式更有利于种子园内花粉的传播。各无性系进入开花始期、盛期的时间存在显著差异，依据开花盛期的不同，可将无性系聚类为早花类群、中花类群和晚花类群。

（4）蒙古栎种子园无性系组合间花期同步指数差异较大，在蒙古栎Ⅰ区内，各无性系组合间花期同步指数最大值为 0.927（Ⅰ-11×Ⅰ-26），在蒙古栎Ⅱ区内，各无性系组合间花期同步指数最大值为 0.954（Ⅱ-15×Ⅱ-11）。自交或具有一定亲缘关系的个体近交，是影响种子生活力的重要因素，在蒙古栎Ⅰ区内，自交同步指数最高为 0.932（Ⅰ-9×Ⅰ-9），在蒙古栎Ⅱ区内，自交同步指数最高为 0.866（Ⅱ-19×Ⅱ-19）。

（5）蒙古栎种子园内，不同无性系结实及种子性状数量特征差异较大。2021 年，在蒙古栎Ⅰ区内，以结实量为依据时，Ⅰ-11 号无性系被聚类为高产类群，Ⅰ-5 号、Ⅰ-9 号、Ⅰ-7 号无性系被聚类为中产类群，Ⅰ-6 号、Ⅰ-8 号、Ⅰ-14 号、Ⅰ-23 号、

Ⅰ-26 号、Ⅰ-45 号无性系被聚类为低产类群；以种子百粒重为依据时，Ⅰ-11 号无性系被聚类为高百粒重类群，Ⅰ-5 号、Ⅰ-8 号、Ⅰ-7 号、Ⅰ-9 号无性系被聚类为中间类群，Ⅰ-6 号、Ⅰ-14 号、Ⅰ-23 号、Ⅰ-26 号、Ⅰ-45 号无性系则被聚类为低百粒重类群。

在蒙古栎Ⅱ区内，以结实量为依据时，Ⅱ-15 号、Ⅱ-19 号无性系被聚类为高产类群，Ⅱ-4 号、Ⅱ-8 号、Ⅱ-9 号无性系被聚类为低产类群，Ⅱ-3 号、Ⅱ-11 号、Ⅱ-18 号、Ⅱ-23 号、Ⅱ-29 号无性系则被聚类为中产类群；以种子百粒重为依据时，Ⅱ-11 号、Ⅱ-19 号、Ⅱ-29 号无性系被聚类为高百粒重类群，Ⅱ-9 号、Ⅱ-23 号无性系被聚类为低百粒重类群，Ⅱ-3 号、Ⅱ-4 号、Ⅱ-8 号、Ⅱ-15 号、Ⅱ-18 号无性系则被聚类为中间类群。在蒙古栎种子园内，花量、花期同步指数等开花性状与结实量、百粒重、结实率等性状存在显著正相关性（蔡艺伟，2023）。

2.5.2　讨论

亲本内花期同步指数低，自交机会少，对种子增产升质更加有利（秦采风等，2000）。雌蕊成熟和花粉飘散缺乏同步性则是造成种子园交配失衡的重要因素。边黎明等（2020）研究发现，开花始期及花期同步指数在杉木无性系间存在显著差异。李悦等（2010）调查发现，油松种子园无性系间的差异是花期同步指数变异的主要来源。张骁（2016）观测发现，黄檗同一区组内不同无性系进入花期的时间均存在显著差异。陈坦等（2019）调查分析后发现，虽然马尾松种子园内雌雄花花期具有较好的同步性，但开花时间易受天气因素的影响，这使得花期同步指数变异增加。

植物物候易受环境因素的影响（储吴樾等，2020）。花期不仅与自身遗传特性有关，还与海拔、天气、温度和湿度等有密切联系（杨汉波等，2017）。分析蒙古栎营养生长和生殖生长与气候因子之间的关系可知，气温和降雨是影响蒙古栎生长的主要因素。研究表明，气温与降雨状况密切相关，阴雨天气温较晴天显著降低（胡明新等，2021）。

无性系散粉期和可授期的重叠程度是种子园亲本选择和交配设计需要考虑的基本因素（陈晓阳等，1995；秦采风等，2000）。理想种子园的重要前提是各建园材料间存在等概率的随机交配，而花期的同步性是随机交配的基础。在高世代种子园建设中，可根据无性系组合的花期同步指数，对无性系进行选择和配置。本研究表明，在蒙古栎种子园内，花期同步指数的差异也是普遍存在的，平均花期同步指数在不同无性系间的差异也达到了显著水平，这与陈晓阳等（1995）、边黎明等（2020）、杨汉波等（2017）对其他树种种子园的研究结果是一致的，说明在种子园改建或高世代种子园营建过程中，应首先根据聚类分析结果，选择相同花期类型的无性系作为父母本。在无性系配置时，应尽可能将花期同步指数较高的无性系组合配置在同一小区，保证雌雄无性系花期高度同步，使雌花充分授粉，提高种子园结实量。

研究雌雄花的空间分布，不仅是人工辅助授粉与控制授粉的前提和基础，也可为种子园修剪枝条、调节树体发育、提高结实量等经营管理工作提供理论依据。目前有关蒙古栎雌雄花在空间分布差异上的研究虽尚未见报道，但在其他林木中已有相应的研究。吕东等（2013）研究发现，青海云杉雌球花和球果产量在南北方位之间的差异达到显著水平。余莉等（2012）在研究日本落叶松雌雄花空间分布情况时观察到，雄球花上层数量约占全株花量比例的 83.39%，明显多于下层和中层，且南面的雄球花量明显多于其他方位；雌球花则表现为东、南方向花量多于西、北方向，中、上层的花量多于下层。

蒙古栎为雌雄同株异花植物，自交或具有一定亲缘关系的个体近交在一定程度上可能会导致种子生活力衰退。因此，在选择种子园建园亲本时，应高度重视这些自交同步指数高于异交的无性系，避免造成遗传衰退。本研究中，部分高自交同步指数无性系也表现出了结实量低、空籽率高等问题，这与张骁（2016）对种子园的研究结论一致。但本研究仅有一年生的开花物候观测信息，受气候等因素影响（Rathcke and Lacey，1985），不能完全确定优树在整个生殖发育期内的雌雄花开花物候特征。因此，还需对花期物候及同步指数稳定性进行多年观测（Banziger et al.，2006），以进一步证实本研究的可靠性。

种子园内各无性系花量占全园总量的比例也是表现园内配子贡献平衡性的重要方式之一（张小琴，2008）。吕东等（2013）分析发现，青海云杉种子园不同无性系开花结实量存在显著差异，直接影响种实的产量和品质。赵鹏等（2007）研究发现，无性系间的差异是影响油松无性系对比林开花性状的主要因素。余莉等（2012）调查发现，日本落叶松不同家系间花量及分布差异均达到极显著水平。徐永勤等（2020）研究发现，无性系间的差异是樱花开花性状的主要影响因素。齐涛等（2014）在研究小桐子无性系开花结实相关性状时发现，不同无性系之间花序数差异达到了显著水平。武华卫等（2013）研究发现，单株干花重量在紫玉兰无性系间存在极显著差异。这些研究对于蒙古栎无性系间的花量变异探索具有极大的参考价值。

本研究中，单株小枝总量与单株雄花序总量呈显著正相关；单株雌花总量与结实量和结实率呈显著正相关；无性系平均花期同步指数与结实量和种长呈显著正相关，这表明开花性状对蒙古栎结实量、质量的影响较大，这与陈晓阳等（1995）、吕东等（2013）、赵鹏等（2007）对种子园的研究结果一致。

结实及种子性状的变异有利于优良家系的评价与选择（梁德洋等，2019）。在蒙古栎种子园内，不同无性系结实性状存在显著差异，说明不同无性系控制蒙古栎结实性状的遗传物质差异较大，无性系是导致性状差异的主要来源。结实量及品质对后期人工林的营建成效及产业发展有关键性影响（Lambeth et al.，2001；Klein，1998），种子百粒重是预测种子园结实量的重要指标，体现了种子的饱满程度（程琳等，2021），是评价种子质量的重要依据。在高世代种子园建设和人工林营建中，选择种实品质优良的无性系，可为蒙古栎种质资源的保存和利用提供优质材料。在蒙古栎种子园中，结实量与百粒重、种长、种宽呈显著正相关，与空籽率呈显著负相关；百粒重与种长、种宽呈极显著正相关；种长与空籽率呈显著负相关。因此，在种子园改良过程中，应从特异的改良方向和标准上入手，有目的地选择优树性状，开展育种工作。

种子园结实性状受多方面因素的影响。金国庆等（1998）研究发现，产地和无性系是马尾松种实性状差异的主要来源，且不同年份间球果产量差异较大。高芳玲和秦小龙（2021）通过研究油松种子园产量的主要影响因素后发现，无性系间的差异是影响产量的主要因素，不同无性系结实能力有强弱之分。方乐金和施季森（2003）通过对环境因子和杉木无性系对比林结实量进行相关性分析发现，结实及种子性状随气候进行周期性变化。

研究发现，导致蒙古栎空籽率高的主要原因是虫害，橡实象虫是危害蒙古栎种子园内种实质量的主要因素。橡实象虫一年发生一代，老熟幼虫在土中越冬，6～7 月化蛹，7～8 月羽化为成虫，8～9 月产卵于果实内，10 月幼虫咬破种壳脱出并于土下 9～25cm 处做土室越冬（陈士忠，2014），被害橡实多数不会再发芽。主要防治方法包括及时采收、拾落果灭虫源、温水浸种、药剂熏蒸、药剂浸泡等（张劲松等，2014）。

第3章 蒙古栎叶片性状变异

蒙古栎叶片富含蛋白质、粗脂肪、氨基酸、单宁、铁、钴、锰等多种物质，具有一定的营养价值及药用价值，叶片氨基酸总量达 10.50g/100g，占蛋白质的 79%，各氨基酸含量均可以满足家畜所需氨基酸的量。因含有丰富的营养物质，蒙古栎叶片可作饲料或饲料添加剂，也可用于养蚕（程徐冰等，2011；米拉等，1999；王丽华，2010）。

从蒙古栎叶片中分离出的有效成分有黄酮类、多糖类、氨基酸类、磷、钾等。黄酮类化合物具有抗氧化、降低胆固醇、抗癌、防癌、降血脂、防治骨质疏松等作用，同时还有较强的抗乙醇摄入的功能（张英华和关雪，2012；李亚红等，2007；顾和平等，2012；程茅伟等，2005）。袁久志（1997）从蒙古栎中分离鉴定了 4 种化合物，分别是木栓酮、粘霉烯醇、羽扇豆醇、β-谷甾醇。周应军等（2000）从巴东栎中第一次分离并得到山柰酚-3-O-β-D-吡喃葡萄糖苷、山柰酚-3-O-α-L-吡喃阿拉伯糖苷等 6 个黄酮类化合物。

多糖具有调节免疫、抗肿瘤、抗炎、抗病毒、抗放射性、降血脂等功能（孙才华，2007），同时还具有抗氧化、抗溃疡、抗疲劳、抗凝血、降血糖等功能（苏富琴等，2004）。多糖对金黄色葡萄球菌、大肠杆菌和枯草芽孢杆菌具有较好的抑制作用（胡喜兰等，2013）。

氨基酸具有维持动物机体正常的生理、生化、免疫机能，以及生长发育等生命活动的作用。何晓东（1982）采用氨基酸自动分析仪对蒙古栎叶片的 17 种氨基酸含量进行了测定，确定了鹿每日维持机体所需的蒙古栎叶片重量。姚大地等（1998）通过分析蒙古栎叶片的成分，确定了叶片中含有 17 种氨基酸，营养物质非常丰富。这 17 种氨基酸均在人体所需的氨基酸之内，而且含有人体必需的氨基酸 7 种，为蒙古栎在食品方面的开发奠定了基础。

磷有利于植物从营养生长顺利转入生殖生长，促进繁殖器官形成；钾有利于增加植物体内全纤维和木质素，使植物抗倒伏和抗病虫能力都较强。姜凤等（2013）用高压罐消解样品，并以正交试验原理，利用电耦合等离子体原子发射光谱法（ICP-AES）测定了栎树叶片中微量元素钾、磷的含量，同时对栎树叶片样品进行了成分分析，为合理开发利用栎树提供了理论参考。邢婷婷（2015）对蒙古栎不同器官氮、磷、钾含量进行了测定，结果表明，叶片中这 3 种营养元素含量随林龄的增加而逐渐减少，最小值出现在成熟林和过熟林中，而最大值出现在幼龄林中。

叶片中富含的蛋白质、粗脂肪、氨基酸等都是人身必需的营养物质。满族的传统小吃波罗饼子，就是用蒙古栎叶片包馅制成的。波罗饼子味道清香，食之甘爽醒脑（卢永洁和王建国，2005）。在药用方面，蒙古栎叶片具有清热利湿、抗氧化、抗肿瘤、抗癌、解毒和提高免疫力等作用，主要用于治疗细菌性痢疾、小儿消化不良、痈肿、肠炎、黄疸、痔疮等。

柞蚕丝为我国特产，自古作丝织衣料，现今具有制作降落伞、工作服、轮胎布等的更广泛的工业用途（端木，1994）。蒙古栎是柞蚕产业的基础，是经济昆虫柞蚕赖以生存的食物来源（蒋立宪，2000）。作为柞蚕主要饲料的经济树木，蒙古栎叶片中含有丰富的粗蛋白（张毅等，2012）、粗脂肪、粗灰分、粗纤维、黄酮、矿质元素及维生素等营养物质（刘会娟，2013）。蒙古栎叶片是牛、羊等反刍动物的主要饲料（黎成学和王明轩，2016），饲用价值很高。蒙古栎叶片作为粗料是鹿日粮中重要的组成部分，是鹿场普遍使用的饲料，并且还是冬季饲料的主要来源。

3.1　蒙古栎叶片糖含量变异规律

3.1.1　材料与方法

1. 试验地概况

试验材料取自吉林省吉林市丰满区北华大学东校区旁圣母洞园区和吉林森工临江林业有限公司阔叶树种子园。

吉林市丰满区北华大学东校区旁圣母洞园区，地处北纬43°85′、东经126°61′，年平均气温 4.5℃，1 月平均气温最低，一般为–20～–18℃；7 月平均气温最高，一般为 21～23℃；年活动积温为 2700～3200℃。全年日照时间一般为 2300～2500h，无霜期 130d 左右。全年平均降水量 650～750mm，相对湿度 70%。土壤为暗棕色森林土，地形为平缓坡地，排水良好。主要树种有水曲柳、黄檗、蒙古栎、云杉等。

吉林森工临江林业有限公司阔叶树种子园建于 1999 年，总经营面积 56.3hm²，园区内定植黄檗、水曲柳、蒙古栎、椴树、胡桃楸五大阔叶树种，定植优树全部采用无性嫁接繁殖，优树接穗主要来自黑龙江大箐山和长白山林区。蒙古栎有两个种源，命名为临蒙 I 区和临蒙 II 区。

2. 试验材料

试验材料为蒙古栎叶片。2016 年 8 月，在临蒙 I 区和临蒙 II 区随机选取 22 个无性系的 66 棵蒙古栎，在树的 4 个方向分别取叶片。2017 年 5 月至 10 月，在圣母洞园区内选取大小一致、长势相同的 7 棵蒙古栎，每隔 15d 采集一次叶片。

3. 试验方法

本研究利用 3,5-二硝基水杨酸法测定还原糖含量，其原理是 3,5-二硝基水杨酸溶液与还原糖溶液共热后会被还原成棕红色的氨基化合物，在一定范围内，还原糖含量和棕红色物质颜色深浅的程度呈一定比例关系，可用于比色测定。

葡萄糖标准液的配制：准确称取 100mg 分析纯的无水葡萄糖（预先在 105℃下烘干至恒重），用少量蒸馏水溶解后，定量转移到 100ml 容量瓶中，再定容至刻度，摇匀，浓度为 1mg/ml。取 9 支 25mm×250mm 的试管，分别按表 3.1 所示含量加入试剂，配制不同浓度的标准液，将各管溶液搅拌均匀，在沸水浴中加热 5min，取出后立即用冷水冷却至室温，再向每管加入 21.5ml 蒸馏水，摇匀。于 520nm 波长处测吸光度。以葡萄糖毫克（mg）数为横坐标，以吸光度为纵坐标，绘制标准曲线，对吸光度（A）与溶液质量浓度（c）进行线性回归，得回归方程：

$$A=25.331c-0.0572，R^2=0.9967$$

试验证明，葡萄糖在检测浓度为 0.008～0.064mg/ml 范围内与吸光度线性关系良好。

表 3.1　标准曲线的试剂含量　　　　　　　　（单位：ml）

项目	CK	标液 1	标液 2	标液 3	标液 4	标液 5	标液 6	标液 7	标液 8
葡萄糖标准液	0	0.2	0.4	0.6	0.8	1	1.2	1.4	1.6
蒸馏水	2	1.8	1.6	1.4	1.2	1	0.8	0.6	0.4
3,5-二硝基水杨酸试剂	1.5	1.5	1.5	1.5	1.5	1.5	1.5	1.5	1.5

在蒙古栎叶片中总糖和还原糖含量测定的过程中，样品处理方法为：将采集的新鲜叶片清洗后，放入 105℃的鼓风干燥箱中烘 30min 杀青，冷却后再置于干燥箱中，在 65℃恒温条件下烘干至恒重。利用中药粉碎机将烘干至恒重的样品进行粉碎处理，用已恒重称量皿称取 3 份平行试样，每份 5g（±0.0005g），用于测定蒙古栎叶片还原糖和总糖含量。

（1）样品中还原糖的提取。准确称量 2g 蒙古栎叶片待测样品，放在 100ml 烧杯中，先以少量水调成糊状，然后加 50～60ml 蒸馏水，于 50℃恒温水浴中保温 20min，过滤，将滤液收集在 100ml 容量瓶中，再定容至 100ml。

（2）样品中总糖的水解及提取。准确称量 1g 蒙古栎叶片待测样品，放在锥形瓶中，加入 10ml 6mol/L 盐酸、15ml 水，在沸水浴中加热 0.5h，取出一两滴置于白瓷板上，加一滴碘-碘化钾溶液检查水解是否完全。如已水解完全，则不呈现蓝色。冷却后加入一滴酚酞指示剂，以 10%氢氧化钠中和至溶液呈微红色，过滤并定容到 100ml。再精确吸取上述溶液 10ml 于 100ml 容量瓶中，定容至刻度，摇匀备用。

（3）样品中糖含量的测定。取 7 支 25mm×250mm 试管分别按表 3.2 所示含量加入试剂，加完试剂后其余操作均与制作标准曲线时相同。测定后，取样品的吸光度平均值在标准曲线上查出相应的糖量。

表 3.2　样品检测的试剂含量　　　　　　　　　　　　（单位：ml）

项目	空白	还原糖			总糖		
	0	1	2	3	4	5	6
样品溶液	0	1	1	1	1	1	1
蒸馏水	2	1	1	1	1	1	1
3,5-二硝基水杨酸试剂	1.5	1.5	1.5	1.5	1.5	1.5	1.5

4. 数据统计方法

利用 Excel 软件对数据进行整理汇总，利用 SAS 9.4 软件对数据进行统计分析。

3.1.2　不同生长时期蒙古栎叶片还原糖含量变化

蒙古栎叶片还原糖含量在 5 月 15 日至 10 月 15 日总体呈上升趋势，9 月 15 日还原糖含量达到峰值，为 8.1568g/kg。9 月 15 日至 10 月 15 日还原糖含量呈降低趋势，但依然高于 8 月 30 日之前的还原糖含量（图 3.1）。

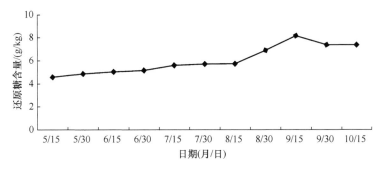

图 3.1　不同生长时期蒙古栎叶片还原糖含量

方差分析结果表明，不同生长时期蒙古栎叶片还原糖含量差异达到极显著水平（$F=5.14^{**}$）。进一步对 11 个不同生长时期蒙古栎叶片还原糖含量进行多重比较（表 3.3），结果显示，9 月 15 日蒙古栎叶片还原糖含量最高（8.1568g/kg），除与 9 月 30 日、10 月 15 日及 8 月 30 日检测期还原糖含量差异不显著之外，与其他生长时期差异均达到了极显著水平，说明 8 月 30 日到 10 月上旬还原糖含量均相对较高，还原糖含量在 6.8～8.2g/kg。5 月 15 日蒙古栎叶片还原糖含量最低，为 4.5827g/kg，约为 9 月 15 日含量的一半。测定期内，大多数蒙古栎叶片还原糖含量处于 4.8～6.8g/kg。综上所述，8 月 30 日至 10 月 15 日这段时间蒙古栎叶片还原糖的提取量最多。

表 3.3　不同生长时期蒙古栎叶片还原糖含量多重比较

日期（月/日）	还原糖含量/（g/kg）	显著性		日期（月/日）	还原糖含量/（g/kg）	显著性	
		0.05	0.01			0.05	0.01
9/15	8.1568	a	A	7/15	5.6001	bc	BCD
9/30	7.3813	a	AB	6/30	5.1631	c	BCD
10/15	7.3718	a	AB	6/15	5.0385	c	CD
8/30	6.8949	ab	ABC	5/30	4.8658	c	CD
8/15	5.7364	bc	BCD	5/15	4.5827	c	D
7/30	5.7106	bc	BCD				

注：不同字母表示差异显著，小写字母表示 0.05 水平显著，大写字母表示 0.01 水平显著

3.1.3　不同生长时期蒙古栎叶片总糖含量变化

蒙古栎叶片总糖含量在 5 月 15 日至 10 月 15 日总体呈上升趋势，8 月 30 日总糖含量达到峰值，为 14.852g/kg。8 月 30 日至 10 月 15 日总糖含量呈降低趋势，但依然高于 7 月 30 日之前的总糖含量（图 3.2）。

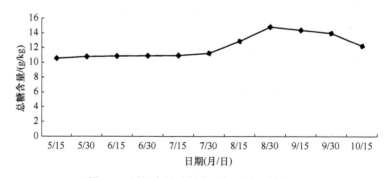

图 3.2　不同生长时期蒙古栎叶片总糖含量

方差分析结果表明，不同生长时期蒙古栎叶片总糖含量差异达到极显著水平（$F=3.39^{**}$）。进一步对 11 个不同生长时期的蒙古栎叶片总糖含量进行多重比较（表 3.4），结果显示，8 月 30 日蒙古栎叶片总糖含量最高，为 14.852g/kg，与 9 月 15 日、9 月 30 日、8 月 15 日和 10 月 15 日含量差异不显著，与其他生长时期差异均达到了显著水平，说明 8 月 15 日到 10 月 15 日总糖含量均相对较高，总糖含量在 12.2～14.9g/kg。5 月 15 日蒙古栎叶片总糖含量最低，为 10.585g/kg，约为 8 月 30 日含量的 70%。测定期内，大多数蒙古栎叶片总糖含量处于 10.8～13g/kg。综上所述，8 月 30 日到 9 月 30 日这段时间蒙古栎叶片总糖的提取量最多。

表 3.4 不同生长时期蒙古栎叶片总糖含量多重比较

日期（月/日）	总糖含量/(g/kg)	显著性		日期（月/日）	总糖含量/(g/kg)	显著性	
		0.05	0.01			0.05	0.01
8/30	14.852	a	A	7/15	10.961	b	BC
9/15	14.422	a	AB	6/30	10.923	b	BC
9/30	13.992	a	ABC	6/15	10.885	b	BC
8/15	12.906	ab	ABC	5/30	10.810	b	BC
10/15	12.272	ab	ABC	5/15	10.585	b	C
7/30	11.280	b	ABC				

注：不同字母表示差异显著，小写字母表示 0.05 水平显著，大写字母表示 0.01 水平显著

3.1.4 蒙古栎叶片还原糖含量无性系间变异

本研究中，种子园内蒙古栎叶片还原糖含量的方差分析结果表明，无性系间蒙古栎叶片还原糖含量差异达到极显著水平（F=74.26[**]），说明无性系间还原糖含量差异较大。进一步对各无性系还原糖含量进行多重比较（表 3.5），结果表明，20 号无性系还原糖含量最高，为 15.0713g/kg，与其他无性系间差异均达到极显著水平；17 号无性系还原糖含量次之，为 11.7804g/kg；排在第三位的无性系为 22 号，其还原糖含量为 9.8867g/kg。5 号无性系还原糖含量最低，仅为 2.8891g/kg，与其他无性系间差异均达到了极显著水平，约为 20 号无性系还原糖含量的 1/5。其他无性系间还原糖含量处于中间水平，但无性系间含量差异也较大，大多数无性系还原糖含量处于 6.4～9.1g/kg。

表 3.5 无性系间还原糖含量多重比较

无性系	还原糖含量/(g/kg)	显著性		无性系	还原糖含量/(g/kg)	显著性	
		0.05	0.01			0.05	0.01
20	15.0713	a	A	16	7.5541	fg	FG
17	11.7804	b	B	15	7.2770	gh	FG
22	9.8867	c	C	14	7.0384	gh	GH
11	9.2400	cd	CD	18	6.5380	hi	GHI
6	9.0707	cde	CD	19	6.4225	hi	GHI
7	8.8936	de	CD	13	6.4110	hi	GHI
3	8.7858	de	CDE	4	5.8798	ij	HI
9	8.3970	def	DEF	10	5.6950	ij	I
8	8.2701	ef	DEF	1	5.3717	j	I
2	7.6234	fg	EFG	12	5.3679	j	I
21	7.5541	fg	FG	5	2.8891	k	J

注：不同字母表示差异显著，小写字母表示 0.05 水平显著，大写字母表示 0.01 水平显著

3.1.5 蒙古栎叶片总糖含量无性系间变异

本研究中，种子园内蒙古栎叶片总糖含量测定的方差分析结果表明，无性系间总糖含量差异达到极显著水平（F=111.17[**]），说明无性系间总糖含量差异较大。进一步对各无性系总糖含量进行多重比较（表 3.6），结果表明，20 号无性系总糖含量最高，为 19.8195g/kg，与其他无性系间差异均达到极显著水平；22 号无性系总糖含量次之，为 18.6648g/kg，与其含量接近的还有 17 号（18.5108g/kg）、11 号无性系（18.2029g/kg）。12 号无性系总糖含量最低，仅为 9.4733g/kg，除与 5 号、1 号无性系间差异不显著外，与其他无性系差异均达到了极显著水平，约为 20 号无性系总糖含量的一半。其他无性系间总糖含量处于中间水平，但无性系间含量差异也较大。大多数无性系总糖含量处于 12.4～15.8g/kg。

表 3.6 无性系间总糖含量多重比较

无性系	总糖含量/(g/kg)	显著性		无性系	总糖含量/(g/kg)	显著性	
		0.05	0.01			0.05	0.01
20	19.8195	a	A	19	13.3531	fg	FG
22	18.6648	b	B	15	13.3069	fgh	FG
17	18.5108	b	B	16	13.1991	fgh	FG
11	18.2029	b	BC	14	12.9374	fgh	FG
6	17.1252	c	C	3	12.8604	gh	FG
7	17.0944	c	C	13	12.4062	h	G
18	15.7087	d	D	4	10.7204	i	H
9	15.4316	de	D	10	10.7204	i	H
8	14.7234	e	DE	1	10.3278	ij	HI
2	13.8150	f	EF	5	10.0275	ij	HI
21	13.7688	fg	EF	12	9.4733	j	I

注：不同字母表示差异显著，小写字母表示 0.05 水平显著，大写字母表示 0.01 水平显著

3.1.6 小结与讨论

（1）不同生长时期蒙古栎叶片内还原糖含量差异达到极显著水平（F=5.14[**]）。多重比较结果表明，9 月 15 日蒙古栎叶片还原糖含量最高，为 8.1568g/kg；5 月 15 日蒙古栎叶片还原糖含量最低，仅为 4.5827g/kg。蒙古栎叶片还原糖提取量较大的时期为 8 月 30 日到 10 月 15 日。

（2）不同生长时期蒙古栎叶片总糖含量差异达到极显著水平（F=3.39[**]）。多重比较结果表明，8 月 30 日蒙古栎叶片总糖含量最高，为 14.852g/kg；5 月 15 日

蒙古栎叶片总糖含量最低，仅为 10.585g/kg。蒙古栎叶片总糖提取量较大的时期为 8 月 30 日到 9 月 30 日，这一时间段内越早提取，含量越多。

（3）无性系间蒙古栎叶片还原糖含量差异达到极显著水平（F=74.26**）。多重比较结果表明，20 号无性系还原糖含量最高，为 15.0713g/kg；5 号无性系还原糖含量最低，仅为 2.8891g/kg。其他无性系还原糖含量处于中等水平，但无性系间含量差异也较大。

（4）无性系间蒙古栎叶片总糖含量差异达到极显著水平（F=111.17**）。多重比较结果表明，20 号无性系总糖含量最高，为 19.8195g/kg，12 号无性系总糖含量最低，仅为 9.4733g/kg。其他无性系总糖含量处于中等水平，但无性系间含量差异也较大。

3.2　蒙古栎叶片黄酮含量变异规律

3.2.1　材料与方法

1. 试验材料

试验材料同 3.1.1 节。

2. 试验方法

利用 NaNO$_2$-Al(NO$_3$)$_3$-NaOH 显色法、分光光度法测定蒙古栎叶片中黄酮类物质含量，检测波长为 510nm。

标准曲线绘制。准确称量于 105℃下干燥至恒重的芦丁对照品 10mg，置于 100ml 容量瓶中，加 60%乙醇定容。分别量取 0ml、1.0ml、2.0ml、3.0ml、4.0ml、5.0ml 对照品溶液，置于 25ml 容量瓶中。再向各容量瓶中分别加 1% NaNO$_2$ 溶液 3.0ml，摇匀，放置 6min；加 1% Al(NO$_3$)$_3$ 溶液 3.0ml，摇匀，放置 6min；加 1% NaOH 溶液 4ml；加 60%乙醇稀释至刻度，摇匀，放置 15min，得对照品待测液，在 510nm 波长处用可见紫外分光光度计测定待测液吸光度。对吸光度（A）与溶液质量浓度（c）进行线性回归，得回归方程：

$$A=4.7786c+0.0014,\ R^2=0.9992$$

样品处理。样品处理方法同 3.1.1 节。

样品测定。取干燥蒙古栎叶片粉 10g，加 70%乙醇 100ml，于 85℃水浴回流 2h，冷却过滤；滤渣再加 70%乙醇 80ml，于 85℃水浴回流 1.5h，冷却过滤；合并两次滤液，用旋转蒸发仪减压回收乙醇；在浓缩液中加 20% NaOH 调整 pH 至 9～10，搅匀，静置 1h，抽滤；滤液用半倍量的石油醚萃取两次，水相加 15% HCl

调整 pH 至 5～6，搅匀，沉淀 0.5h，而后在 3000r/min 下离心 15min，抽滤；滤液用等体积的乙酸乙酯萃取 3 次，合并 3 次乙酸乙酯相，减压回收乙酸乙酯，最后干燥得粗黄酮粉 30g，加 60%乙醇定容到 100ml，超声溶解 30min，摇匀，静置，冷却至室温，吸取上清液，即得供试品溶液。精密吸取 3 份供试品溶液 1.0ml，分别置于 100ml 容量瓶中，按照标准曲线项下的方法操作，得供试品待测液，分别测定其吸光度。根据芦丁标准曲线方程得到供试品待测液中总黄酮的浓度，从而计算蒙古栎叶片提取物总黄酮的含量。

3. 数据统计方法

数据统计方法同 3.1.1 节。

3.2.2 不同生长时期蒙古栎叶片黄酮含量变化

蒙古栎叶片黄酮含量在 5 月 15 日至 10 月 15 日总体呈先升后降的趋势，7 月 30 日黄酮含量达到峰值，为 2.1179g/kg。9 月 15 日至 10 月 15 日黄酮含量呈降低趋势，但依然高于 5 月 15 日检测初期的含量（图 3.3）。

方差分析结果表明，不同生长时期蒙古栎叶片黄酮含量差异达到极显著水平（$F=2.98^{**}$）。进一步对不同生长时期的蒙古栎叶片黄酮含量进行多重比较（表 3.7），

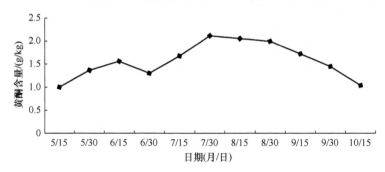

图 3.3 不同生长时期蒙古栎叶片黄酮含量

表 3.7 不同生长时期蒙古栎叶片黄酮含量多重比较

日期（月/日）	黄酮含量/(g/kg)	显著性 0.05	显著性 0.01	日期（月/日）	黄酮含量/(g/kg)	显著性 0.05	显著性 0.01
7/30	2.1179	a	A	9/30	1.4469	ab	ABCD
8/15	2.0565	a	AB	5/30	1.3672	ab	BCD
8/30	1.9950	a	ABC	6/30	1.3008	ab	CD
9/15	1.7210	ab	ABCD	10/15	1.0417	b	D
7/15	1.6761	ab	ABCD	5/15	1.0018	b	D
6/15	1.5599	ab	ABCD				

注：不同字母表示差异显著，小写字母表示 0.05 水平显著，大写字母表示 0.01 水平显著

结果显示，7 月 30 日蒙古栎叶片黄酮含量最高，与 10 月 15 日和 5 月 15 日含量差异均达到了显著水平。5 月 15 日蒙古栎叶片黄酮含量最低，为 1.0018g/kg，约为 7 月 30 日黄酮含量的一半。蒙古栎叶片黄酮含量处于 1.36~1.72g/kg。综上所述，7 月 30 日至 9 月 15 日这段时间蒙古栎叶片黄酮的提取量最多。

3.2.3　蒙古栎叶片黄酮含量无性系间变异

方差分析结果表明，无性系间蒙古栎叶片黄酮含量差异达到极显著水平（$F=405.55^{**}$）。进一步对各无性系黄酮含量进行多重比较（表 3.8），结果表明，3 号无性系黄酮含量最高，为 8.7714g/kg，与其他无性系间差异均达到极显著水平；22 号无性系黄酮含量次之，为 7.2600g/kg。12 号无性系黄酮含量最低，仅为 1.6098g/kg，除与 4 号无性系差异不显著外，与其他无性系间差异均达到了极显著水平，约为 3 号无性系黄酮含量的 1/5。其他无性系黄酮含量处于中等水平，但无性系间含量差异也较大，大多数无性系蒙古栎叶片黄酮含量处于 2.81~4.47g/kg。

表 3.8　无性系间黄酮含量多重比较

无性系	黄酮含量/(g/kg)	显著性 0.05	显著性 0.01	无性系	黄酮含量/(g/kg)	显著性 0.05	显著性 0.01
3	8.7714	a	A	8	3.7025	g	G
22	7.2600	b	B	2	3.1909	h	H
14	5.5394	c	C	21	3.0514	hi	HI
10	5.0743	d	D	11	2.9817	hi	HI
16	4.8418	d	D	13	2.8189	i	I
7	4.4698	e	E	15	2.1911	j	J
17	4.4233	e	E	5	2.1446	j	JK
1	4.3070	e	EF	20	2.0981	j	JK
6	4.0512	f	FG	19	2.0283	jk	JK
9	3.8601	fg	G	4	1.8191	kl	KL
18	3.7257	g	G	12	1.6098	l	L

注：不同字母表示差异显著，小写字母表示 0.05 水平显著，大写字母表示 0.01 水平显著

3.2.4　小结与讨论

（1）不同生长时期蒙古栎叶片黄酮含量差异达到极显著水平（$F=2.98^{**}$）。多重比较结果表明，7 月 30 日蒙古栎叶片黄酮含量最高，为 2.1179g/kg；5 月 15 日

蒙古栎叶片黄酮含量最低，仅为 1.0018g/kg。蒙古栎叶片黄酮提取量较大的时期为 7 月 30 日到 9 月 15 日，这一时期内越早提取，提取量就越多。

（2）无性系间蒙古栎叶片黄酮含量差异达到极显著水平（$F=405.55^{**}$）。多重比较结果表明，3 号无性系黄酮含量最高，为 8.7714g/kg；12 号无性系黄酮含量最低，仅为 1.6098g/kg。无性系间含量差异也较大，蒙古栎无性系叶片黄酮含量处于 2.81～4.47g/kg。

3.3　蒙古栎叶片氮、磷、钾含量变异规律

3.3.1　材料与方法

1. 试验材料

试验材料同 3.1.1 节。

2. 试验方法

1）全氮含量检测

样品处理。将采集的新鲜叶片清洗后，放入 105℃的鼓风干燥箱中烘 30min 杀青，冷却后再置于干燥箱中，在 60℃恒温条件下烘 4h，使其快速干燥。利用中药粉碎机将样品进行粉碎处理，用已恒重称量皿称取 3 份平行试样，每份 2.563mg，用于测定蒙古栎叶片全氮含量。

样品检测。利用氨基酸分析仪测定并分析蒙古栎叶片的氨基酸含量，操作步骤为：精密称取 2.563mg 样品放入玻璃管中，加入 2ml 6mol/L HCl 溶液，充氮气 5min 以上，封管。将玻璃管放在 110℃恒温干燥箱内水解 24h，水解结束后冷却至室温，开管，用去离子水定容至 25ml，过滤，取 1ml 滤液备用。C_{18} 柱的活化与平衡：依次用 3ml 甲醇（色谱纯）、3ml 水经过 C_{18} 柱，并抽干。脱色：将 1ml 滤液样品过柱，流速约 1ml/min，收集流出液，再用 3ml 甲醇/水（50/50，超纯水）溶液洗脱，抽干 1min，收集流出液，并与过柱液合并。将全部流出液于 55℃左右真空干燥，加入 1.0ml 超纯水溶解干燥好的样品，摇匀，用 1mol/L HCl 或 NaOH 调整 pH 至 1.7～2.2（可用精密试纸测定），过滤，上机检测，所得结果用于分析无性系间蒙古栎叶片全氮的变异规律。

2）全磷含量检测

按照《植株全磷含量测定　钼锑抗比色法》（NY/T 2421—2013）标准检测样品

中全磷含量，植株样品采用硫酸-过氧化氢法消化，使各种形态的磷转变成正磷酸盐，正磷酸盐与钼锑抗显色剂反应，生成磷钼蓝，蓝色溶液的吸光度与含磷量呈正比，用分光光度计测定叶片全磷含量，检测波长为700nm。

标准曲线绘制。准确称取经105℃烘干2h的磷酸二氢钾（优级纯）0.439g，用水溶解后，加入5ml硫酸，冷却后加水定容至1000ml。吸取5ml上述溶液，放入100ml容量瓶中，加水定容，作为磷标准溶液。准确吸取0ml、1.00ml、2.00ml、4.00ml、6.00ml、8.00ml、10.00ml磷标准溶液分别放入50ml容量瓶中，加入与试样测定同体积的空白消煮液，加水至约30ml，加两滴二硝基酚指示剂，用6mol/L氢氧化钠溶液或5%硫酸溶液调节溶液至刚呈微黄色，然后加入钼锑抗显色剂5ml，用水定容。在分光光度计波长700nm处，采用1cm光径比色杯测定。对吸光度（A）与溶液质量浓度（c）进行线性回归，得回归方程：

$$A=0.5231c-0.0012, \quad R^2=0.9996$$

样品处理。将采集的新鲜叶片清洗后，放入105℃的鼓风干燥箱中烘30min杀青，冷却后再置于干燥箱中，在60℃恒温条件下烘4h，使其快速干燥。利用中药粉碎机将样品进行粉碎处理，用已恒重称量皿称取3份平行试样，每份0.5g（±0.002g），用于测定蒙古栎叶片全磷含量。

取待测样品0.5g，置于消煮管底部。用水将样品浸润，10min后加入8ml硫酸，轻轻摇匀，在管口放置一弯颈小漏斗，静置2h以上。在消煮炉内250℃条件下加热约10min。当消煮管冒出大量白烟后，再将消煮炉升温至380℃，至消化溶液呈均匀的棕褐色时取下。稍冷却后，逐滴加约2ml过氧化氢至消煮管底部，摇匀。再加热至微沸，持续约10min，取下冷却，再加过氧化氢继续消煮。如此重复多次，过氧化氢滴入量逐次减少，直至溶液清亮，再加热30min以上，以赶尽剩余的过氧化氢。将消煮管取下，冷却至室温后，用少量水冲洗漏斗，洗液流入消煮管。将消煮液转移至100ml容量瓶中，冷却后定容，摇匀，用无磷滤纸过滤后备测。

吸取所得试液2ml，放入50ml容量瓶中，加水至约30ml，加两滴二硝基酚指示剂，用氢氧化钠溶液或硫酸溶液调节溶液至刚呈微黄色，然后加入5.00ml钼锑抗显色剂，定容。在20℃以上的环境下放置30min，在分光光度计波长700nm处，采用1cm光径比色杯，以标准曲线的零点调零后进行比色测定。

3）全钾含量检测

按照《植株全钾含量测定 火焰光度计法》（NY/T 2420—2013）标准检测样品中全钾含量，得到的待测样品植株样品经硫酸-过氧化氢消煮后，溶液中钾浓度与发射强度呈正比，用火焰光度计测定全钾含量。

标准曲线绘制。用移液管分别吸取钾标准溶液0ml、1.00ml、2.50ml、5.00ml、

10.00ml 和 15.00ml，分别置入 50ml 容量瓶中，加入与试样测定同体积的空白消煮液，定容，即得钾含量分别为 0mg/L、2.00mg/L、5.00mg/L、10.00mg/L、20.00mg/L和 30.00mg/L 的标准溶液。用火焰光度计测定，绘制标准曲线。对吸光度（A）与溶液质量浓度（c）进行线性回归，得回归方程：

$$A=3.3875c+0.8394，R^2=0.9986$$

样品检测。烘干和消煮过程同全磷含量检测，取备测液 1ml 放入 50ml 容量瓶中，定容。与标准溶液系列同条件下测定。

3. 数据统计方法

数据统计方法同 3.1.1 节。

3.3.2 不同生长时期蒙古栎叶片全磷含量变化

蒙古栎叶片全磷含量在 5 月 15 日至 10 月 15 日总体呈降低趋势，6 月 30 日蒙古栎叶片全磷含量达到峰值，为 4.9350g/kg。7 月 15 日至 10 月 15 日全磷含量呈缓慢的先升后降过程（图 3.4）。

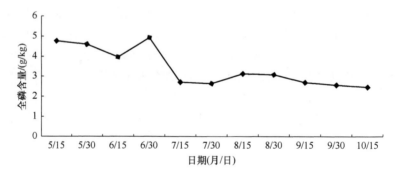

图 3.4　不同生长时期蒙古栎叶片全磷含量

方差分析结果表明，不同生长时期蒙古栎叶片全磷含量差异达到极显著水平（$F=2.9^{**}$）。进一步对不同生长时期的蒙古栎叶片全磷含量进行多重比较（表 3.9），结果显示，6 月 30 日蒙古栎叶片全磷含量最高，为 4.9350g/kg，与 5 月 15 日、5 月30 日、6 月 15 日全磷含量差异不显著，与其他生长时期差异均达到了显著水平，说明 5 月 15 日至 6 月 30 日全磷含量均相对较高，全磷含量在 3.9～5.0g/kg。10 月15 日蒙古栎叶片全磷含量最低，仅为 2.4579g/kg，约为 6 月 30 日全磷含量的一半。测定期内，大多数蒙古栎叶片全磷含量处于 2.5～4.0g/kg。综上所述，5 月 15 日至6 月 30 日这段时间蒙古栎叶片全磷提取量最多。

表 3.9　不同生长时期蒙古栎叶片全磷含量多重比较

日期（月/日）	全磷含量/(g/kg)	显著性		日期（月/日）	全磷含量/(g/kg)	显著性	
		0.05	0.01			0.05	0.01
6/30	4.9350	a	A	7/15	2.7108	c	AB
5/15	4.7722	ab	AB	9/15	2.6892	c	AB
5/30	4.6005	ab	AB	7/30	2.6430	c	AB
6/15	3.9678	abc	AB	9/30	2.5598	c	AB
8/15	3.1232	bc	AB	10/15	2.4579	c	B
8/30	3.0728	bc	AB				

注：不同字母表示差异显著，小写字母表示 0.05 水平显著，大写字母表示 0.01 水平显著

3.3.3　不同生长时期蒙古栎叶片全钾含量变化

蒙古栎叶片全钾含量在 5 月 15 日至 10 月 15 日总体呈降低趋势，5 月 15 日蒙古栎叶片全钾含量达到峰值，为 79.309g/kg；10 月 15 日蒙古栎叶片全钾含量降到最低，为 22.722g/kg（图 3.5）。

方差分析结果表明，不同生长时期蒙古栎叶片全钾含量差异达到极显著水平（$F=12.17^{**}$）。进一步对 11 个不同生长时期的蒙古栎叶片全钾含量进行多重比较（表 3.10），结果显示，5 月 15 日蒙古栎叶片全钾含量最高，为 79.309g/kg，与其

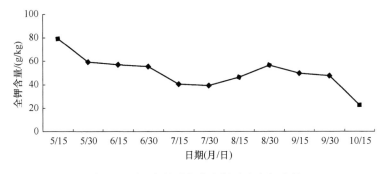

图 3.5　不同生长时期蒙古栎叶片全钾含量

表 3.10　不同生长时期蒙古栎叶片全钾含量多重比较

日期（月/日）	全钾含量/(g/kg)	显著性		日期（月/日）	全钾含量/(g/kg)	显著性	
		0.05	0.01			0.05	0.01
5/15	79.309	a	A	9/30	47.671	bc	BCD
5/30	59.278	b	B	8/15	46.360	bc	BCD
6/15	57.036	b	BC	7/15	40.539	c	CD
8/30	56.611	b	BC	7/30	39.229	c	D
6/30	55.441	b	BCD	10/15	22.722	d	E
9/15	49.750	bc	BCD				

注：不同字母表示差异显著，小写字母表示 0.05 水平显著，大写字母表示 0.01 水平显著

他生长时期差异均达到了极显著水平。10 月 15 日蒙古栎叶片全钾含量最低，为 22.722g/kg，约为 5 月 15 日全钾含量的 30%。测定期内，大多数蒙古栎叶片全钾含量处于 46～60g/kg。综上所述，蒙古栎叶片全钾提取量较大的时间为 5 月 15 日，提取时间越趋近于此时间，提取量就越多。

3.3.4　蒙古栎叶片全氮含量无性系间变异

方差分析结果表明，无性系间全氮含量差异达到极显著水平（$F=91.76^{**}$）。进一步对无性系间全氮含量进行多重比较（表 3.11），结果显示，19 号无性系全氮含量最高，为 2.016g/100g，除与 12 号无性系含量差异不显著之外，与其他无性系间差异均达到显著水平；12 号无性系全氮含量为 1.968g/100g。3 号无性系全氮含量最低，仅为 1.2992g/100g，与其他无性系差异均达到了显著或极显著水平，约为 19 号无性系全氮含量的一半。其他无性系全氮含量处于中间水平，但无性系间含量差异也较大。大多数无性系全氮含量为 1.65～1.86g/100g。

表 3.11　无性系间全氮含量多重比较

无性系	全氮含量/(g/100g)	显著性 0.05	显著性 0.01	无性系	全氮含量/(g/100g)	显著性 0.05	显著性 0.01
19	2.0160	a	A	2	1.7328	fg	FGH
12	1.9680	ab	AB	8	1.6800	gh	GH
6	1.9536	b	AB	18	1.6656	h	H
15	1.9088	bc	BC	7	1.6592	h	H
4	1.8592	cd	CD	10	1.5632	i	I
11	1.8368	de	CDE	21	1.5536	ij	I
14	1.7808	ef	DEF	13	1.5456	ij	I
20	1.7728	f	EF	22	1.4992	jk	IJ
1	1.7632	f	EFG	9	1.4464	k	J
5	1.7584	f	EFG	16	1.3584	l	K
17	1.7520	f	EFG	3	1.2992	m	K

注：不同字母表示差异显著，小写字母表示 0.05 水平显著，大写字母表示 0.01 水平显著

3.3.5　蒙古栎叶片全磷含量无性系间变异

方差分析结果表明，无性系间全磷含量差异达到极显著水平（$F=85.35^{**}$）。进一步对无性系间全磷含量进行多重比较（表 3.12），结果显示，9 号无性系全磷

含量最高，为 6.1659g/kg，与其他无性系间差异均达到极显著水平；22 号无性系蒙古栎叶片全磷含量次之，为 4.8009g/kg。15 号无性系全磷含量最低，仅为 1.2601g/kg，与其他无性系差异均达到了极显著水平，约为 9 号无性系全磷含量的 1/5。其他无性系全磷含量处于中等水平，但无性系间含量差异也较大。大多数无性系蒙古栎叶片全磷含量处于 2.3～3.5g/kg。

表 3.12 无性系间全磷含量多重比较

无性系	全磷含量/(g/kg)	显著性		无性系	全磷含量/(g/kg)	显著性	
		0.05	0.01			0.05	0.01
9	6.1659	a	A	3	2.6139	ghi	HIJ
22	4.8009	b	B	4	2.6063	ghi	HIJ
13	4.1900	c	C	12	2.4630	hij	HIJ
5	3.8054	d	CD	8	2.4253	hij	HIJ
21	3.7737	de	CD	17	2.4253	hij	HIJ
2	3.4585	ef	DE	10	2.3122	ij	IJ
19	3.2600	f	EF	1	2.3122	ij	IJ
18	3.1946	f	EFG	16	2.1689	j	J
7	2.8401	g	FGH	6	2.1388	j	J
20	2.7421	gh	GHI	14	2.1237	j	J
11	2.6290	ghi	HIJ	15	1.2601	k	K

注：不同字母表示差异显著，小写字母表示 0.05 水平显著，大写字母表示 0.01 水平显著

3.3.6 蒙古栎叶片全钾含量无性系间变异

方差分析结果表明，无性系间全钾含量差异达到极显著水平（$F=294.10^{**}$）。进一步对无性系间全钾含量进行多重比较（表 3.13），结果显示，9 号无性系全钾含量最高，为 56.3256g/kg，与其他无性系间差异均达到极显著水平；13 号无性系蒙古栎叶片全钾含量次之，为 50.4215g/kg。15 号无性系叶片全钾含量最低，仅为 20.9013g/kg，与其他无性系差异均达到极显著水平，约为 9 号无性系蒙古栎叶片全钾含量的 1/3。其他无性系全钾含量处于中等水平，但无性系间含量差异也较大。大多数无性系蒙古栎叶片全钾含量处于 35～46g/kg。

3.3.7 小结与讨论

（1）不同生长时期蒙古栎叶片全磷含量差异达到极显著水平（$F=2.9^{**}$）。6 月 30 日蒙古栎叶片全磷含量最高（4.9350g/kg）；10 月 15 日蒙古栎叶片全磷含量最低（2.4579g/kg）。

表 3.13　部分无性系间全钾含量多重比较

无性系	全钾含量/(g/kg)	显著性		无性系	全钾含量/(g/kg)	显著性	
		0.05	0.01			0.05	0.01
9	56.3256	a	A	3	41.5655	g	F
13	50.4215	b	B	4	38.6134	h	G
5	47.4695	c	C	8	37.1374	i	GH
2	45.9935	d	CD	1	35.6614	j	H
18	44.5175	e	DE	16	31.8703	k	I
7	43.0415	f	EF	6	31.2334	k	I
22	42.7000	fg	EF	15	20.9013	l	J

注：不同字母表示差异显著，小写字母表示 0.05 水平显著性，大写字母表示 0.01 水平显著性

（2）不同生长时期蒙古栎叶片全钾含量差异达到极显著水平（F=12.17**）。5 月 15 日蒙古栎叶片全钾含量最高（79.309g/kg）；10 月 15 日蒙古栎叶片全钾含量最低（22.722g/kg）。

（3）无性系间全氮含量差异达到极显著水平（F=91.76**）。19 号无性系全氮含量最高（2.016g/100g）；3 号无性系全氮含量最低（1.2992g/100g）。无性系间全氮含量差异较大，大多数无性系全氮含量变幅在 1.65～1.86g/100g。

（4）无性系间全磷含量差异达到极显著水平（F=85.35**）。9 号无性系全磷含量最高（6.1659g/kg）；15 号无性系全磷含量最低（1.2601g/kg）。无性系间全磷含量差异较大，大多数无性系全磷含量处于 2.3～3.5g/kg。

（5）无性系间全钾含量差异达到极显著水平（F=294.10**），9 号无性系全钾含量最高（56.3256g/kg），15 号无性系叶片全钾含量最低（20.9013g/kg），无性系间全磷含量差异较大，全钾含量处于 35～46g/kg。

3.4　蒙古栎叶片主要营养物质的相关性

3.4.1　材料与方法

1. 试验材料

试验材料同 3.1.1 节。

2. 试验方法

还原糖和总糖含量检测方法见 3.1.1 节，黄酮检测方法见 3.2.1 节，氮、磷、钾检测方法见 3.3.1 节。

3. 数据统计方法

数据统计方法同 3.1.1 节。

3.4.2　不同季节蒙古栎叶片营养物质的相关性

本研究对春季蒙古栎叶片营养物质含量进行相关分析（表 3.14），结果表明，还原糖和总糖含量呈极显著正相关（$r=0.7849^{**}$），说明在本研究的含量测定中还原糖和总糖的变化趋势相似，总糖含量随着还原糖含量的升高而升高。总糖和全磷含量呈显著正相关（$r=0.5332^{*}$），说明总糖和全磷的变化趋势相同，全磷含量随着总糖含量的升高而升高。其他营养物质间含量相关性均未达到显著水平。

表 3.14　蒙古栎叶片春季营养物质的相关性

	还原糖含量	总糖含量	黄酮含量	全磷含量	全钾含量
还原糖含量	1	0.7849^{**}	0.1571	0.4586	−0.0570
总糖含量		1	−0.0640	0.5332^{*}	0.1086
黄酮含量			1	0.3162	−0.0626
全磷含量				1	0.2661
全钾含量					1

注：*表示显著相关（$P<0.05$）；**表示极显著相关（$P<0.01$）

本研究对夏季蒙古栎叶片营养物质含量进行相关分析（表 3.15），结果表明，还原糖和总糖含量呈极显著正相关（$r=0.4482^{**}$），说明在本研究的含量测定中还原糖和总糖的变化趋势相似，总糖含量随着还原糖含量的升高而升高。黄酮和全磷含量呈极显著负相关（$r=-0.4046^{**}$），说明黄酮和全磷的变化趋势相反，全磷含量随着黄酮含量的升高而降低。全磷和全钾含量呈极显著正相关（$r=0.4833^{**}$），说明全钾和全磷的变化趋势相同，全钾含量随着全磷含量的降低而降低。其他营养物质间含量相关性均未达到显著水平。

表 3.15　蒙古栎叶片夏季营养物质的相关性

	还原糖含量	总糖含量	黄酮含量	全磷含量	全钾含量
还原糖含量	1	0.4482^{**}	0.1625	−0.1696	−0.0676
总糖含量		1	0.0145	−0.0830	−0.0918
黄酮含量			1	-0.4046^{**}	−0.2223
全磷含量				1	0.4833^{**}
全钾含量					1

注：**表示极显著相关（$P<0.01$）

本研究对秋季蒙古栎叶片营养物质含量进行相关分析（表3.16），结果表明，还原糖和总糖含量呈显著正相关（$r=0.4285^*$），说明在本研究的含量测定中还原糖和总糖的变化趋势相似，总糖含量随着还原糖含量的升高而升高。黄酮和全钾含量呈显著正相关（$r=0.4600^*$），说明黄酮和全钾的变化趋势相同，全钾含量随着黄酮含量的降低而降低。全磷和全钾含量呈极显著正相关（$r=0.5659^{**}$），说明全磷和全钾的变化趋势相同，全钾含量随着全磷含量的升高而升高。其他营养物质间含量相关性均未达到显著水平。

表3.16　蒙古栎叶片秋季营养物质的相关性

	还原糖含量	总糖含量	黄酮含量	全磷含量	全钾含量
还原糖含量	1	0.4285*	0.0089	−0.0470	−0.0181
总糖含量		1	−0.0009	−0.0353	0.1507
黄酮含量			1	0.0938	0.4600*
全磷含量				1	0.5659**
全钾含量					1

注：*表示显著相关（$P<0.05$）；**表示极显著相关（$P<0.01$）

本研究对蒙古栎叶片整个测定时期营养物质含量进行相关分析（表3.17），结果表明，还原糖和总糖含量呈极显著正相关（$r=0.5045^{**}$），说明在本研究的含量测定中还原糖和总糖的变化趋势相似，总糖含量随着还原糖含量的升高而升高。还原糖和全磷含量呈显著负相关（$r=-0.2728^*$），说明在本研究的含量测定中还原糖和全磷的变化趋势相反，全磷含量随着还原糖含量的升高而降低。还原糖和全钾含量呈显著负相关（$r=-0.2580^*$），说明还原糖和全钾的变化趋势相反，全钾含量随着还原糖含量的升高而降低。全磷和全钾含量呈极显著正相关（$r=0.4990^{**}$），说明全磷和全钾的变化趋势相同，全磷含量随着全钾含量的升高而升高。其他营养物质间含量相关性均未达到显著水平。

表3.17　蒙古栎叶片整个生长时期营养物质的相关性

	还原糖含量	总糖含量	黄酮含量	全磷含量	全钾含量
还原糖含量	1	0.5045**	0.0434	−0.2728*	−0.2580*
总糖含量		1	0.0265	−0.1310	−0.1646
黄酮含量			1	−0.2180	−0.1197
全磷含量				1	0.4990**
全钾含量					1

注：*表示显著相关（$P<0.05$）；**表示极显著相关（$P<0.01$）

3.4.3　蒙古栎叶片无性系间营养物质的相关性

本研究对蒙古栎叶片无性系间营养物质含量进行相关分析（表3.18），结果表明，还原糖和总糖含量呈极显著正相关（$r=0.8710^{**}$），说明在本研究的含量测定中还原糖和总糖的变化趋势相似，总糖含量随着还原糖含量的升高而升高。黄酮和全氮含量呈极显著负相关（$r=-0.6716^{**}$），说明二者变化趋势相反，全氮含量随着黄酮含量的升高而降低。全磷和全钾含量呈极显著正相关（$r=0.8441^{**}$），说明全磷和全钾的变化趋势相同，全磷含量随着全钾含量的升高而升高。其他营养物质间含量相关性均未达到显著水平。

表 3.18　蒙古栎叶片无性系间营养物质的相关性

	还原糖含量	总糖含量	黄酮含量	全氮含量	全磷含量	全钾含量
还原糖含量	1	0.8710^{**}	0.2037	−0.1090	−0.0089	0.0797
总糖含量		1	0.1933	−0.0559	0.1458	0.1413
黄酮含量			1	-0.6716^{**}	0.0485	−0.1099
全氮含量				1	−0.4071	−0.3355
全磷含量					1	0.8441^{**}
全钾含量						1

注：**表示极显著相关（$P<0.01$）

3.4.4　小结与讨论

（1）春季蒙古栎叶片还原糖和总糖含量呈极显著正相关（$r=0.7849^{**}$），总糖和全磷含量呈显著正相关（$r=0.5332^{*}$）；夏季蒙古栎叶片中还原糖和总糖含量呈极显著正相关（$r=0.4482^{**}$），黄酮和全磷含量呈极显著负相关（$r=-0.4046^{**}$），全磷和全钾含量呈极显著正相关（$r=0.4833^{**}$）；秋季蒙古栎叶片中还原糖和总糖含量呈显著正相关（$r=0.4285^{*}$），黄酮和全钾含量呈显著正相关（$r=0.4600^{*}$），全磷和全钾含量呈极显著正相关（$r=0.5659^{**}$）。综合春夏秋 3 个季节，蒙古栎的还原糖和总糖含量呈极显著正相关（$r=0.5045^{**}$），还原糖和全磷含量呈显著负相关（$r=-0.2728^{*}$），还原糖和全钾含量呈显著负相关（$r=-0.2580^{*}$），全磷和全钾含量呈极显著正相关（$r=0.4990^{**}$）。

（2）蒙古栎无性系间还原糖和总糖含量达到极显著正相关（$r=0.8710^{**}$），表明总糖含量的变化趋势与还原糖一致。无性系间黄酮和全氮含量达到极显著负相关（$r=-0.6716^{**}$），表明黄酮含量高的无性系全氮含量低。无性系间全磷和全钾含量达到极显著正相关（$r=0.8441^{**}$），表明全钾含量高的无性系全磷含量也高。

第 4 章　蒙古栎生长性状变异

蒙古栎适宜生活在温暖湿润的气候环境中，并可以抵抗一定的寒冷和干旱（许中旗和王义弘，2002）。蒙古栎在酸性、中性、石灰岩土壤上都能健康生长，而且耐瘠薄，但较不耐水湿（陈雅昕等，2018）。蒙古栎具有很强的萌蘖性，可在瘠薄的土地上生长。蒙古栎对环境具有非常广泛的适应能力，从分布高度来看，它可以分布在海拔 250～400m 的小兴安岭，也可以分布在海拔 400～800m 的长白山脉，可以按照坡度条件形成纯林（高志涛和吴晓春，2005；程福山等，2018）。蒙古栎在东北西部大兴安岭以南地区分布高度甚至可达 1600m，垂直分布规律基本是随着纬度的降低而升高（殷晓洁等，2013；于顺利等，2000）。

蒙古栎作为东北地区主要阔叶树种，材质优良，可用来制作高级家具、果酒桶等，枝丫、锯木屑等剩余物可用于栽培食用菌和药用菌。常志刚（2009）采用改进工艺对柞木表板进行干燥，结果发现干燥的表板无开裂和变形，砂光后无水印，色泽保持本色。

揭示蒙古栎生长性状种内变异规律，以及各生长性状之间的相关性，选择并推广速生良种，可以缩短采伐周期，提高优质木材产量，缓解供需矛盾。

4.1　蒙古栎生长节律

林木在不同生长季节生长量不同。了解蒙古栎侧枝及叶面积在各生长阶段的生长情况，对蒙古栎经营管理具有重要意义。本研究对处于同一生长环境下不同生长阶段的蒙古栎侧枝及叶面积生长差异进行了分析，旨在掌握蒙古栎生长性状的季节变化规律，为蒙古栎经营管理提供参考。

4.1.1　材料与方法

1. 材料

试验材料取自吉林省吉林市丰满区北华大学东校区旁圣母洞园区。圣母洞园区，地处北纬 43°85′、东经 126°61′，年平均气温 4.5℃，1 月平均气温最低，一般为 –20～–18℃；7 月平均气温最高，一般为 21～23℃；年活动积温为 2700～3200℃。全年日照时间一般为 2300～2500h，无霜期 130d 左右。全年平均降水量 650～

750mm，相对湿度 70%。土壤为暗棕色森林土，地形为平缓坡地，排水良好。主要树种有水曲柳、黄檗、蒙古栎、云杉等。

选取大小一致、长势相似的 7 株蒙古栎，年龄在 80 年以上，胸径 24～26cm。从 2017 年 5 月 5 日开始，每隔 15d 进行一次侧枝纵向长度、侧枝径向长度及叶面积调查，共计测量 8 次，包含 7 个生长阶段。

2. 调查方法

蒙古栎侧枝纵向长度调查：在所选择的 7 株蒙古栎中，每株选择 10 个侧枝，利用皮尺对蒙古栎侧枝纵向长度进行测量，测量位置为当年生枝条根部至梢部，精确到 0.01cm。

蒙古栎侧枝径向长度调查：在所选择的 7 株蒙古栎中，每株选择 10 个侧枝，利用游标卡尺对蒙古栎侧枝径向长度进行测量，测量位置为当年生枝条根部，精确到 0.01mm。

蒙古栎叶面积调查：利用直尺对蒙古栎叶片长和宽进行测量，精确到 0.01cm。叶面积计算公式如下：

$$M=0.805LW^{0.938}$$

式中，M 为叶面积；L 为叶长；W 为叶宽。

3. 数据统计方法

利用 Excel 和 SAS 9.4 软件对不同生长阶段蒙古栎侧枝纵向生长、径向生长及叶面积进行数据整理和统计分析。

4.1.2　不同生长阶段蒙古栎侧枝纵向生长差异

本研究在 5 月初开始对吉林市圣母洞园区内的大小一致、长势相同的 7 棵蒙古栎侧枝纵向长度进行调查，截至 8 月末，每 15d 调查一次（图 4.1）。结果发现，调查期内 5 月 5 日至 5 月 20 日蒙古栎侧枝纵向生长量最大，之后生长较为缓慢，7 月 19 日至 8 月 3 日蒙古栎有一个二次纵向生长的过程，生长量仅次于初次生长的纵向生长量，6 月 4 日至 6 月 19 日蒙古栎侧枝纵向生长量最低。

本研究对吉林市圣母洞园区的 7 棵蒙古栎侧枝纵向生长进行了 8 次调查，并对 7 个阶段的纵向生长量进行方差分析（表 4.1）。结果表明，不同生长阶段蒙古栎侧枝纵向生长量差异达到极显著水平，说明不同生长阶段蒙古栎侧枝纵向差异较大。

本研究进一步对 7 个不同生长阶段的蒙古栎侧枝纵向生长量进行多重比较（表 4.2）。结果表明，5 月 5 日至 5 月 20 日蒙古栎侧枝纵向生长量最高，为 3.86cm，

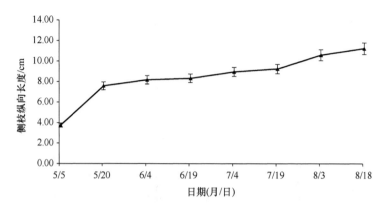

图 4.1　不同生长阶段蒙古栎侧枝纵向长度

表 4.1　不同生长阶段蒙古栎侧枝纵向生长量方差分析

差异来源	自由度	方差和	均方	F 值
生长阶段	6	694.9976	115.8329	15.89**
误差	483	3521.3683	7.2906	
总和	489	4216.3659		

注：**表示极显著相关（$P<0.01$）

表 4.2　不同生长阶段蒙古栎侧枝纵向生长量多重比较

生长阶段	平均值/cm	显著性
5 月 5 日至 5 月 20 日	3.86	a
7 月 19 日至 8 月 3 日	1.36	b
8 月 3 日至 8 月 18 日	0.65	bc
6 月 19 日至 7 月 4 日	0.62	bc
5 月 20 日至 6 月 4 日	0.59	bc
7 月 4 日至 7 月 19 日	0.30	c
6 月 4 日至 6 月 19 日	0.15	c

注：不同字母表示差异显著

与其他生长阶段间差异均达到了显著水平；7 月 19 日至 8 月 3 日蒙古栎侧枝纵向生长量次之，为 1.36cm，这一期间有一个二次生长的过程，除与 8 月 3 日至 8 月18 日、6 月 19 日至 7 月 4 日、5 月 20 日至 6 月 4 日差异不显著外，与其他生长阶段差异均达到显著水平；6 月 4 日至 6 月 19 日蒙古栎侧枝纵向生长量最低。

4.1.3　不同生长阶段蒙古栎侧枝径向生长差异

对吉林市圣母洞园区的 7 棵蒙古栎侧枝径向长度进行了调查（图 4.2），结果发现 5 月 5 日至 5 月 20 日期间蒙古栎侧枝径向生长较快，随后生长趋于缓慢，8 月

3 日至 8 月 18 日期间蒙古栎径向生长量又一次增加。

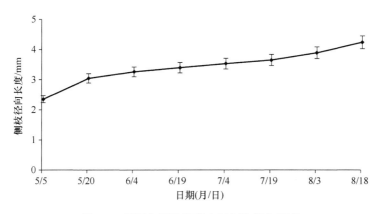

图 4.2　不同生长阶段蒙古栎侧枝径向长度

本研究对吉林市圣母洞园区的 7 棵蒙古栎侧枝径向生长进行了 8 次调查，并对 7 个阶段的径向生长量进行方差分析（表 4.3）。结果表明，不同生长阶段蒙古栎侧枝径向生长量差异达到极显著水平，说明不同生长阶段蒙古栎侧枝径向生长差异较大。

表 4.3　不同生长阶段蒙古栎侧枝径向生长量方差分析

差异来源	自由度	方差和	均方	F 值
生长阶段	6	18.2660	3.0443	37.42**
误差	483	39.2903	0.0813	
总和	489	57.5563		

注：**表示极显著相关（$P<0.01$）

本研究进一步对 7 个不同生长阶段的蒙古栎侧枝径向生长量进行多重比较（表 4.4）。结果表明，5 月 5 日至 5 月 20 日蒙古栎侧枝径向生长量最大，为 0.70mm，

表 4.4　不同生长阶段蒙古栎侧枝径向生长量多重比较

生长阶段	平均值/mm	显著性
5 月 5 日至 5 月 20 日	0.70	a
8 月 3 日至 8 月 18 日	0.35	b
7 月 19 日至 8 月 3 日	0.23	c
5 月 20 日至 6 月 4 日	0.21	cd
6 月 4 日至 6 月 19 日	0.13	d
6 月 19 日至 7 月 4 日	0.12	d
7 月 4 日至 7 月 19 日	0.12	d

注：不同字母表示差异显著

与其他生长时期差异均达到了显著水平；8月3日至8月18日蒙古栎侧枝径向生长量次之，为0.35mm，与其他生长时期差异均达到了显著水平；6月19日至7月19日蒙古栎侧枝径向生长量为0.12mm，进入生长缓慢期。

4.1.4 不同生长阶段蒙古栎叶片生长差异

本研究对吉林市圣母洞园区的7棵蒙古栎叶片的生长进行调查（图4.3），调查发现，5月5日至5月20日蒙古栎叶片生长较快，平均每日可达2.50cm^2；随后叶片生长较为缓慢，平均每日仅为0.08cm^2。蒙古栎叶片生长呈现出先快后慢的规律。

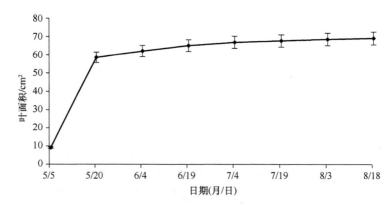

图4.3 不同生长阶段蒙古栎叶片生长

本研究对吉林市圣母洞园区的7棵蒙古栎叶片生长进行了8次调查，并对7个阶段的叶片生长量进行方差分析（表4.5）。结果表明，不同生长阶段蒙古栎叶片生长量差异达到极显著水平，说明不同生长阶段蒙古栎叶片生长差异较大。

表4.5 不同生长阶段蒙古栎叶片生长量方差分析

差异来源	自由度	方差和	均方	F 值
生长阶段	6	79 162.330 7	13 193.721 8	100.27**
误差	483	63 553.398 9	131.580 5	
总和	489	142 715.729 6		

注：**表示极显著相关（$P < 0.01$）

本研究进一步对7个不同生长时期的蒙古栎叶片生长量进行多重比较（表4.6）。结果表明，5月5日至5月20日蒙古栎叶片生长量最大，为48.63cm^2，与其他生长时期差异均达到了显著水平；5月20日至6月4日蒙古栎叶片生长量次之，且除与5月5日至5月20日差异显著外，与其他生长阶段差异均不显著；8月3日至 8 月 18 日蒙古栎叶片生长量最低,仅为 0.39cm²。

表 4.6　不同生长阶段蒙古栎叶片生长量多重比较

生长阶段	平均值/cm²	显著性
5 月 5 日至 5 月 20 日	48.63	a
5 月 20 日至 6 月 4 日	2.52	b
6 月 4 日至 6 月 19 日	2.16	b
6 月 19 日至 7 月 4 日	1.28	b
7 月 4 日至 7 月 19 日	0.59	b
7 月 19 日至 8 月 3 日	0.61	b
8 月 3 日至 8 月 18 日	0.39	b

注:不同字母表示差异显著

4.1.5　小结与讨论

蒙古栎侧枝纵向生长及径向生长均表现出"快—慢—快"的趋势。在 5 月 5 日至 5 月 20 日侧枝纵向生长及径向生长较快,之后趋于缓慢,侧枝纵向生长于 7 月 19 日至 8 月 3 日生长较快,侧枝径向生长于 8 月 3 日至 8 月 18 日生长较快,蒙古栎侧枝纵向生长及径向生长均有二次生长的过程。蒙古栎叶片生长呈现出先快后慢的规律。5 月 5 日至 5 月 20 日蒙古栎叶片生长较快,随后叶片生长较为缓慢。

不同生长阶段蒙古栎侧枝纵向生长、径向生长及叶片生长差异均达到显著水平,说明不同生长季节蒙古栎生长量不同。多重比较结果发现,蒙古栎侧枝纵向生长、径向生长及叶片生长在 5 月 5 日至 5 月 20 日均表现出最大生长量,分别为 3.86cm、0.70mm 和 48.63cm²,且与其他生长阶段差异均达到显著水平。

4.2　蒙古栎生长性状种源间变异

蒙古栎分布范围较广泛,不同分布区生态条件差异较大,因此在适应当地生态条件的过程中产生种内遗传变异。了解种源间变异规律,可为不同造林地区优良种源的选择提供依据,从而实现造林的适地—适树—适种源。本章对蒙古栎不同种源生长性状变异规律进行了分析。

4.2.1　材料与方法

1. 材料

试验材料取自吉林森工临江林业有限公司金山林场。该地区位于北纬 41°48′、东经126°54′, 海拔793m, 年平均气温1.4℃, 年平均降水量830mm, 年平均风速1.9m/s, 无霜期109d, 属温带大陆性季风气候。土壤为暗棕壤, 腐殖质厚度＞15cm, pH为5.5～6.0, 呈微酸性。种源1优树来源于吉林森工临江林业有限公司金山林场和大西林场等地, 有22个无性系, 每个无性系5～20个分株; 种源2优树来源于吉林森工临江林业有限公司闹枝林场和西小山林场等地, 有22个无性系, 每个无性系5～20个分株。

从种源1和种源2各随机选取22个无性系, 每个无性系选取5个单株, 共220株蒙古栎。2018年8月, 本研究对所选择的220株蒙古栎树高、胸径、冠幅、树皮厚、侧枝当年生长量和叶面积等生长性状进行调查。

2. 调查方法

树高调查: 种子园内株行距较大 (3m×3m), 因此采用垂直投影法对蒙古栎树高进行调查, 精确到1cm。

胸径调查: 利用围尺对蒙古栎1.3m处胸径进行调查, 精确到0.1cm。

冠幅调查: 利用皮尺对蒙古栎冠幅进行调查, 精确到1cm。

树皮厚调查: 用砍刀将蒙古栎1.3m处树皮砍掉, 面积约为2cm×2cm, 砍口整齐, 利用游标卡尺对砍口处蒙古栎树皮厚进行测量, 精确到0.1mm。

侧枝当年生长量调查: 利用直尺对蒙古栎当年生侧枝进行测量, 测量位置为当年生枝条根部至梢部, 精确到0.01cm。

叶面积调查: 利用直尺对蒙古栎叶片长和宽进行测量, 精确到0.01cm。叶面积计算公式见4.1.1节。

3. 数据统计方法

蒙古栎侧枝纵向生长、径向生长及叶面积数据整理和数据统计方法同4.1.1节。

4.2.2 蒙古栎树高种源间变异

本研究对种源1和种源2蒙古栎的树高进行方差分析 (表4.7)。结果表明, 两个种源间树高差异达到极显著水平。多重比较结果表明, 种源1树高显著大于种源2 ($P<0.01$): 种源1树高平均值为508cm, 种源2树高平均值为431cm。

表4.7 蒙古栎种源间树高方差分析

差异来源	自由度	方差和	均方	F值
种源	1	328 409.090 9	328 409.1	209.99[**]
误差	218	340 939.109 1	1 563.941	
总和	219	669 348.2		

注: **表示极显著相关 ($P<0.01$)

4.2.3　蒙古栎胸径种源间变异

本研究对种源 1 和种源 2 蒙古栎的胸径进行方差分析（表 4.8）。结果表明，两个种源间胸径差异极显著。多重比较结果表明，种源 1 胸径显著大于种源 2（$P<0.01$）：种源 1 胸径平均值为 12.5cm，种源 2 胸径平均值为 10.6cm。

表 4.8　蒙古栎种源间胸径方差分析

差异来源	自由度	方差和	均方	F 值
种源	1	195.5216	195.5216	57.08**
误差	218	746.7036	3.4252	
总和	219	942.2252		

注：**表示极显著相关（$P<0.01$）

4.2.4　蒙古栎冠幅种源间变异

本研究对种源 1 和种源 2 蒙古栎的冠幅进行方差分析（表 4.9）。结果表明，两个种源间冠幅差异极显著。多重比较结果表明，种源 1 冠幅显著大于种源 2（$P<0.01$）：种源 1 冠幅平均值为 412cm，种源 2 冠幅平均值为 364cm。

表 4.9　蒙古栎种源间冠幅方差分析

差异来源	自由度	方差和	均方	F 值
种源	1	124 759.640 9	124 759.640 9	98.65**
误差	218	275 710.795 5	1 264.728 4	
总和	219	400 470.436 4		

注：**表示极显著相关（$P<0.01$）

4.2.5　蒙古栎树皮厚种源间变异

本研究对种源 1 和种源 2 蒙古栎的树皮厚进行方差分析（表 4.10）。结果表明，两个种源间树皮厚度差异达到了极显著水平。多重比较结果表明，种源 1 树皮厚显著大于种源 2（$P<0.01$）：种源 1 树皮厚度平均值为 8.3mm，种源 2 树皮厚度平均值为 7.1mm。

4.2.6　蒙古栎侧枝当年生长量种源间变异

本研究对种源 1 和种源 2 蒙古栎侧枝的当年生长量进行方差分析（表 4.11）。结果表明，两个种源间蒙古栎侧枝的当年生长量差异不显著。多重比较结果表明，种源 1 侧枝当年生长量与种源 2 差异不显著（$P>0.05$）：种源 1 侧枝的当年生长量平均值为 21.78cm，种源 2 侧枝的当年生长量平均值为 21.44cm。

表 4.10 蒙古栎种源间树皮厚方差分析

差异来源	自由度	方差和	均方	F 值
种源	1	82.5466	82.5466	83.02[**]
误差	218	216.7469	0.9943	
总和	219	299.2935		

注：**表示极显著相关（$P<0.01$）

表 4.11 蒙古栎种源间侧枝当年生长量方差分析

差异来源	自由度	方差和	均方	F 值
种源	1	6.5291	6.5291	0.26
误差	218	5392.1325	24.7346	
总和	219	5398.6616		

4.2.7 蒙古栎叶面积种源间变异

本研究对种源 1 和种源 2 蒙古栎叶面积进行方差分析（表 4.12）。结果表明，两个种源间蒙古栎叶面积差异不显著。多重比较结果表明，种源 1 叶面积与种源 2 差异不显著（$P>0.05$）：种源 1 叶面积平均值为 70.06cm^2，种源 2 叶面积平均值为 73.57cm^2。

表 4.12 蒙古栎种源间叶面积方差分析

差异来源	自由度	方差和	均方	F 值
种源	1	1 718.313	1 718.313	0.96
误差	2 638	4 709 351	1 785.197	
总和	2 639	4 711 069		

4.2.8 蒙古栎各生长性状之间的相关性

1. 种源 1 生长性状之间的相关性

本研究对种源 1 生长性状进行相关分析（表 4.13）。结果表明，树高和冠幅呈极显著正相关（$r=0.5099$[**]），说明在本研究的测量中树高和冠幅的生长变化趋势一致，树高数值随着冠幅数值升高而升高。胸径和树皮厚呈极显著正相关（$r=0.5742$[**]），说明胸径和树皮厚的生长变化趋势一致，胸径数值随着树皮厚数值的升高而升高。冠幅和树皮厚呈极显著正相关（$r=0.5508$[**]），说明冠幅和树皮厚的生长变化趋势一致，冠幅数值随着树皮厚数值的升高而升高。胸径和冠幅呈极显著正相关（$r=0.4455^{**}$），说明胸径和冠幅的生长变化趋势一致，胸径数值随着冠幅数值的升高而升高。其他生长量指标相关性均未达到显著水平。

表 4.13　种源 1 生长性状间的相关性

	树高	胸径	冠幅	树皮厚	侧枝当年生长量	叶面积
树高	1	0.3832	0.5099**	0.3847	−0.2207	−0.1781
胸径		1	0.4455**	0.5742**	−0.5586	−0.2111
冠幅			1	0.5508**	−0.14	−0.0028
树皮厚				1	−0.4776	0.029
侧枝当年生长量					1	−0.0709
叶面积						1

注：**表示极显著相关（$P<0.01$）

2. 种源 2 生长性状之间的相关性

本研究对种源 2 生长性状进行相关分析（表 4.14）。结果表明，树高和胸径呈极显著正相关（$r=0.5880^{**}$），说明在本研究的测量中树高和胸径的生长变化趋势一致，树高数值随着胸径数值的升高而升高。树高和侧枝当年生长量呈极显著正相关（$r=0.5450^{**}$），说明树高和侧枝当年生长量的生长变化趋势一致，树高数值随着侧枝当年生长量数值的升高而升高。胸径和冠幅呈极显著正相关（$r=0.6192^{**}$），说明胸径和冠幅的生长变化趋势一致，胸径数值随着冠幅数值的升高而升高。冠幅和侧枝当年生长量呈极显著正相关（$r=0.4942^{**}$），说明冠幅和侧枝当年生长量的生长变化趋势一致，冠幅数值随着侧枝当年生长量数值的升高而升高。胸径和侧枝当年生长量呈显著正相关（$r=0.4630^{**}$），说明胸径和侧枝当年生长量的生长变化趋势一致，胸径数值随着侧枝当年生长量数值的升高而升高。树皮厚和侧枝当年生长量呈显著正相关（$r=0.4805^{*}$），说明树皮厚和侧枝当年生长量的生长变化趋势一致，树皮厚度数值随着侧枝当年生长量数值的升高而升高。其他生长量指标相关性均未达到显著水平。

表 4.14　种源 2 生长性状间的相关性

	树高	胸径	冠幅	树皮厚	侧枝当年生长量	叶面积
树高	1	0.5880**	0.3470	0.3414	0.5450**	0.2476
胸径		1	0.6192**	0.1230	0.4630**	0.0607
冠幅			1	0.4041	0.4942**	−0.0623
树皮厚				1	0.4805**	−0.0511
侧枝当年生长量					1	−0.0709
叶面积						1

注：**表示极显著相关（$P<0.01$）

4.2.9　小结与讨论

（1）种源间变异。种源 1 和种源 2 两个种源间树高、胸径、冠幅和树皮厚差异均达到显著水平，说明不同种源对蒙古栎 4 种生长性状的影响较大。种源 1 树高、胸径、冠幅、树皮厚和侧枝当年生长量均大于种源 2，种源 1 叶面积小于种源 2。

（2）生长性状相关性。种源 1 蒙古栎树高和冠幅、胸径和树皮厚、冠幅和树皮厚、胸径和冠幅间呈显著正相关，说明相应的两个生长性状变化趋势一致；其他生长性状相关性均未达到显著水平。种源 2 蒙古栎树高和胸径、树高和侧枝当年生长量、胸径和冠幅、冠幅和侧枝当年生长量、胸径和侧枝当年生长量、树皮厚和侧枝当年生长量间呈显著正相关，说明相应的两个生长性状变化趋势一致；其他生长性状相关性均未达到显著水平。生长性状间相关性达到显著正相关水平，在生产实践中，能用一个性状的变化趋势了解与其相关性状的变化趋势，这可以极大地缩短工作周期（尚家辉，2019）。

4.3　蒙古栎生长性状无性系间变异

由于基因型不同，同一群体内不同个体生长量存在差异。在育种过程中，研究人员通常利用群体间和个体间两个层次的遗传变异，即先选择优良种源，再选择优良个体，来获得更大的遗传增益。本章对蒙古栎不同无性系生长性状变异规律进行了分析。

4.3.1　材料与方法

试验材料与调查方法同 4.2.1 节，数据统计方法同 4.1.1 节。

4.3.2　蒙古栎树高无性系间变异

本研究对种源 1 内不同无性系蒙古栎树高进行方差分析（表 4.15）。结果发现，蒙古栎树高无性系间差异达到极显著水平，说明不同无性系影响蒙古栎树高的基因型差异较大。

进一步对种源 1 内各无性系的树高进行多重比较（表 4.16）。结果表明，21 号无性系蒙古栎树高最大，可达 580cm，除与 22 号和 15 号无性系差异不显著外，与其他无性系间差异均达到显著水平，说明 21 号无性系在树高方面表现优良。22 号、15 号和 1 号无性系树高依次降低。2 号无性系树高最小，仅有 428cm，除与 13 号和

17 号无性系差异不显著外，与其他无性系间差异均达到显著水平，说明 2 号无性系在树高方面表现较差。

表 4.15 种源 1 无性系间树高方差分析

变异来源	自由度	方差和	均方	F 值
无性系	21	165 806.954 5	7 895.569 3	10.44**
误差	88	66 525.6	755.972 7	
总和	109	232 332.554 5		

注：**表示极显著相关（P＜0.01）

表 4.16 种源 1 无性系间树高多重比较

无性系号	均值/cm	显著性	无性系号	均值/cm	显著性
21	580	a	9	509	efgh
22	568	ab	10	505	efgh
15	556	abc	4	502	fgh
1	545	bcd	6	490	gh
18	539	bcde	11	487	gh
16	538	bcde	20	484	gh
14	528	cdef	12	482	ghi
5	525	cdef	8	476	hi
19	525	cdef	17	448	ij
3	515	defg	13	440	j
7	514	defg	2	428	j

注：不同字母表示差异显著

本研究对种源 2 内不同无性系蒙古栎树高进行方差分析（表 4.17）。结果发现，蒙古栎树高无性系间差异达到极显著水平，说明不同无性系影响蒙古栎树高的基因型差异较大。种源 2 内无性系间蒙古栎树高重复力为 25.7%。

表 4.17 种源 2 无性系间树高方差分析

变异来源	自由度	方差和	均方	F 值
无性系	21	72 049.354 5	3 430.921 6	8.26**
误差	88	36 557.200 0	415.422 7	
总和	109	108 606.554 5		

注：**表示极显著相关（P＜0.01）

进一步对种源 2 内各无性系树高进行多重比较（表 4.18）。结果表明，19 号无性系蒙古栎树高最大，可达 492cm，除与 14 号无性系蒙古栎树高差异不显著外，与其他无性系间差异均达到显著水平，说明 19 号无性系在树高方面表现优良，

14 号无性系树高次之。4 号无性系树高最小,仅为 390cm,除与 5 号、7 号、1 号、10 号、8 号和 16 号无性系差异不显著外,与其他无性系间差异均达到显著水平,说明 4 号无性系在树高方面表现较差。

表 4.18　种源 2 无性系间树高多重比较

无性系号	均值/cm	显著性	无性系号	均值/cm	显著性
19	492	a	2	428	efghi
14	476	ab	15	421	fghij
21	460	bc	3	419	ghij
6	455	bcd	22	416	ghij
20	454	bcd	16	415	ghijk
17	448	cde	8	412	hijk
11	446	cdef	10	408	ijk
13	440	cdefg	1	407	ijk
18	438	cdefgh	7	398	jk
12	434	defgh	5	398	jk
9	428	efghi	4	390	k

注:不同字母表示差异显著

　　对树高性状优良的无性系进行选择,有利于蒙古栎速生无性系的培育和利用。以树高为目的性状,种源 1 内 21 号、22 号和 15 号为优良无性系,其现实遗传增益分别为 0.14、0.12 和 0.09;种源 2 内 19 号和 14 号为优良无性系,其现实遗传增益值分别为 0.14 和 0.11。

4.3.3　蒙古栎胸径无性系间变异

　　本研究对种源 1 内不同无性系蒙古栎胸径进行方差分析(表 4.19)。结果发现,蒙古栎胸径无性系间差异达到极显著水平,说明基因型是蒙古栎胸径差异的主要影响因素。种源 1 内无性系间蒙古栎胸径重复力为 48%。

表 4.19　种源 1 无性系间胸径方差分析

变异来源	自由度	方差和	均方	F 值
无性系	21	372.1909	17.7234	20.42**
误差	88	76.3840	0.8680	
总和	109	448.5749		

注:**表示极显著相关($P<0.01$)

　　进一步对种源 1 内各无性系的胸径进行多重比较(表 4.20)。结果表明,9 号无性系蒙古栎胸径最大,可达 16.3cm,除与 21 号无性系蒙古栎胸径差异不显著外，与其他无性系间差异均达到显著水平，说明 9 号无性系在胸径方面表现优良，21 号无性系胸径次之。16 号无性系胸径最小，仅为 9.6cm，除与 1 号、2 号、19 号和 13 号无性系差异不显著外，与其他无性系间差异均达到显著水平，说明 16 号无性系在胸径方面表现较差。

表 4.20　种源 1 无性系间胸径多重比较

无性系号	均值/cm	显著性	无性系号	均值/cm	显著性
9	16.3	a	11	12.0	hi
21	15.9	ab	7	11.9	hi
6	15.0	bc	17	11.7	ij
22	14.5	cd	12	11.6	ijk
4	13.7	de	10	11.5	ijk
14	13.7	de	20	11.4	ijk
15	13.4	def	13	10.6	jkl
5	13.3	efg	19	10.5	kl
8	12.9	efgh	2	10.0	l
18	12.3	fghi	1	10.0	l
3	12.2	ghi	16	9.6	l

注：不同字母表示差异显著

本研究对种源 2 内不同无性系蒙古栎胸径进行方差分析（表 4.21）。结果发现，蒙古栎胸径无性系间差异达到极显著水平，说明基因型是蒙古栎胸径差异的主要影响因素。种源 2 内无性系间蒙古栎胸径重复力为 24.1%。

表 4.21　种源 2 无性系间胸径方差分析

变异来源	自由度	方差和	均方	F 值
无性系	21	192.8127	9.1816	7.67**
误差	88	105.3160	1.1968	
总和	109	298.1287		

注：**表示极显著相关（$P < 0.01$）

进一步对种源 2 内各无性系胸径进行多重比较（表 4.22）。结果表明，21 号无性系蒙古栎胸径最大，可达 14.6cm，与其他无性系间差异均达到极显著水平，说明 21 号无性系在胸径方面表现优良。5 号无性系胸径最小，仅为 7.8cm，除与 7 号和 15 号无性系差异不显著外，与其他无性系间差异均达到显著水平，说明 5 号无性系在胸径方面表现较差。

表 4.22　种源 2 无性系间胸径多重比较

无性系号	均值/cm	显著性	无性系号	均值/cm	显著性
21	14.6	a	19	10.6	bcdef
17	11.7	b	10	10.5	bcdef
9	11.6	b	22	10.3	bcdefg
14	11.4	b	2	10.0	cdefg
20	11.4	bc	1	10.0	defg
18	11.2	bcd	11	9.9	defgh
12	11.1	bcde	3	9.8	efgh
6	11.0	bcde	4	9.3	fgh
16	11.0	bcde	15	9.1	ghi
8	10.9	bcde	7	8.5	hi
13	10.6	bcdef	5	7.8	i

注：不同字母表示差异显著

对胸径性状优良的无性系进行选择，有利于蒙古栎速生无性系的培育和利用。以胸径为目的性状，种源 1 内 9 号和 21 号为优良无性系，其现实遗传增益值分别为 0.28 和 0.27；种源 2 内 21 号为优良无性系，其现实遗传增益值为 0.38。

4.3.4　蒙古栎冠幅无性系间变异

本研究对种源 1 内不同无性系蒙古栎冠幅进行方差分析（表 4.23）。结果发现，蒙古栎冠幅无性系间差异达到极显著水平，说明基因型是蒙古栎冠幅差异的主要影响因素。种源 1 内无性系间蒙古栎冠幅重复力为 30.1%。

表 4.23　种源 1 无性系间冠幅方差分析

变异来源	自由度	方差和	均方	F 值
无性系	21	120 055.629 5	5 716.934 7	10.05**
误差	88	50 045.300 0	568.696 6	
总和	109	170 100.929 5		

注：**表示极显著相关（$P < 0.01$）

进一步对种源 1 内各无性系冠幅进行多重比较（表 4.24）。结果表明，14 号无性系蒙古栎冠幅最大，可达 465cm，除与 5 号、15 号、12 号、4 号和 9 号无性系差异不显著外，与其他无性系间差异均达到显著水平，说明 14 号无性系在冠幅方面表现优良。2 号无性系冠幅最小，仅为 341cm，除与 13 号和 19 号无性系差异不显著外，与其他无性系间差异均达到显著水平，说明 2 号无性系在冠幅方面表现较差。

表 4.24　种源 1 无性系间冠幅多重比较

无性系号	均值/cm	显著性	无性系号	均值/cm	显著性
14	465	a	22	419	cdef
5	459	ab	1	417	def
15	447	abc	21	411	efg
12	446	abcd	17	404	fgh
4	437	abcde	3	386	ghi
9	435	abcde	20	386	ghi
16	433	bcdef	8	378	hi
7	432	bcdef	10	372	i
11	431	bcdef	19	371	ij
6	421	cdef	13	357	ij
18	420	cdef	2	341	j

注：不同字母表示差异显著

　　本研究对种源 2 内不同无性系蒙古栎冠幅进行方差分析（表 4.25）。结果发现，蒙古栎冠幅无性系间差异达到极显著水平，说明基因型是蒙古栎冠幅差异的主要影响因素。种源 2 内无性系间蒙古栎冠幅重复力为 21.7%。

表 4.25　种源 2 无性系间冠幅方差分析

变异来源	自由度	方差和	均方	F 值
无性系	21	65 440.765 9	3 116.226 9	6.83**
误差	88	40 169.100 0	456.467 0	
总和	109	105 609.865 9		

注：**表示极显著相关（$P < 0.01$）

　　进一步对种源 2 内各无性系冠幅进行多重比较（表 4.26）。结果表明，21 号无性系蒙古栎冠幅最大，可达 405cm，与绝大多数无性系间差异达到显著水平，说明 21 号无性系在冠幅方面表现优良；18 号和 17 号无性系次之。15 号无性系冠幅最小，仅为 306cm，与其他无性系间差异均达到显著水平，说明 15 号无性系在冠幅方面表现较差。

4.3.5　蒙古栎树皮厚无性系间变异

　　本研究对种源 1 内不同无性系蒙古栎树皮厚进行方差分析（表 4.27）。结果发现，蒙古栎树皮厚无性系间差异达到极显著水平，说明不同无性系影响蒙古栎树皮厚的基因型差异较大。种源 1 内无性系间蒙古栎树皮厚重复力为 38.3%。

表 4.26 种源 2 无性系间冠幅多重比较

无性系号	均值/cm	显著性	无性系号	均值/cm	显著性
21	405	a	1	359	cdef
18	404	a	13	357	cdef
17	404	a	8	357	cdef
22	391	ab	11	355	def
16	383	abc	12	355	def
19	380	abcd	4	343	ef
14	376	bcd	3	341	ef
10	376	bcd	2	341	ef
9	374	bcd	7	341	ef
20	371	bcd	6	337	f
5	365	bcde	15	306	g

注：不同字母表示差异显著

表 4.27 种源 1 无性系间树皮厚方差分析

变异来源	自由度	方差和	均方	F 值
无性系	21	103.0112	4.9053	14.05**
误差	88	30.7280	0.3492	
总和	109	133.7392		

注：**表示极显著相关（$P < 0.01$）

进一步对种源 1 内各无性系树皮厚进行多重比较（表 4.28）。结果表明，21 号无性系蒙古栎树皮厚度最大，可达 10.2mm，除与 12 号和 9 号无性系树皮厚差异

表 4.28 种源 1 无性系间树皮厚多重比较

无性系号	均值/mm	显著性	无性系号	均值/mm	显著性
21	10.2	a	7	8.2	def
12	10.1	a	5	8.2	def
9	9.5	ab	4	8.2	def
6	9.1	bc	3	8.1	def
15	9.0	bc	11	8.0	efg
18	8.8	bcd	16	7.6	fgh
14	8.8	cde	22	7.4	gh
17	8.7	cde	19	7.3	gh
1	8.7	cde	20	7.1	hi
10	8.6	cde	2	6.5	i
8	8.5	cde	13	6.5	i

注：不同字母表示差异显著

不显著外，与其他无性系间差异均达到极显著水平，说明 21 号无性系在树皮厚方面表现优良。13 号无性系树皮厚度最小，仅为 6.5mm，除与 2 号和 20 号无性系差异不显著外，与其他无性系间差异均达到显著水平，说明 13 号无性系在树皮厚方面表现较差。

本研究对种源 2 内不同无性系蒙古栎树皮厚进行方差分析（表 4.29）。结果发现，蒙古栎树皮厚无性系间差异达到极显著水平，说明不同无性系影响蒙古栎树皮厚的基因型差异较大。种源 2 内无性系间蒙古栎树皮厚重复力为 27.4%。

表 4.29　种源 2 无性系间树皮厚方差分析

变异来源	自由度	方差和	均方	F 值
无性系	21	56.5218	2.6915	8.94**
误差	88	26.4858	0.3010	
总和	109	83.0076		

注：**表示极显著相关（$P < 0.01$）

进一步对种源 2 内各无性系树皮厚进行多重比较（表 4.30）。结果表明，17 号无性系蒙古栎树皮厚度最大，可达 8.7mm，除与 19 号、18 号和 20 号无性系树皮厚度差异不显著外，与其他无性系间差异均达到显著水平，说明 17 号无性系在树皮厚度方面表现优良；19 号、18 号和 20 号家系树皮厚度依次降低。7 号无性系树皮厚度最小，仅为 5.9mm，说明 7 号无性系在树皮厚方面表现较差。

表 4.30　种源 2 无性系间树皮厚多重比较

无性系号	均值/mm	显著性	无性系号	均值/mm	显著性
17	8.7	a	12	6.9	defgh
19	8.5	ab	10	6.8	defgh
18	8.1	ab	4	6.8	defgh
20	8.1	ab	15	6.7	efgh
1	7.8	bc	14	6.7	efgh
5	7.4	cd	9	6.6	fghi
3	7.3	cde	2	6.5	ghi
16	7.3	cdef	13	6.5	ghi
8	7.2	cdefg	21	6.5	ghi
11	6.9	defgh	22	6.3	hi
6	6.9	defgh	7	5.9	i

注：不同字母表示差异显著

对树皮厚性状优良的无性系进行选择，有利于蒙古栎药用无性系的培育和利用。以树皮厚为目的性状，种源 1 内 21 号、12 号和 9 号为优良无性系，其现实遗传增益值分别为 0.23、0.21 和 0.14；种源 2 内 17 号、19 号、18 号和 20 号无性系为优良无性系，其现实遗传增益值分别为 0.22、0.2、0.14 和 0.14。

4.3.6　蒙古栎侧枝当年生长量无性系间变异

本研究对种源 1 内不同无性系蒙古栎侧枝当年生长量进行方差分析（表 4.31）。结果发现，蒙古栎侧枝当年生长量无性系间差异达到极显著水平，说明基因型是蒙古栎侧枝当年生长量差异的主要影响因素。种源 1 内无性系间蒙古栎侧枝当年生长量重复力为 15.7%。

表 4.31　种源 1 无性系间侧枝当年生长量方差分析

变异来源	自由度	方差和	均方	F 值
无性系	21	1579.9105	75.2338	4.9**
误差	88	1351.7000	15.3602	
总和	109	2930.6105		

注：**表示极显著相关（$P < 0.01$）

进一步对种源 1 内各无性系侧枝当年生长量进行多重比较（表 4.32）。结果表明，19 号无性系蒙古栎侧枝当年生长量最大，可达 29.74cm，说明 19 号无性系在侧枝当年生长量方面表现优良。21 号无性系侧枝当年生长量最小，仅为 14.90cm，说明 21 号无性系在侧枝当年生长量方面表现较差。

表 4.32　种源 1 无性系间侧枝当年生长量多重比较

无性系号	均值/cm	显著性	无性系号	均值/cm	显著性
19	29.74	a	1	20.82	cdefg
18	26.68	ab	12	20.82	cdefg
13	26.24	ab	9	20.02	defgh
14	26.22	ab	17	19.92	defgh
16	25.68	abc	6	19.36	efghi
7	25.06	abc	5	19.30	efghi
20	24.64	bcd	15	18.98	efghi
3	23.50	bcde	8	18.12	fghi
2	23.06	bcde	10	17.16	ghi
4	22.26	bcdef	22	15.50	hi
11	21.26	cdefg	21	14.90	i

注：不同字母表示差异显著

本研究对种源 2 内不同无性系蒙古栎侧枝当年生长量进行方差分析（表 4.33）。结果发现，蒙古栎侧枝当年生长量无性系间差异达到极显著水平，说明基因型是蒙古栎侧枝当年生长量差异的主要影响因素。种源 2 内无性系间蒙古栎侧枝当年生长量重复力为 11.7%。

表 4.33　种源 2 无性系间侧枝当年生长量方差分析

变异来源	自由度	方差和	均方	F 值
无性系	21	1168.3059	55.6336	3.79**
误差	88	1292.2160	14.6843	
总和	109	2460.5219		

注: **表示极显著相关（$P<0.01$）

进一步对种源 2 内各无性系侧枝当年生长量进行多重比较（表 4.34）。结果表明，6 号无性系蒙古栎侧枝当年生长量最大，可达 27.52cm，说明 6 号无性系侧枝当年生长量方面表现优良。11 号无性系侧枝当年生长量最小，仅为 15.22cm，说明 11 号无性系在侧枝当年生长量方面表现较差。

表 4.34　种源 2 无性系间侧枝当年生长量多重比较

无性系号	均值/cm	显著性	无性系号	均值/cm	显著性
6	27.52	a	8	21.00	defgh
3	27.18	ab	4	20.00	efghi
13	26.24	abc	15	19.94	efghi
21	24.96	abcd	17	19.92	efghi
5	23.72	abcde	9	19.74	efghi
19	23.50	abcde	20	19.36	efghi
7	23.44	abcde	12	18.34	fghi
2	23.06	abcdef	10	18.16	ghi
18	22.56	bcdefg	16	17.18	hi
22	22.28	cdefg	14	17.08	hi
1	21.26	defgh	11	15.22	i

注: 不同字母表示差异显著

4.3.7　蒙古栎叶面积无性系间变异

本研究对种源 1 内不同无性系蒙古栎叶面积进行方差分析（表 4.35）。结果发现，蒙古栎叶面积无性系间差异达到极显著水平，说明基因型是蒙古栎叶面积差异的主要影响因素。种源 1 内无性系间蒙古栎叶面积重复力为 10%。

进一步对种源 1 内各无性系叶面积进行多重比较（表 4.36）。结果表明，6 号无性系蒙古栎叶面积最大，可达 104.50cm²，与其他无性系间差异达到显著水平，说明 6 号无性系在叶面积方面表现优良。4 号无性系叶面积最小，仅为 46.10cm²，说明 4 号无性系在叶面积方面表现较差。

表 4.35 种源 1 无性系间叶面积方差分析

变异来源	自由度	方差和	均方	F 值
无性系	21	195 878.019 0	9 327.524 7	3.32**
误差	1 298	3 645 533.649 0	2 808.577 5	
总和	1 319	3 841 411.668 0		

注：**表示极显著相关（$P < 0.01$）

表 4.36 种源 1 无性系间叶面积多重比较

无性系号	均值/cm^2	显著性	无性系号	均值/cm^2	显著性
6	104.50	a	8	74.10	bcdefg
13	83.80	b	2	71.10	bcdefg
15	82.50	b	16	69.80	bcdefg
22	80.00	bc	19	66.40	bcdefg
12	79.5	bc	1	66.10	bcdefg
14	79.30	bc	11	62.40	cdefgh
5	79.00	bcd	3	60.10	defgh
20	78.60	bcd	17	59.50	efgh
7	77.60	bcde	10	57.10	fgh
21	76.40	bcde	9	55.20	gh
18	74.50	bcdef	4	46.10	h

注：不同字母表示差异显著

本研究对种源 2 内不同无性系蒙古栎叶面积进行方差分析（表 4.37）。结果发现，蒙古栎叶面积无性系间差异达到极显著水平，说明基因型是蒙古栎叶面积差异的主要影响因素。种源 2 内无性系间蒙古栎叶面积重复力为 19.3%。

表 4.37 种源 2 无性系间叶面积方差分析

变异来源	自由度	方差和	均方	F 值
无性系	21	77 214.773 9	3 676.894 0	6.04**
误差	1 298	790 724.458 8	609.186 8	
总和	1 319	867 939.232 7		

注：**表示极显著相关（$P < 0.01$）

进一步对种源 2 内各无性系叶面积进行多重比较（表 4.38）。结果表明，15 号无性系蒙古栎叶面积最大，可达 80.80cm^2，说明 15 号无性系在叶面积方面表现优良。4 号无性系叶面积最小，仅为 56.00cm^2，说明 4 号无性系在叶面积方面表现较差。

表 4.38 种源 2 无性系间叶面积多重比较

无性系号	均值/cm²	显著性	无性系号	均值/cm²	显著性
15	80.80	a	11	69.40	cdef
9	79.80	ab	16	69.10	cdef
18	79.80	ab	7	68.30	cdef
12	79.60	ab	21	67.30	defg
19	78.90	ab	1	66.90	defg
17	78.60	ab	14	65.50	efg
3	76.80	abc	2	64.40	efgh
13	74.50	abcd	20	61.70	fgh
10	72.40	abcde	6	58.70	fgh
22	71.80	bcde	5	56.20	h
8	71.70	bcde	4	56.00	h

注：不同字母表示差异显著

对叶面积性状优良的无性系进行选择，有利于蒙古栎叶用无性系的培育和利用。以叶面积为目的性状，种源 1 内 6 号为优良无性系，其现实遗传增益值为 0.49，种源 2 内 15 号、9 号、18 号、12 号、19 号、17 号、3 号、13 号和 10 号无性系为优良无性系。

4.3.8 小结与讨论

1. 小结

1）无性系间变异

种源 1 内和种源 2 内无性系间树高、胸径、冠幅、树皮厚、侧枝当年生长量和叶面积差异均达到极显著水平，说明不同无性系影响 6 种生长性状的基因型差异较大。种源 1 内 21 号无性系蒙古栎树高最大（580cm），与 19 个无性系差异均达到显著水平；9 号无性系蒙古栎胸径最大（16.3cm），与 20 个无性系差异均达到显著水平；14 号无性系蒙古栎冠幅最大（465cm），与 16 个无性系差异均达到显著水平；21 号无性系蒙古栎树皮厚度最大（10.2mm），与 19 个无性系差异均达到显著水平；19 号无性系蒙古栎侧枝当年生长量最大（29.74cm），与 16 个无性系差异均达到显著水平；6 号无性系蒙古栎叶面积最大（104.5cm²），与其他 21 个无性系间差异达到显著水平。

种源 2 内 19 号无性系蒙古栎树高最大（492cm）；21 号无性系蒙古栎胸径最大（14.6cm）；21 号无性系蒙古栎冠幅最大（405cm）；17 号无性系蒙古栎树皮厚度最大（8.7mm）；6 号无性系蒙古栎侧枝当年生长量最大（27.52cm）；15 号无性系蒙古栎叶面积最大（80.8cm²）。

2）优良无性系选择

对蒙古栎目的性状进行选择，有利于提高蒙古栎的材用价值、药用价值和叶用价值等。选择种源 1 内 21 号、22 号、15 号、9 号及种源 2 内 19 号、14 号和 21 号无性系为木材用途优良无性系。选择种源 1 内 21 号、12 号、9 号及种源 2 内 17 号、19 号、18 号和 20 号无性系为药用优良无性系。选择种源 1 内 6 号无性系及种源 2 内 15 号、9 号、18 号、12 号、19 号、17 号、3 号、13 号和 10 号无性系为叶用优良无性系。

2. 讨论

树木为多年生植物，每个生长周期可被分为萌动、展叶、新梢生长、停止生长、木质化等阶段。生长过程又可被分为初生期、速生期和缓慢生长期。了解树木生长节律有助于适时适量施肥，建立高效抚育技术体系。不同生长阶段蒙古栎伸长生长和径向生长差异显著。掌握其生长节律，有助于准确把握施肥、灌溉时机，有效促进生长，同时提高水肥利用率。

种源试验是将不同来源的林木种子或其他繁殖材料放在相同立地进行栽培的对比试验。种源试验是选择育种的主要方法之一，通过种源试验可以了解种内地理变异规律，为不同地区优良造林种源的选择及种源区划提供依据，实现良种的合理调拨。种源选择是树种改良初期的有效方法。目前，已有许多树种完成了种源试验和选择，并取得了显著的效益。蒙古栎地理分布广泛，不同地理位置之间，温度、降雨、光照等条件不同，长期生长在生态条件明显不同的地区，导致蒙古栎种源间产生异常分化。种源变异是植物种内遗传变异的第一个层次，也是群体间变异的第一个层次。通过种源试验可以揭示种源间异常变异规律，有助于优良种源的选择，可为蒙古栎种子的科学调拨提供依据。

蒙古栎在中国分布范围广泛，不同种源蒙古栎在生长特性及生活适应性等方面存在很大的差异。开展蒙古栎种源试验，研究其地理变异，选择优良种源是蒙古栎改良的首要任务，在林木改良中具有重要作用。早在 1998 年，林业工作者便开始对东北地区蒙古栎资源进行收集，并在黑龙江、吉林、辽宁开展种源试验，结果发现不同种源苗期差异显著，吉林集安种源最优，其次是吉林敦化种源。蒙古栎抗寒性也表现出显著差异，呈南部种源差、北部种源强的分布状态。此外，研究人员对 1966 年从吉林引种到山东淄博鲁山林场的蒙古栎生长指标进行测量分析，结果发现这些蒙古栎平均高度在 10.1～13m，生长状态优良，能够正常开花结果，这证明吉林种源在山东淄博生长适应性较强。同一种源在不同地区适应性也有很大不同，陈晓波和王继志（2010）以黑龙江省 26 个种源地的蒙古栎种子为试验材料，在吉林省林业科学研究院试验林场、白石山林业局琵河林场、松花湖次生林区进行种源试验,结果显示,白石山林场试点的优良种源为磐石和美溪种源;松花湖林场试点优良种源为宽甸和磐石种源;该研究还确定了磐石、美溪、岫岩、宽甸、红石、白石山种源为高产型种源。黄国伟等(2012)对吉林省白石山、磐石、江密峰、桦甸和松花湖 5 个种源在 3 种生长条件下进行了实验室种源试验,结果表明,所选 5 个蒙古栎种源内变异水平较高,是进行良种选育的优良材料。除了适生性以外,种子、材性等经济性状在不同种源间也具有很大差异。例如,颜冰等(2015)对黑龙江省大箐山和虎林种源区、吉林省吉林种源区、辽宁省铁岭种源区等 4 个东北蒙古栎主要分布区的蒙古栎种子表型性状与淀粉含量进行了分析,结果表明黑龙江省大箐山的蒙古栎种源为品质优良的种源,该分布区蒙古栎单果重随种子长度的增大呈增加的趋势。

由一个单株经过扦插、嫁接或组培等无性繁殖方法产生的群体为无性系。无性繁殖保存了原来植株的全部特性,没有一次分化现象。利用无性系造林即无性系林业,无性系林业始于 20 世纪初,经过一个多世纪的发展,随着林木育种和无性繁殖技术的进步,无性系林业已经在世界人工林培育中发挥越来越重要的作用,成为当今世界各国林业界广泛接受的营林方式。无性系林业有如下优势:遗传增益较高、无性系性状整齐一致、便于集约化栽培和管理、经营周期短、经济效益高、无性系选育的改良周期缩短。蒙古栎不仅存在群体间的变异,还有群体内个体间的变异,因此可以依据种源试验选择优良种源。在完成种源试验的基础上,选择优良个体,即优树,利用无性繁殖技术培育无性系,在蒙古栎无性系对比试验的基础上,选择优良无性系用于造林或作为杂交亲本。这样就利用了群体间和个体间两个层次的变异,从而获得更大的遗传增益。

开展优树选择可以加快蒙古栎遗传改良进程、提高遗传增益,是林木遗传改良的基础,对改善林地生境、调整林产品结构有重要意义。厉月桥(2011)对中国东北三省、内蒙古、山东、河北等 10 个省份的蒙古栎分布规律进行研究,并以种子经济指标为标准,利用丰产树比较法、小样地法、林缘木选择法三种方法对优良林分中的优良单株进行选择,结果共选出综合性优树 41 株,经济性状变异系数均在 10% 以上;其中单高产优树 27 株,平均产量实际增益高出初选优树群体产量 30.24%;单大种径优树 15 株,种径实际增益高出初选优树群体产量 13.12%;单淀粉含量优树 20 株,淀粉含量实际增益高出初选优树群体产量 13.52%。唐晓杰等(2020)对吉林森工临江林业有限公司阔叶树种子园内 22 个蒙古栎无性系的树高、胸径、树皮产量、叶面积大小等性状变异情况进行选择,筛选出 3 个速生型无性系、4 个树皮药用无性系、1 个叶用优良无性系。杨滨等(2021)对吉林省通化地区、吉林地区、延边地区、白山地区等 12 个主要种源地的蒙古栎进行优树选择,最终制定出优树选择标准:树高 ≥18.45m、胸径 ≥39.11cm。

第5章 蒙古栎良种繁育基地建设

林木良种是造林绿化的物质基础，是林业生产最基本的生产资料，是确保造林绿化质量的根本，在我国林业可持续发展中具有重要的地位和作用。种是万物之本。林业发展和生态建设成效的关键在营林，营林质量优劣的关键在种苗，种苗质量的根本在种子。种子的优劣直接关系到造林的成败和林木的生长量、质量及效益，关系到子孙后代的百年大计。提高林地生产力的方法：一是适地适树和良种壮苗，二是有效的经营措施。而种苗是基础，良种是根本，没有好的基础，再好的措施取得的效果都是有限的。用劣种造林，会事倍功半，甚至危害遗传改良进程。因此，林木良种不仅仅是林业发展的基础和保障及林业生产的第一道工序，并且决定着林业产业化的全过程，是实现林业可持续发展的保证。

5.1 种子园营建与管理技术

种子园是由优树无性系或家系营建的、以生产优质种子为目的的特种林（沈熙环，1990）。

建立种子园首先要选择优树，然后按规划设计图，将这些优树收集到经过仔细选择的园圃内。种子园的生境和地形应有利于种子采收和提高结实量。由于收集到种子园的树木个体均表现优良，优良群体内个体间相互传粉、杂交产生的子代也是优良的，甚至出现超亲遗传现象。因此，种子园生产的种子遗传品质优良。在造林中应用种子园生产的种子，可以获得较大的遗传增益和较高的经济效益。从这个角度看，建立种子园是林木改良的一种方式，即良种繁育的主要途径之一。

种子园的优点有：①种子遗传品质好。例如，美国预计南方松初级种子园得到5%的木材增益，而实际增益为10%。②种子结实早、产量高而稳定。例如，美国火炬松成龄种子园每公顷产种量可供面积220～550hm^{2}的造林。③种子园面积集中，经营管理方便，便于种子采收、运输和实行机械化作业。④增加的造林成本不多，获得的经济效益和社会效益却十分显著（沈熙环，1990）。

5.1.1 种子园类型

1. 无性系种子园

无性系种子园是指由嫁接苗、扦插苗、组培苗营建的种子园。即通过无性繁殖形成无性系优树，再用无性系优树建立的种子园。

优点：①亲本优良性状得到保持。②提早开花结实，较快供种。

缺点：①对于无性繁殖困难的树种，技术问题多，建园成本高。例如，嫁接不易成活、后期不亲和，以及成年枝条扦插生根能力弱，特别是针叶树种。②对遗传力较低的性状改良效果不大。③无性系不同分株间的交配是自交，自交危害较大。

2. 实生苗种子园

实生苗种子园是指由优树自由授粉种子或控制授粉种子育出的苗木建成的种子园。

优点：①容易繁殖，成本低，易得到大量建园材料。②可把造林与实生苗种子园的建立结合起来，把子代测定林的建立与疏伐种子园的改建结合起来，可收到事半功倍的效果。

缺点：①受早期选择效果的影响较大。人们关心的是成年时的性状，但如果要缩短育种周期，就意味着需要根据幼树阶段表现进行后代选择，这种选择是基于一种假定，也就是说幼树性状与其成熟期存在相关性，但这种相关性往往很小。②有些树种结实晚，初期结实量低，近亲繁殖的危险性较大。③有性繁殖时，存在基因重组现象，使得子代中优良基因型数目没有无性系种子园多，导致增益较小。

3. 第一代种子园

初级种子园：用经表型选择而未经子代测定的材料所建立的种子园。

改建种子园（去劣疏伐园）：根据子代测定结果，对初级种子园内的无性系和植株进行去劣疏伐后的种子园。

重建种子园：根据子代测定结果，利用遗传上表现优良的无性系［数量少、配距较初级种子园大（因不需疏伐）］所建立的种子园，也称 1.5 代种子园。

4. 第二代种子园

第二代种子园：经子代测定，由入选优树的种子繁殖的苗木直接建园，或从子代测定林采优穗后进行嫁接所建立的种子园（1.5 代与第二代建园依据是同一代测定林）。

改良代种子园：在子代测定的基础上，以亲缘关系清楚的优良家系中的优良单株为材料建立起来的种子园。例如，在初级种子园子代中选择优良家系，再从优良家系中选择优良单株建立的第二代种子园，即高世代种子园。

利用第二代种子园可以增加遗传增益。而建立第二代种子园与否，需视能带来多少增益而定。每建一次种子园都要经过淘汰，会使基因库缩小，因此在营建高世代种子园的过程中，应不断引入新的优良无性系。

5. 产地种子园

产地种子园是指以生产不同种源间杂种为目的建立的种子园。

建园材料：经过遗传测定，证明某些产地组合的后代具有优良表现，由这些产地的资料建立种子园。例如，可利用地理小种间优良杂交组合的亲本为材料建立种子园，或利用种源试验林，经去劣疏伐，保留优良种源中的优良个体改建种子园（沈熙环，1990）。

5.1.2 种子园的总体规划

种子园的规划不应只考虑当前一个世代，应当有一个长期目标，使多个阶段的育种程序紧密配合，使一个育种方案进行得更好。

种子园规划的主要内容有：建园的目的、任务和规模，园址的自然条件和社会基本情况，园址选择的理由、全面区划、小区配置、施工和管理技术要点，工作进程、附属设施、经费预算和预期经济效果。

1. 建园地区与位置选择

1) 地区条件

为确保种子园母树生长旺盛、发育正常、开花结实早、结实量高，种子园应设在适于该树种生长发育的生态条件范围内，生态条件应有利于该树种大量开花结实。从地理位置上来说，作为规划的基本单位就是该树种可供大量造林的地区。

建园之始就应注意到种内遗传变异。在没有种源实验可依据的情况下，应当坚持用当地优树建园的指导思想，不应随意用外地优树建园。

2) 合理布局

分布区大的树种，可按气候、土壤特点，结合行政区划，划分若干地理区域。每个地理区域建立相应的种子园，以利于种子园的经营管理和种子区域内调拨。

3) 地理纬度

根据树种生物学特性，应选在原株或亲本稍南一些（即纬度略低）的位置建园，因为温暖的气候条件有利于种子成熟，使开花结实的时间提早。纬度南移 1°（海拔下降 100m），每年孕芽时间会提前 5d。

4）垂直位置

同一树种因海拔不同，种子的品质和产量也不同。

5）光周期反应

种子园位置的选择要注意光周期对树木开花结实的影响。

6）气候条件

在高纬度、高海拔地区，春寒、干旱、积温和大风等常是种子发育的限制因子。春寒使花粉母细胞停止发育，使雄花败育。严重干旱使种子减产。有效积温如不能满足种子成熟需求，结实量和品质都会下降。开花期风向、风力也影响结实。总之，气候条件应有利于树木的生长、开花和结实。

2. 隔离条件

1）隔离的必要性

树木一般是异花授粉植物，如有园外花粉传入，就会降低种子的遗传品质。因此，必须采取隔离措施，以保证园内优良亲本间充分随机交配，生产高度杂合的和遗传上优势大的种子。

2）隔离的有效距离

完全隔离是办不到的。花粉传播的有效距离取决于树种特性、花粉粒结构、花粉密度、地势、散粉期的主风向及风速等因子。虽然大多数花粉能飞散很远，但随着距离的增大，花粉密度相应减少，以至于其很少能参与受精。一般认为，在林内，林木群体产生的花粉，能受精并产生种子的有效距离为 100m 左右。

3）隔离措施

（1）地理隔离：把种子园设在同种不良花粉不能到达的地区，或利用由海拔、纬度引起的开花物候期的差异来达到隔离目的。

（2）设置障碍：使用各种物质障碍来阻止或减少外来不良花粉的污染。具体措施是：①在种子园周围营造 50m 宽的隔离带；②将某一树种的种子园建立在其他树种的林分内；③利用几个树种交错建园。

（3）物候隔离：使种子园内树木的花期与园外其他林木（同种）的花期不相遇。①延期开花：用冷水灌溉延缓花芽分化与发育。②提早开花：选用早开花的无性系建园（沈熙环，1990）。

3. 立地条件

（1）要求具有中等水平以上的肥力，土壤湿润、灌排水性能良好，土层厚度30~45cm。过分肥沃，会使营养生长过旺，导致结实较晚、较少；过分贫瘠，会使养分和水分供应不足，导致树体矮小，尽管早期可得到少量种子，但树木衰老快。

（2）地势平坦、开阔、阳光充足的阳坡或半阳坡，坡度小于20°，且交通方便，劳动力来源充足的地方。

4. 规模和产量

建园规模大小取决于3个因素：①该树种单位面积的结实量；②每年当地林业生产需该树种的种子量；③种子园生产的种子播种品质。

结实量因树种、单株基因型和年龄的不同差别很大，立地条件和经营水平对产量也有影响。

表示种子园产量的方法有两种：①每公顷园地年平均产量，以千克表示；②结实量足够年产100万株合格苗木所需种子园面积。

根据长期造林计划需种量，可按下式推算种子园面积：

$$Y_n=(\sum Y_i)/n$$

式中，Y_n 为在种子园的投产周期中每公顷的年平均产种量（kg）；Y_i 为第 i 年中每公顷种子园的平均产种量（kg）；n 为结实年份。

$$S=D/(Y_n \times N)$$

式中，S 为需要的种子园面积（hm^2）；D 为预期的实生苗株数；N 为每千克种子可育成实生苗株数。

5. 种子园区划

种子园区划：对选定的园址进行测量，依据地形、土壤、株行距、树种配置等要求划分不同区域，是营建种子园的施工蓝图。

1）种子生产区

种子生产区是种子园的主体，为林业生产提供优良种子。为便于施工和管理，多将种子生产区划分成若干大区，大区下设小区。大区面积3~10hm^2、小区面积0.3~1.0hm^2。划区时要考虑道路设置，便于采种、运输和管理。大区间路宽5~6m，小区间路宽1~2m。

种子生产区也可采取波浪式分段建立。假如生产区面积60hm^2，则可分三期施工：第一期建20hm^2，建成初级园；第二期建20hm^2，用经过苗期鉴定的优树无性系；第三期建 20hm^2，用经过幼林期鉴定的材料。

2）优树收集区（育种期）

优树收集区是把从各地选出的优树，通过嫁接或扦插的方法，集中于某一地段栽植，借以保存资源，作为供选育良种之用的基因库。

优树收集区的作用是：①保存优树（有价值的育种材料）；②为采穗嫁接建园提供繁殖材料；③开展无性系测定和有性后代的测定。

优树收集区应建立在交通方便、便于观测的地方，与生产区有一定隔离。每个优树无性系以 5～10 株栽一行，株距 3～5m。

3）子代测定区

子代测定区是种子园建设的中心环节。

子代测定区的任务是：①检验入选优树的好坏；②为下一代育种提供原始材料；③用于研究遗传参数。

4）良种示范区

良种示范区是对种子园生产的改良种子优良程度的一次检验，对于宣传良种、推广良种具有重要意义。营造良种示范林，可用全园的混交种子，也可用优良家系的种子，以普通种子做对照。良种示范林应建立在交通方便、便于参观、土地类型有代表性、小区面积大些的地方（沈熙环，1990）。

以上 4 个区是种子园建设中有机联系的统一整体，是种子园生产经营的主要部分。

6. 建园无性系或家系数量

林木多属异花授粉植物，近亲繁殖会引起球果败育或种子生活力衰退，遗传品质降低。要防止近亲繁殖，扩大种子的遗传基础，种子园必须有足够数量的无性系或家系，此外还应注意花期是否相遇的问题。

无性系数量取决于树种传粉远近、配距、花期的同步程度、去劣疏伐程度等。初级种子园按面积大小，规定无性系数量如下：10～30hm^2，50～100 个无性系；31～60hm^2，100～200 个无性系；60hm^2 以上，150 个以上无性系（沈熙环，1990）。

实生苗种子园所用家系数量应多于无性系种子园。

重建种子园所用无性系为初级无性系种子园的 1/3～1/2。

7. 经费预算和收益预估

在种子园建设中必须对建园经费进行预算，对可能带来的增益进行预估，从成本和效益两方面评定建园的合理性及必要性。

种子园生命周期可被划分为建设期与投产期。建设期又可被分为选优建园期与营建期。建设期的工作主要是优树选择、采种采穗、建立优树收集区、园地清理、整地、定砧嫁接、幼苗期抚育管理等。进入投产期后，主要工作是种子采收、种子处理及成年期抚育管理等。

投资费用主要包括建园费、抚育管理费、机会成本等。其中，机会成本是指种子园占用土地和资金的损失。利息损失即将建园资金存入银行可得利息。

收益包括直接收益和间接收益。其中，直接收益为：①销售种子获得的收益；②木材收益（衰老期）。间接收益：使用种子园种子造林而获得。通过材积增长产生，由用种单位获得，属社会效益。

总之，建立种子园的直接收益是有限的，但从社会效益来看是相当可观的。

5.1.3 种子园设计

种子园设计的主要任务是确定种子生产区中无性系或家系的数目、配置方式、株行距等。

1. 栽植密度

确定合理间距的基本原则：
(1) 保证母树间有充足的正常花粉，以提高遗传品质和播种品质。
(2) 保证母树间受光充足，生长良好，发育正常，增加结实量。
(3) 为今后去劣疏伐创造条件。

确定栽植密度时还应考虑树种生长特性及抚育、采种、施肥、保护措施和机械化的可能性等因素。

2. 无性系或家系的配置

1）配置要求

(1) 每个嫁接小区应由 15～20 个无性系组成，最好 25 个。应增加无性系数目，减少同一无性系株数。同一无性系分株间距离在 20～30m，每小区家系要求在 30～50 个及以上。
(2) 力求分布均匀，经过疏伐后仍能保证均匀。
(3) 避免无性系间固定搭配，以扩大遗传多样性。
(4) 便于统计分析。

（5）适应种子园的各种大小和形状。

（6）简单易行，便于施工管理。

2）配置方式

（1）随机排列：不按一定顺序或主观愿望，使各无性系在种子园小区占据任何位置的机会均等，防止系统误差。系统误差是指在测定中由某种因素所引起的偏差。这些因素影响测定结构都朝一个方向偏倚。

随机排列的方法有两种：一种是查随机数字表；另一种是抽签法。

配置的要求是同一无性系的分株在同一横行中只能够出现一次，而在不同行上的排列彼此不能相邻。

随机排列基本上能满足上述配置要求，主要缺点是定植、嫁接和经营管理不便，特别是在种子园面积不大和无性系多的情况下更是如此。

（2）分组随机排列：先将整个种子生产区划分为若干相等的区组（重复），使每一区组大小能容纳下各无性系的一个或多个分株。每个个体在区组内随机排列，然后进行调整，使同一无性系的分株不处在相邻位置上。

优点：①保证同一无性系植株间有足够的间隔；②便于统计分析；③因为每一区组都包括相同的无性系，可以独立地估算各无性系的效应；④由于各无性系在区组中随机排列，可消除系统误差。

缺点：不便于后期的经营管理。

（3）顺序错位排列：简单地将各无性系按号码从小到大在小区内同一横行依次排列，在第二行排列时，其排列顺序错开 4～5 位，如将第二行的"1"排在第一行的"5"之下。

（4）棋盘式排列：由两个无性系组成的种子园，如杂种种子园，可将两个选定的无性系作隔行、隔株排列，这种排列应具有花期相同和配合力高等特点。

（5）计算机配置设计：将无性系排列 N_1 行、N_2 列矩阵，输入计算机，即可排出全部没有任何重复邻居的设计阵。

优点：①每列都相同，操作方便；②东西方向同一无性系分株间相距 25m 以上（配距 5m×5m）。

为了在南北方向上使无性系分株间保持最大距离可进行如下处理：①在方阵中不满足要求的，可考虑作为首先疏伐的对象；②用其他无性系代替；③如果无性系数为 100 可分为 4 个子方阵，即 5×5。这就可以彻底解决同一无性系分株间隔距离不足的问题。

各种方法共同的基本出发点是：①将自交危险降低至最低限度；②提供广泛的遗传基础（沈熙环，1990）。

5.2 蒙古栎种子园营建实例

5.2.1 园址概况

种子园选择吉林森工临江林业有限公司金山林场 43 林班 1、6、7、8、9、10 小班。

种子园土壤现大部分为参还林地。根据土壤剖面观察，土壤质地良好，均不含石砾。土壤营养分析结果见表 5.1。

表 5.1　土壤营养分析

土壤号	层次	pH	吸湿含水率/%	全氮/%	速效磷/ppm	速效钾/ppm	水解氮/ppm	全磷/ppm	全钾/ppm
1	A	6.0	1.45	0.1146	7.15	101.52	277.65	0.0266	0.0170
	B	6.2	1.40	0.0231	3.84	55.78	104.44	0.0228	0.0135
2	A	5.8	1.33	0.0815	8.05	65.86	241.27	0.0152	0.0162
	B	6.0	1.08	0.0166	6.99	35.39	83.25	0.0076	0.0054
3	A	6.5	1.46	14.7200	14.72	48.22	319.49	0.0240	0.0266
	B	5.5	1.20	6.4200	6.42	35.43	117.37	0.0216	0.0109

注：1ppm=10^{-6}

本种子园最为有效和经济的水源是打深水井，并且园址交通非常方便。

5.2.2 蒙古栎优树选择

在种内变异中，除不同种源之间存在显著差异之外，同一种源的不同植株间也存在差异，并且这种差异可以遗传给后代。优树是指在同一林分中相同立地条件下，生长量、材性、干形、适应性、抗逆性等方面远远超过同种同龄（如为异龄则需要调整）的树木。通过优树选择，几乎每个树种都能提高木材产量。

优树选择是从群体中按育种目标和优树标准进行表型个体选择。

在树木改良计划开始阶段，在树干通直度、抗病性、木材品质及抗逆性等方面，通过优树选择或优树间杂交是能获得明显改良的。

种内存在多层次的变异。种源选择实质上是利用群体间的变异，而优树选择是利用群体内的变异。如果在不同地区选择优树，可以先选种源，然后在优良种源中选优树，这样既利用了群体间的变异，又利用了群体内个体间的变异。利用这两个层次的变异，将获得更大的遗传增益。这也正是目前国内外选择育种的发展趋势。

1. 优树选择的林分条件

选优林分位于吉林森工临江林业有限公司和黑龙江省伊春森工带岭林业局有限责任公司。

（1）原则上在最佳种源区的优良林分中选择，也可在本地或与本地生态气候条件相似的地区优良林分中选择。

（2）选优林分要求生长环境一致、中等立地条件、林龄相同或相近、为天然实生林或人工林。

（3）中壮龄林分。

（4）林相整齐，分布均匀，郁闭度在 0.6 以上。

（5）性状特别优异的林缘木或林中空地周围的树木，也可列入选优范围。

2. 优树选择方法

优树选择目标：生长量。

生长量指标：树高、胸径、材积。

形质指标：冠形、干形、树皮特征、侧枝粗细、自然整枝能力、枝下高。

抗性指标：抗病、虫、鼠害能力。

1）优势木对比法

以候选树为中心，在立地条件一致的 10～25m 半径范围内（包含 30～40 株树），选出仅次于候选树的 3～5 株优势木平均值做对比。实测候选树与优势木的各项生长指标与形质指标，候选树材积与形质等指标超过规定标准的即可选入。

优树标准：生长量常通过树高、胸径、材积三个因子来体现。优树的数量标准常按小标准地法或优势木对比法分别规定。在优势木对比法中，优树的材积、树高和胸径应分别超过优势木平均值的 50%、5% 和 20%。

2）小标准地法

以候选树为中心，划定面积为 200～700m^2 的小样地（包括 30～50 株树），按优树标准实测样地内每株树木的胸径、树高、材积，当候选树达到标准时，即可入选。

优树标准：规定优树的材积、树高和胸径应分别超过标准地平均木的 150%、15% 和 50%。

3）优树选择程序

①制定方案；②踏查；③实测评选；④内业资料整理与分析；⑤检查验收；⑥优树资源保存。

4）技术要求及注意事项

①在林相图（或绘制的林分略图）上标明优树位置，以便复查和利用。各优树均应建立专号档案。②优树按树种、省（区）简称、选优年份和优树号顺序编写。③选出优树后，要防止自然灾害和人为破坏。要观测优树开花结实情况，并及时采穗、采种。金山阔叶树种子园建立了蒙古栎优树档案。

5.2.3 蒙古栎嫁接苗培育

蒙古栎无性系种子园常采用优树嫁接苗营建。

嫁接方法：将髓心形成层对接，从树冠中部选取长8～10cm的具有完整顶芽的一年生枝条为接穗，保留顶端1片叶，其余摘除。先将接穗基部用刀片削一短斜面，在另一面从保留叶片附近逐渐切到髓心，然后顺着髓心削去半边接穗，使接穗末端呈楔状，砧木常用2～3年生的移植苗，于主干上选取较接穗稍粗壮的1～2年生段，除去接区全部枝叶，然后将韧皮部和木质部间切开。将接穗基部楔形部分对准砧木贴面上，使形成层对正，用塑料捆扎。

嫁接时间：4月25日至5月5日。

株数：624株。

无性系：30个。

定砧：在苗圃地按平均高加2个标准差的标准选取砧木。

采条：在春节前后，在优树树冠中上部采集当年生或二年生无病虫害枝条。采条粗度与砧木地径相关性不大，按无性系号捆扎，运输时要保温、通风、防压、防高温，贮藏于低温处，定期检查，防止其干枯与萌动。

嫁接：在砧木顶芽萌动前，先将接穗用水浸泡24h，第二天用髓心形成层对接法进行嫁接。嫁接切面长度为6～8cm。

去萌：嫁接后，及时抹去砧木萌芽，有的树种需要去萌4～5次。

嫁接苗管理：及时进行除草、松土、施肥、病虫害防治，接穗长到30cm以上时，用木棍支架防止风拆，并进行土壤消毒。

解带：嫁接2个月后，根据接穗生长情况，及时进行松绑，第二年春天3～4月及时进行解带。

去芽时间：7月中旬。

松绑时间：8月中旬

解带时间：第三年春。

修枝方法：修去砧木顶梢并修掉超过砧木生长的砧木侧枝。

修枝时间：4月上旬。

抽梢时间：6 月上旬，抽梢状态为顶芽膨大生长良好。

愈合时间：6 月下旬至 7 月上旬。

愈合状态：接口愈合良好，成活率 53%。

解带时间要视生长情况而定，越晚越好，因为萌芽生长特别快；去萌不及时、接穗与砧木刀口不平、愈合面过小都影响生长。若配置区嫁接苗木不齐，则补植管理不方便；若架棍不及时，则易遭到风折。应提前育砧，开展技术培训，精益求精；应提前预防风害、虫害。

5.2.4　蒙古栎种子园定植

根据经营目的的不同，经营范围内可被区划为 4 个不同性质的群体区，即基因库、子代测定区、种子生产区和良种示范区。根据种子园生产技术要求，将各基因库、子代测定区、种子生产区用地按经营区、大区和小区三级划分。

1. 无性系定植原则

1）栽植密度

基于 5.1.3 节所述原则，蒙古栎种子园定植密度确定为 4m×4m。

2）无性系配置

（1）配置要求同 5.1.3 节。

（2）配置方式：顺序错位排列，将第二行的"1"排在第一行的"5"之下。

2. 定植方法

基因库定植：采集优树接穗，培育嫁接苗，按照 3m×3m 株行距栽植成活的嫁接苗。基因库也称育种群体或优树收集区，可对所有选择的优树或特殊性状、类型的个体进行异地保存。基因库内保存着丰富的遗传资源，许多试验项目，如控制授粉（全同胞子代测定）试验、施肥试验等都将在此进行。若种子园内无性系缺株，则可以直接剪取基因库枝条进行嫁接。因此，建立基因库对于树木遗传改良具有重要意义。

子代测定区定植：子代测定区即子代测定林的营建区。采集优树种子，播种育苗，苗龄 2 年生时，按照 3m×3m 株行距栽植。子代测定是种子园建设的核心，为种子园升级和去劣疏伐提供依据。根据田间试验设计（环境设计）要求，定植所选全部优树的自由授粉子代，通过各家系综合性状的测定和轮回选择，对种子园所有无性系自由授粉子代和全同胞子代的优劣进行评定。

种子生产区定植：种子生产区是种子园的主体，目的是生产遗传改良种子。种子生产区总面积 8.9hm²，园内划分 3 个大区 9 个小区。

整地方法：水平带状整地。

基肥种类及数量：鹿粪，3104.5kg/hm²。

栽植株行距：6m×6m。

栽植密度：301 株/hm²。

无性系数量：400 个。

定植日期：1999～2004 年。

补植日期：2004 年 5 月。

定植：第二年春天，选择生长优良的嫁接苗，用锹挖出，用砍刀切成适合的土坨，用塑料布包扎，人工抬入配植区的配植点。栽植时，将嫁接苗放入穴内，向土坨四周填土，踏实，严禁踩土坨。

生产区地理位置：生产区位于吉林森工临江林业有限公司金山林场 43 林班 1、6、7、8、9、10 小班，地理坐标为北纬 41°48′、东经 126°54′。

地形地势：种子园地处长白山熔岩台地，平坦的漫江江畔，作业区位于坡中上部，坡向东，平均坡度 5°，最大坡度 8°，海拔 750m。

气候：种子园所在地属温带大陆性季风气候。年平均气温 1.4℃，7 月平均气温 19.4℃，1 月平均气温-19.7℃，极端最高气温 34.8℃，极端最低气温-34.1℃，≥10℃积温 2100℃。年平均降水量 830mm，6 月、7 月、8 三个月降水量占全年的 54%，相对湿度 70%。初霜期在 9 月 16 日前后，终霜期在 5 月 29 日前后，无霜期约 109d。年均风速 1.9m/s，冬季多西北风，夏季多东南风。年均日照时数 2261h，日照百分率 52%。

植被：该地区植被属长白山植物区系，主要乔木树种有红松、红皮云杉、沙松、长白落叶松、蒙古栎、水曲柳、胡桃楸、紫椴、白桦、槭树等；主要灌木树种有忍冬、鼠李、青楷槭、花槭、暴马丁香、榛子、胡枝子等；主要草本植物有苔草、蕨类、木贼等，草本植物生长旺盛，盖度 60%～80%。

土壤：种子园土壤现大部分为参还林地。从隔离带和周围次生林林地可以看出，灌木和草本繁茂，每年有大量凋落物归还土壤，使土壤腐殖质积累多，土壤肥力高，腐殖质层厚度大于 15cm，土层厚度（A+B 层，即淋溶层+淀积层）31～45cm，土壤质地为壤土，有机质含量高，土壤疏松性和透气性良好，pH 5.5～6.0，呈微酸性。根据土壤剖面观察，土壤 A、B 层明显，均不含石砾。

水源：种子园西 1km 处有一条长年流水河，由于高差太大，种子园用其水源较为困难。本种子园最为有效和经济的水源是打深水井。

交通情况：交通非常方便。

社会经济情况：阔叶树种子园基地属金山林场。林场共有职工 353 人，营林专业人员 188 人，设有小学、商店、粮店和各种服务设施。西岗乡政府设有营林工作站，管理人员 10 人，农村人口 800 人，以种植人参和农作物为主，可为营建种子园及营林生产提供丰富的劳力资源。

5.2.5　种子园经营

1. 经营树种的确定

蒙古栎是长白山区珍贵树种，也是构成针阔和阔叶混交林的重要建群树。近几十年来，随着天然林的过量采伐，蒙古栎优良物质资源流失严重，保护和发展珍贵树种资源，实现林业可持续发展，成为当今林业科研和生产中急需解决的问题。而建立种子园，既能保护大量的优良基因，又能为生产提供遗传品质得到改良的种子，是实现多世代遗传改良的有效途径。

2. 经营目标

建立第一代种子园只是林木多世代轮回选择的一个初级阶段。林木种子园的建设过程是生产与试验相互伴随、相互促进的过程。尤其是建立阔叶树种子园，每一项技术环节遇到的问题，必须通过试验研究加以解决。为了有计划、科学地培育林木良种，需不断提高良种质量和产量。综上所述，该种子园的经营目标如下：

提供遗传品质得到改良的蒙古栎种子。

开展蒙古栎选优技术、嫁接技术、无性系配置技术研究。

开展蒙古栎无性系花期观测、辅助授粉、结实规律、缩短种子园育种周期的研究，促进种子稳产高产。

进行蒙古栎种子园经营管理技术的研究。

建好基因库，拓宽种子园的遗传基础。

搞好子代测定和无性系测定，提供种子园的遗传参数，如遗传力、遗传增益等。

在建立第一代种子园的基础上，逐步向第二代种子园过渡，展开多世代轮回选择，使种子园良种的遗传品质不断提高。

3. 经营规模

根据当前和未来吉林省对蒙古栎良种的需要及种子园大量结实后单位面积的产种量，同时为使每一树种都具有较大的遗传基础，本研究确定总建园面积为 137hm^2（含良种示范区），其中：

种子生产区：面积 65.9hm²。

基因库：面积 5.5hm²。

子代测定区：面积 14.6hm²，进行蒙古栎优树自由授粉半同胞及部分全同胞子代测定。

苗圃：面积 1hm²。

良种示范区：面积 50hm²。

4. 种子园建成标准

生产区、基因库的嫁接植株全部成活。

建立优树自由授粉子代测定林，提供初步遗传参数。

按规划设计完成基本建设任务。

各种机车、机具和试验测试仪器设备配备齐全。

按设计完成基础设施建设。

建立健全组织机构和专业技术队伍，建立严格的管理制度，开展生产经营活动和科学试验。

建成种子园计算机管理系统并正常运行，各项技术档案、资料齐全，并输入数据库。

5. 经营范围

金山林场蒙古栎种子园包括生产区、基因库、子代测定区、苗圃和良种示范区。

（1）生产区设置在金山林场 43 林班内，距金山林场 1.5km。西为通往青岭村的公路，与西岗乡隔路相望，东邻漫江陡岸阔叶防护林，北为天然白桦林，南为人工落叶松林。南北长 1500m，东西宽 700m，面积 65.9hm²。

（2）基因库设置在金山林场 42 林班内，距金山林场 1.2km，与青岭村公路相接，面积 5.5hm²。

（3）子代测定区设置在金山林场 10 林班内，距金山林场约 10km。西为通往青岭农场的公路，东为通向青岭村的公路。南北长 800m，东西宽 350m，面积 14.6hm²。

（4）苗圃设置在金山林场南 600m 处赤板河边，面积 1hm²。

（5）良种示范区建设地点可选择在金山林场及吉林森工临江林业有限公司其他林场，总面积控制在 50hm² 内。

6. 用工情况

种子园建园期及经营期用工情况（表 5.2、表 5.3）。

表 5.2　建园用工量表

序号	作业类别	单位	工作量	定额	用工量/日
1	选优	株	440	0.1 株/(人·日)	4 400
2	采穗	株次	1 290	3 株次/(人·日)	430
3	储穗	株	42 436	74 株/(人·日)	573
4	选苗及育砧	株	40 416	150 株/(人·日)	269
5	嫁接	株	33 680	60 株/(人·日)	561
6	解带	株	33 680	150 株/(人·日)	225
7	接株管理	m²	10 000	60m²/(人·日)	167
8	整地	hm²	73.4	0.01hm²/(人·日)	7 340
9	耙地	hm²	54.5	10.24hm²/(1 人·2 牛)	545 [折合人工 0.1hm²/(人·日)]
10	定植点设计	株	26 944	180 株/(人·日)	150
11	挖穴	穴	31 213	133 穴/(人·日)	235
12	施基肥	株	26 944	260 株/(人·日)	104
13	植苗	株	32 744	136 株/(人·日)	241
14	浇水	株	32 744	260 株/(人·日)	126
15	子代测定区植苗	株	34 707	136 株/(人·日)	255
16	调查成活率				
	接株培育期	株次	67 360	200 株次/(人·日)	336（2 年接株 33 680）
	定植后	株次	107 776	200 株次/(人·日)	539（4 年定植 26 944）
17	其他				1 610（包括选优准备）
合计					18 106

表 5.3　生产经营期最大生产用工量表

序号	作业别类	单位	工作量	定额	用工量/(日/年)	备注
1	抚育		1 999			
1.1	耕地	hm²	73.4	0.1hm²/(人·日)	734	
1.2	除草	hm²	73.4	0.1hm²/(人·日)	734	
1.3	培土、施肥	株	26 944	380 株/(人·日)	71	
1.4	灌水	t	4 700	36t/(人·日)	130	
1.5	病虫鼠害防治	株	65 920	200 株/(人·日)	330	包括子代测定区和基因库
2	生育调查		139			
2.1	优树复查	株	430	150 株/(人·日)	3	
2.2	花期观测	株	2 200	30 株/(人·日)	73	
2.3	控制授粉	株	1 900	30 株/(人·日)	63	
3	无性系测定	株	12 528	250 株/(人·日)	50	
4	其他		440			
	合计				2 628	

7. 经营任务量的确定

根据建园期限和 5 种阔叶树第一代种子园的建成标准，确定建园工作量和生产经营期最大生产用工量。

1999～2002 年完成嫁接苗培育，2000～2005 年完成生产区、基因库的营建，各年度生产任务详见表 5.4。

表 5.4 各年度生产任务

项目	单位	合计	1999 年	2000 年	2001 年	2002 年	2003～2005 年
嫁接苗	株	0	0	0	0	0	0
选优	株	150	150	0	0	0	0
采穗	次	1 360	150	350	430	430	0
储穗	条	42 436	7 500	17 500	8 250	9 186	0
选超级苗	株	26 944	13 472	13 472	0	0	0
营养袋育砧	株	26 944	13 472	13 472	0	0	0
嫁接	株	33 680	7 500	17 500	4 250	4 430	0
松带	次	26 760	6 000	14 000	3 400	3 360	0
解带	株	33 680	7 500	17 500	4 250	4 430	0
除草	m^2	4 134	0	1 378	1 378	1 378	0
培土	m^2	2 756	0	918	918	920	0
洒水	m^2	6 888	0	2 296	2 296	2 296	0
基地清理		0	0	0	0	0	0
清除杂物	hm^2	97	32.3	32.3	32.4	0	0
挖树根	个	35 000	11 666	11 666	11 668	0	0
整地	hm^2	73.4	30.5	30	12.9	0	0
耙地	hm^2	55	30.5	24.5	0	0	0
移栽定植	株	0	0	0	0	0	0
定点	个	26 935	0	5 125	8 948	6 947	5 915
挖穴	个	31 213	0	5 125	8 948	8 660	8 480
定植	株	32 774	0	5 125	8 948	9 021	9 680
抚育管理		0	0	0	0	0	0
中耕	hm^2	223.2	0	0	74.4	74.4	74.4
耙地	hm^2	223.2	0	0	74.4	74.4	74.4
除草	hm^2	223.2	0	0	74.4	74.4	74.4
除草	hm^2	298.3	0	0	99.9	99.2	99.2
培土、施肥	株次	26 943	0	0	8 981	8 981	8 981
灌水	t	4 700	0	0	0	2 350	2 350
补植	株次	7 940	0	0	3 940	4 000	0

续表

项目	单位	合计	1999 年	2000 年	2001 年	2002 年	2003~2005 年
补接	株次	4 650	0	0	2 350	2 300	0
病虫害防治	株	65 920	0	12 184	13 184	13 184	26 368
生育调查		0	0	0	0		0
嫁接株培育	株次	63 520	0	31 760	31 760	0	0
定植后	株次	95 280	0	0	31 760	31 760	31 760
优树复查	株	440	0	0	220	220	0
小区区划	hm²	60.5	0	0	60.5	0	0
花期观测	株	2 200	0	0	0	0	2 200
子代测定		0	0	0	0	0	0
优树采种	株	440	100	100	150	90	0
育苗	m²	1 100	0	200	200	400	300
区划设计	hm²	13.9	0	0	13.9	0	0
定植	株	22 000	0	0	0	11 000	11 000
生育调查	株次	13 200	0	0	0	0	13 200
控制授粉	株	1 900	0	0	0	0	1 900
采种、育苗	m²	387	0	0	0	0	387
定植	hm²	5	0	0	0	0	5
无性系测定	株	12 528	0	0	0	0	12 528
运沙	m²	45	0	15	15	15	0

5.2.6　幼林抚育

1. 中耕除草

试验地点：金山阔叶树种子园蒙古栎Ⅰ区。

试验材料：金山阔叶树种子园蒙古栎Ⅰ区植株，树龄为 17 年，行距：6m×6m，栽植密度：301 株/hm²。

除草：种子园配植区和定植区每年除草 2~3 次。除草时，穴面按原来定植规格大小除草，做到除净、培土、扶正、踩实，靠近苗木周围 10cm 的杂草要用手拔掉，防止伤苗。

割草：每年 6 月下旬全面割草一次，8 月下旬割草一次，做到草茬高不超过 5cm 时割净。秋季第二次割草时，必须把杂草抱出烧掉，防止鼠害。

2. 病虫鼠害防治

根据病虫鼠害发生、发展规律及病虫鼠生活规律，发现疫情，及时防治同时加强检疫工作。

3. 施肥

在 5 月中旬和 6 月底分别施肥 1 次，以蒙古栎树根部为圆心，距根部 1.5m 处开沟宽和深各 20cm 的环状沟，将肥料均匀撒于沟内，然后覆土盖平踩实。每次每株施氮、磷、钾复合肥 2kg。

4. 修枝整形

采用人工上树作业，对母树交叉枝、过密枝、平行枝、细弱枝、内向枝、受病枝、衰老枝进行疏剪处理，对疏剪后的主侧枝涂抹油漆进行保护处理。通过对母树采用不同强度的疏剪处理，减少母树对过密枝、交叉枝、细弱枝、病虫枝等营养的供给，改善树冠结构，调节树冠内部的光照，促进母树花芽分化，调节母树自身生长和结实的营养分配，增加母树结实量。

5.3 蒙古栎采穗圃营建与管理

5.3.1 无性系的优越性

在我国，通过无性繁殖进行杉木造林的历史已有近千年，而我国的无性系林业也在近 20 年来发展起来。

切取树木的部分器官或组织，比如根、茎、叶、芽等营养器官在适当条件下使其再生为完整的新植株的繁殖方式即无性繁殖。以树木单株营养体为材料，采用无性繁殖法繁殖的品种（品系）称无性系品种（品系），简称无性系。

无性系的优越性体现在以下几方面。

（1）繁殖推广优良的无性系能提高林木产量。中国林业科学研究院亚热带林业研究所于 1981 年春季从 4 株杉木优树自由授粉家系中，各取 5 个无性系，在浙江富阳采用 4 株小区重复造林 4 次。结果表明，4 年后家系间生长状况的差异是显著的。例如，"龙泉 5 号"的树高和直径分别比"龙泉 6 号"大 0.6m（16.9%）和 1.49cm（33.6%）；在同一家系内，各无性系间也存在着明显的差异，在上述 4 个家系中，最优无性系较最次无性系的树高高出 16.0%～29.2%，直径长出 26.4%～48.5%。据分析，家系间引起的变量占总变量的 8.8%（高度）和 16.6%（直径），这表明家系内个体间存在着显著的差异，也说明家系内无性系间的选择至少可以取得与家系间选择同样的效果。可见家系选择结合无性系选择可以取得加倍的改良效果。

（2）提高林产品品质。例如，桉树木材一般具有交错纹理，易开裂，但也有少数无性系木材纹理通直，材性好，可作为优质造纸材或家具材。用这些无性系造林，既可提高桉树林分的木材品质，同时林木匀称、整齐，出材率高。

（3）缩短育种周期，获得最大增益。从选优到种子园建立的生产体系，存在建园到投产时间长、结实受气候影响较大、结实小年频繁及嫁接后期不亲和等问题。无性系选种，特别是利用自然界现有变异的简单无性系选择，只有选优—无性系测定—建立采穗圃 3 个程序，而且无性系测验又不必等到开花结实，可比实生繁殖缩短 1/3～1/2 的时间，这就大大缩短了育种周期。从遗传结构看，种子园生产的种子是杂合的，只能不分立地性质，混合使用全园种子，因而不能得到最大增益。而无性系育种可充分利用基因型与环境的交互作用，为各种立地选配生态适应性最高的无性系群体，从而获得最大增益。

（4）保存基因型和特殊材料。无性繁殖保留了亲本的全部遗传信息，树木的基因型是高度杂合的，如用种子繁殖，那些独特的性状就会很快丢失。杂种优势通过无性繁殖，母株的遗传结构被完全保存下来，优势不变。而实生繁殖会使基因发生分离、重组，导致杂种优势消失或减弱。远缘杂交、多倍体、非整倍体等核型变异材料，只能由无性繁殖保持下来（沈熙环，1990）。

5.3.2　无性繁殖技术

树木无性繁殖方法很多，常用的有分株、压条、埋根（干）、扦插、嫁接等。本节主要介绍扦插和嫁接。

1. 扦插繁殖

扦插是用植物体的茎或根的一部分作为繁殖材料，促其发生不定根或不定芽，培育成独立植株的一种无性繁殖法。

1）扦插种类

根据植物种类、插穗材料、扦插条件及目的的不同，扦插可被分为：

（1）叶插：叶片插，即以部分叶片为插穗材料，如落地生根、矮牵牛；全叶插，即以全叶为插穗材料，如落地生根、矮牵牛。

（2）叶芽插：以基部带芽的叶为插穗材料。

（3）茎插：单芽插，即以不带叶且只带一个芽的茎为插穗材料；去梢插，即以去掉尖端（≥2 个芽）的茎为插穗材料；带梢插，即以带梢的茎（≥2 个芽）为插穗材料。

（4）地下茎插：根茎插，即以根茎的一部分为插穗材料，如甘草；块茎插，即以块茎的一部分为插穗材料，如土豆；鳞茎插，即以鳞茎为插穗材料，如大蒜。

（5）根插：以根的一部分为插穗材料，如兰花。

（6）果实插：以果实的一部分为插穗材料。

在林木扦插中茎插是常用的方法。茎插可被分为：

（1）软枝（绿枝）扦插法。用落叶树或常绿树尚未硬化的正在生长的嫩枝进行扦插。在初夏采集新梢，切成 7～15cm 长，保留顶端几片叶，除去基部叶，插穗下端留有节。组织较嫩的软枝容易发根，且发根早。为防止失水，应用喷雾装置。

（2）半硬枝扦插法。用稍微硬化的新梢扦插，对于观赏用的灌木类常用此法。一般在夏季剪取枝条，温室扦插效果显著，大田扦插必须灌水，并用帘子遮阴以防插枝过干而死。

（3）硬枝扦插。用树木组织硬化的、一年生枝条扦插，适用于极易发根的种类。对于落叶树，在秋季至初春，剪取其休眠枝条，枝条上最少留 2 个芽，穗条基部留节，长度 10～25cm，秋季剪取的枝条要注意保湿，需贮藏在阴凉的室外或冷库中。

2）影响扦插生根的因素

扦插成活的难易因植物种类而异。有的生根容易，有的困难。随着年龄的增大，发根困难，生根率降低。

影响生根率的主要因素有：

（1）不同个体或无性系的生根率存在差异。

（2）不同树龄的生根率不同，且发根数及发育好坏也不同。从幼龄树木上剪取插穗易生根。此为年龄效应。

（3）枝条类别、位置不同其生根率不同。一般树干基部萌生条生根效果较好。树冠中下部枝条生根率好于上部。此为位置效应。

（4）采条季节也会影响生根率。最适取材时间因树种和条件而异。一般认为，早春，恰好在芽萌动前采条为宜，或在枝条伸长，刚开始木质化时采条为宜。杨树种条的采集在秋、冬、春季均可，采后用土（湿土）埋好，保持水分，低温贮存。

3）促进插穗生根的措施

（1）插壤要通气保湿。插穗的生根状况与插壤的物理性质关系密切，插壤应能保持一定水分，但不滞水，透气，pH 适宜，不含养分，最好是河沙。

（2）保持适宜的温、湿度。维持较高床温（20～25℃）、稍低的气温（15～20℃）、较高的空气相对湿度（80%～100%）有利于生根。

（3）激素处理。用适当浓度的生长素处理插穗，可促进生根。对生根促进作用明显的有吲哚乙酸（IAA）、吲哚丁酸（IBA）、萘乙酸（NAA）、生根粉。处理浓度因插穗种类、木质化程度、处理季节和方法、生长素种类等有较大差异。

（4）减少抑制生根的物质。酚类物质常抑制生根，用流水冲洗的方法可减少这类物质。

（5）插穗复壮。生理上处于青壮年的枝条易生根。繁殖材料年龄越大越不易生根和再生成完整植株。而理想的材料多为成龄树木。为了提高扦插生根率，就要想办法使其恢复到幼年状态，或维持树木处于幼龄状况，这就是复壮。

4）插穗复壮的方法

（1）反复修剪。可使树木维持年轻阶段的生理状况。

（2）根萌条。树木各个部位处于个体发育的不同阶段，树干基部属年轻阶段，越往上部，发育阶段越老。根萌条的个体发育阶段年轻，生根力强。

（3）嫁接。把老龄枝条嫁接到幼龄砧木上，成活后，采其枝条可提高插穗生根率，如欧洲云杉、红杉。

（4）再扦插。从少数老龄长根插条上再取插穗可提高生根率。例如，瑞典研究人员对 6 株 80～120 年生欧洲云杉进行扦插实验，生根率很低（6%），从少数成活的枝条上采取插穗，生根率提高（25%），再一轮提高到 80% 以上。

（5）组培。经组培再生的植株发育阶段处在较早期，与种子萌发苗相当，再利用其进行扦插可提高生根率（沈熙环，1990）。

2. 嫁接繁殖

嫁接是将一个植株的芽或短枝接到带根系的另一植株上的基干或根段上，使两者形成层结合，形成新的植株的过程。

嫁接是树木育种中收集、保存基因型及营建无性系种子园的主要方法。这是由于嫁接具有如下优点。

（1）无性繁殖中扦插不易生根的树种或老龄材料常用嫁接繁殖。

（2）提前开花结实。接穗采自成熟树木树冠上方，能提前开花结实，矮化树冠。

（3）增强嫁接植株对当地条件的适应性。

（4）作为复壮的有效手段。

1）常用的嫁接方法

嫁接方法按接穗取材的不同，可被分为芽接和枝接；按取材时间的不同，可被分为冬枝接和嫩枝接；按嫁接方式的不同，可被分为劈接、切接和髓心形成层对接等。

（1）芽接法。选生长较好的新枝作叶芽，在砧木形成层尚未活动的晚夏至初秋进行嫁接，芽接作业时间长，是普遍采用的嫁接方式。接芽在嫁接时应剪去叶片，保留叶柄。薄芽嫁接时，将接芽从芽上 1cm 切到芽下 1cm，削成楔形，砧木选离地面 5～25cm 处茎面光滑的部位，按接芽宽度刚好在接触木质部处薄薄切下 2～3cm（似舌状）。为使砧木下切的舌状部在嫁接后不盖住芽，可在舌状部的上部削去 1～1.5cm，然后把削好的接芽嵌入里面，直到与舌状部底部黏紧。嫁接部用塑料膜包裹。嫁接后 2～3 周，如果接芽残留的叶柄自然脱落，则说明接芽已经成活。到秋季落叶后，再把接芽以上原有砧木的枝条统统剪掉。

（2）枝接法。①休眠枝接：常在晚冬至初春进行。一般认为在砧木树液开始上升前，接以休眠的接穗容易成活。在冬天剪取一年生休眠枝，贮藏于 0～5℃ 低温下，不让幼芽萌动，接穗不便贮藏的种类可将砧木搬入温室，以促进形成层活动，这样接后容易成活。②劈接：选 1～2 年生苗木作砧木。砧木在距地面 5～6cm 处切断，随即用劈接刀于断面中央劈下一垂直切口。深度与接穗削面同。接穗长 5～6cm，有 2～3 个饱满芽，在下端用刀先在一面轻轻削去靠木质部以外的部分，削面光滑，自上而下倾斜，长约 3cm，下端另一面在削切时也要倾斜，削成钝角。接时先撑开劈口，将削好的接穗插入。接穗削去的部分和枕木切下的部分要紧密吻合，接穗和砧木的形成层两面，至少有一面要紧密相连，接穗下端和砧木的缝底也要紧密相接。然后在嫁接处先用绳等扎紧，再用塑料膜捆扎。为防止嫁接处失水过多，应培土覆盖。③髓心形成层对接：此法削面长，砧木形成层接触面大，嫁接成活率高，是松树常用的嫁接法（沈熙环，1990）。

2）嫁接不亲和性

嫁接不亲和性是指接穗和砧木不能协调。不亲和性有如下几种表现。

（1）嫁接口部接穗膨大。这是韧皮部连接不通畅造成的。一般在接后 4～5 年才明显表现，出现"小脚"或"大脚"的现象。

（2）针叶或叶片不正常。叶子变小，带棕色点，叶色变黄，以及大量开花。

（3）猝死。老龄嫁接植株在嫁接部位一般没有膨大症状，但遇不良的气候条件，如高温、干燥时，会突然死亡。

5.3.3　蒙古栎采穗圃区划

采穗圃是提供优良种条的木本种植圃，是用优树或优良无性系作材料，为生产遗传品质优良的无性繁殖材料（枝条、接穗和根）而建立的林木良种繁殖基地。

随着育种工作的开展，不论是造林还是建立种子园，都需要大量种条，如果直接从优树上采集，不仅数量少，品质不能保证，而且由于优树分散在各地，采条既费工又很不方便，且远远满足不了生产的需要。因此，要想源源不断地提供大量优质穗条，最佳途径就是建立采穗圃。

德国、意大利等是较早建立杨树采穗圃的国家。日本在柳杉采穗圃的建立方面有较成熟的经验。我国在杨树采穗圃的建设方面也有几百年的历史，积累了丰富的经验。近十几年，我国针对水杉、池杉、桉树、落叶杉等树种也建立了一批采穗圃。

1）采穗圃的种类

采穗圃可被分为初级采穗圃和高级采穗圃两种。

（1）初级采穗圃：建圃材料是未经遗传鉴定的优树，它只提供初级无性系种子园建立、无性系测定和资源保存及一般造林所需的枝条或穗条。

（2）高级采穗圃：建圃材料是经过遗传测定的优良无性系或人工杂交选育定型的材料。其目的是提供建立第一代无性系种子园或改良无性系推广应用的材料。

2）采穗圃的优点

（1）采穗圃是集约经营，穗条产量高，成本较低，供应有保证。例如，为建立大面积种子园，往往需先建优树采穗圃，以使穗条供应有保证。

（2）由于采取修剪、施肥等措施，种条生长健壮、充实、粗细适中，可提高生根率。

（3）种条的遗传品质较好。

（4）不需要隔离，管理方便，地点集中，病虫害防治容易，树干矮，操作方便、安全。

（5）如设置在苗圃附近，劳力容易安排，采条适时，且可避免种条的长途运输和保管，既可提高种条的成活率，又可节省劳力。

采穗圃营建技术的中心环节是对采穗树的整形和修剪（沈熙环，1990）。

3）营建采穗圃的原则

采穗圃的营建应根据当地造林育苗任务的大小，有计划、有重点地进行。一般一个地区或一个县，可选 1～2 个重点林场、苗圃建立采穗圃。采穗圃面积一般为苗圃面积的 1/10，选择在气候适宜、土地肥沃、地势平坦、便于灌排、交通方便的地方，如有可能设在苗圃附近。如设在坡地，坡度不宜太大，选择的坡向日照不要太强，冬季不应受寒风侵袭。采穗圃选用的种条要求质量高，不符合标准的一律不用。

4）蒙古栎采穗圃区划与类型

（1）采穗圃区划：采穗圃分为若干小区，同一品种或无性系为一个小区。绘制区划设计图。

（2）采穗圃类型：灌丛式。

5.3.4 蒙古栎采穗圃营建

以生产供繁殖用的枝条和根为目的，蒙古栎采穗圃通常采用垄作式或畦作式。更新周期为3~5年，作业方式为灌丛式。

1. 圃地选择

蒙古栎采穗圃应建立在地势平坦、交通方便、具有良好灌溉和排水条件的地方，以土层厚度50cm以上、pH 6.5~7.5的壤土或沙壤土作为采穗圃圃地。圃地选定后，秋季深翻20~30cm，施足基肥，然后耙平，并按地势做成长20~30m、宽4~6m的大床或70~80cm宽的大垄。采穗圃不需隔离，但要注意混杂，以便于操作管理。因此，可按品种或无性系分区，使同一品种或无性系栽在一个小区内。

整地时间：土壤解冻后或秋季土壤冻结前。

整地方式：全面整地，深翻20~30cm，清除碎石杂草，耙碎平整。

土壤处理：结合整地在土壤中施入杀虫剂和杀菌剂。药剂处理按照《苗圃主要地下害虫综合防治技术规程》（DB 22/T 1912—2013）规定执行。

施肥：每公顷施入有机肥80~100kg。另混合施入复合肥，每公顷150~250kg。

2. 建圃材料

1）种苗

用于蒙古栎采穗圃建圃的材料应该是经过选择的优良无性系，或者经过吉林省林草品种审定委员会审定的林木良种。以上述材料的嫁接苗作为种苗。

2）定植

在树液流动前，将培育的蒙古栎优良苗木（播种苗或者嫁接苗）定植于圃地，按无性系分剪、分贮、分插，严防混杂。

3）密度

肥地：0.8×0.8m~1×1m，9990~15 600墩/hm²。

薄地：0.4×0.4m~0.5×0.5m，39 600~62 490墩/hm²。

4）定条

灌丛式采穗树无明显树干，是由一年生种条扦插、埋干一年根桩长成的。当萌条高10cm时要及时定条，去弱留壮，选留的长势均衡。留条多少应根据采穗树栽植年龄、无性系和树种特性及土壤水肥状况而定，栽植当年一般留1个萌条，第二年留 3~5 个萌条，第三年留 10~15 个萌条。

5）防止种条分化

为提高种条质量和利用率，对保留的萌条上长出的腋芽及时进行摘除，要"摘早、摘完、摘好"。在 5~7 月苗木生长旺季应及时摘芽，并把摘芽和定条结合起来。

5.3.5　蒙古栎采穗圃管理

圃地管理包括深翻、施肥、中耕、除草、排水、灌溉、防治病虫害等，与扦插苗相同。随着采穗树的生长要及时疏伐，首先应除去病、弱株。对树冠相接和树型不好的也应逐步去除。圃地要合理施肥，要注意合理采穗，剪口要低平，采穗量应适度。还应建立采穗圃技术档案。

（1）种苗平茬：每年春季树液流动前将所有母株离地面 10~15cm 处平茬一次，平茬时保证每个根桩留有 3~5 个休眠芽。

（2）圃地施肥：每年可追肥 2~3 次。第一次施硫铵或尿素，第二次施磷钾肥，每次每亩①10~20kg。

（3）中耕除草：采穗圃每年中耕 2~3 次，耕翻深度 20~30cm。及时铲除杂草。

（4）病虫害防治：及时防治病虫危害。

5.3.6　蒙古栎穗条采集

（1）采条：当苗木落叶进入休眠期后可采条。母条剪留高度要适当，每一根母条的基部留 3~5 个休眠芽，每年剪口往上递增 5~10cm。

（2）更新：采穗树一般 3~5 年更新一次。如管理不善，栽植后 4 年采条量就明显下降，病虫也开始发生。

5.3.7　贮藏与运输

（1）分级：选择木质化较好、芽体充实饱满、无病虫害的枝条（生理上端直径大于 0.5cm、长度大于 30cm）作种条。长度、直径相同的 50 根为一捆，捆绑后挂标签，标明品种、采集地点和时间。

（2）贮藏：种条及时贮藏或窖藏。温度控制在 0~5℃，空气相对湿度控制在 60%~80%。

（3）包装和运输：将捆绑好的枝条用湿草帘分层覆盖后进行运输。

---

① 1 亩≈666.67m²

5.3.8 采穗圃档案营建

采穗圃档案包括采穗圃建立基本情况、技术管理档案和科学试验档案。其目的是积累生产和科研数据资料，为提高育苗技术和经营管理水平提供科学依据。

技术管理档案包括：圃地耕作情况、苗木生长发育情况、各生长阶段采取的技术措施，以及各项作业实际用工量和肥、药、物料使用情况。

科学试验档案包括：各项试验的田间试验设计、试验结果和物候观测资料等。

圃地档案要有专人记载，年终进行系统整理，由圃地技术负责人审查档案，长期保存。

第6章　蒙古栎良种苗木培育

由于林木的特殊性，将林木种子直接撒在造林地，常常会导致发芽率低、成活率低，很难长成人们期望的林分。因此，选择优质苗木移栽造林是当前人工林培育的有效途径。经过长期造林实践我们总结出适宜蒙古栎的苗木培育技术。目前，常用于蒙古栎良种苗木培育的方法有播种育苗、嫁接育苗、扦插育苗和组织培养育苗。

6.1　苗　　圃

苗圃是专门培育苗木的基地，有计划地建立苗圃是发展经济林事业的前提条件。我国现有苗圃，按经营时间的长短可被分为固定苗圃和临时苗圃。临时苗圃多为山地苗圃或林间苗圃（张康健和张亮成，1997）。

6.1.1　苗圃地的选择

育苗是一项高度集约经营的事业。苗圃地选择的好坏直接影响苗木的产量、质量和成本的高低。因此在新建苗圃时，尤其是新建固定苗圃时，必须全面调查经营条件和自然条件，综合考虑，慎重选择。

1. 经营条件

育苗地应尽量选择靠林地的地方，使育苗地的立地条件与造林地基本相似，这样培育出来的苗木能很好地适应造林地的环境条件，又可避免苗木由于长途运输，增加造林成本，降低苗木质量，从而影响造林成活率。如不能实现"就地造林、就地育苗"的要求，育苗地则应选择交通比较方便的地方，以保证苗木和育苗所需要的原材料能及时运出和运入。

2. 自然条件

1）土壤

土壤是苗木根系生长、发育的载体，因此在壮苗培育中对土壤的选择很重要。

一般来说，育苗地应选择比较肥沃的沙壤土或壤土。因为这类土壤结构疏松，透水和通气性能良好，保水、保肥能力强，有利于土壤微生物活动，不易板结，幼芽易出土，苗木根系生长、发育良好，土壤耕作和起苗工作均较为便利。因此，选择这类土壤育苗最为理想，特别是针叶树类。

黏土因结构紧密，透水和通气性能较差，不利于幼芽出土和根系的生长。这类土壤如选作育苗地应予以掺沙改良。

贫瘠或石砾较多的土壤培育的苗木质量不高，如果这类土壤被选为育苗地，应加强土壤管理，多施肥料，以满足苗木生长的需求。

土壤酸碱度对育苗有很大的影响，大多数阔叶树种适应中性或微碱性的土壤，而多数针叶树则适应微酸性或酸性土壤。程度较重的盐碱土，需要经过改良方能用作育苗地。

2）水源

育苗地应尽可能具有良好的灌溉条件，特别是在干旱地区更为重要。故育苗地最好选在水源充足、灌溉方便的河流、湖泊及水库附近。

3）地形

平地苗圃应选在排水良好的平坦地方，坡度不宜超过3°；在山区选择育苗地时，以东南向坡为宜，这样可免受西北风的吹袭，南向坡比较干旱，东向坡霜害较多，均不宜作育苗地，干旱地区的山地苗圃应选在阴坡或半阴坡。

高山区土壤水分较好，气温较低，可选南向坡，也可以选西南向坡。

4）病虫害情况

选择育苗地要进行病虫害调查，如土壤中曾发生过根瘤病、紫纹羽病、蛴螬、根瘤蚜等病虫害，如不经过严格处理，决不能选作育苗地（张康健和张亮成，1997）。

6.1.2 苗圃面积的计算

为了保证育苗计划的完成，对苗圃的用地面积必须进行正确的计算。苗圃的总面积为生产用地和辅助用地面积的总和。苗圃的生产用地通常包括播种区、营养繁殖区、移植区、采穗圃区、试验区及轮作休闲区等；苗圃的辅助用地是指道路、房屋、场院、灌溉、排水系统用地，按照我国林业行业标准规定，苗圃辅助用地的面积不得超过苗圃总面积的25%～30%，一般大型苗圃的辅助用地不超过总面积的25%；中小型苗圃的辅助用地不超过总面积的30%。

生产用地面积的计算主要依据苗木的种类、数量、规格要求、出圃年限、育苗方式及轮作、单位面积的产量等因素。具体计算公式如下：

$$P = \frac{NA}{n} \times \frac{B}{c}$$

式中，P 为某树种所需的育苗面积；N 为该树种的计划年产量；A 为该树种的培育年限；B 为轮作区的区数；c 为该树种每年育苗所占轮作区数；n 为该树种单位面积产苗量。

由于土地紧缺，我国一般不采用轮作制，而是以换茬为主，故 B/c 常常不作计算，上式计算结果是理论数字，实际生产中一般增加 3%～5%（张康健和张亮成，1997）。

6.1.3 苗圃规划设计

1. 外业工作

1）踏查

确定圃地的范围，并进行有关经营条件和自然条件的调查。

2）测绘地形图

以 1/2000～1/500 比例测绘平面地形图，相关的明显地物应尽量绘入。

3）土壤、病虫害调查

调查土层厚度、机械组成、pH、地下水位及病虫害种类和感染程度。

4）气象资料的收集

在当地气象台站了解气象资料。

2. 苗圃规划设计的主要内容

1）生产用地区划

（1）播种区：播种苗要求精细管理，幼苗阶段对不良环境条件抵抗力弱，故应把播种区选在地势平坦、土壤肥沃且疏松、灌排水方便、背风向阳的地方。

（2）营养繁殖区：是培育扦插苗、根插苗、埋条苗的地区。应设置在土壤条件中等、面积较大、土层较厚的地区。对营养繁殖区的要求不像播种区那样严格，但对水分条件要求较高，因此应选设在灌水方便的圃地上。

（3）移植区：主要培育大苗和多年生的苗木，可设置在土壤条件稍差的地方，但要注意施足底肥。

（4）采穗圃区：为了获得优良的插条、接穗等繁殖材料，可利用零散地块，但要求土壤深厚、肥沃且地下水位较低。

（5）试验区：用于引入新的树种、品种和进行一些育苗技术的试验等。

2）辅助用地区划

（1）房屋场院：一般设在不利于育苗的区域，最好靠近苗圃中心区。

（2）道路系统的设置：一般设有一、二、三级道路和环路。一级路（主干道）多以办公室、管理处为中心（一般在圃地的中央附近），设置一条或相互垂直的两条路，通常宽 6～8m，其标高应高于耕作区 20cm；二级路通常与主干道相垂直，与各耕作区相连，一般宽 4m，其标高应高于耕作区 10cm。中小型苗圃可不设二级路。三级路是沟通各耕作区的作业路，一般宽 1.5～2.0m。在大型苗圃中，为了运输方便，需设置环路。

（3）排灌系统的设置：①灌溉系统。包括水源、提水工具和渠道 3 部分。灌溉渠道有主渠、支渠和毛渠。主渠道是直接从水源引水，是永久性的大渠道；支渠是从主渠引水灌溉苗圃某一生产区的渠道，规格比主渠道小；毛渠是直接供应苗床用水的小渠，规格更小。各种渠道的具体尺寸应根据水量、灌溉面积等决定。②排水系统。地下水位较高、地势较低和多雨的地区，苗圃常因积水而引起严重的涝灾和病害，因此必须设立排水沟。主要排水沟应设在道路旁。

（4）篱、墙和防护林的设置：在苗圃四周设置篱、墙，防止畜害，保证圃地安全。因此这种设置又称苗圃的安全设置。

除死篱以外，很多苗圃采用生篱，效果也很好，适于作篱笆的树种有：侧柏、女贞、枸杞、正木、花椒、皂荚、酸枣、沙枣、木槿等。

在西北、华北地区，苗圃周围应造防护林，以保护苗木不受干热风及寒流的危害。林带结构以乔、灌木混交半透风式为宜（张康健和张亮成，1997）。

6.2　蒙古栎播种育苗

有性繁殖是蒙古栎自然更新和人工造林的主要途径之一。

6.2.1　采种与种子处理

1）采种

9 月中下旬待种子完全成熟时进行采种。蒙古栎种子成熟一般自然脱落到地面，对未脱落的种子采取震击树干，让其脱落，然后地面收集，收集的同时去除发育不饱满、有虫眼的种子。

2）种子调制

种子收集后立即用 50～55℃温水浸泡 30min，一是杀死种子中的害虫，二是精选种子，提高种子纯度，三是用温水浸泡进行催芽处理。催芽后，将催芽的种子用 0.5%的高锰酸钾溶液浸泡 30min 进行种子消毒。秋播种子消毒处理后即可直接播种，效果良好；春播种子在冷室内混沙（种沙比为 1∶3）催芽，每周翻动 1 次，随时拣出感病种子并烧掉，翌年春播前一周将种子筛出，在阳光下翻晒，种子裂口达 30%以上可播种（杨百钧等，2005）。

6.2.2　育苗地的选择与播种

1）育苗地的选择

育苗地要选择地势平坦、排水良好、土质肥沃的沙壤土和壤土，土层厚度 50cm 以上、pH 6.5～7.5。

2）整地作床

整地作床从 9 月中旬开始，整地深翻 30cm，拣出草根、石块，春播在秋翻后于翌年春耙地，每公顷施有机肥 22.5t，翻地时进行土壤消毒，每公顷施 600kg 硫酸亚铁；防治地下害虫，每公顷施 37.5kg 辛硫磷。床高 10cm，床面宽 1.0m，步道宽 25～30cm。播前 7～10d 用 3%～4%的硫酸亚铁溶液（用量 3.5～4.0g/m²）或适量的 35%～40%福尔马林溶液均匀淋浇土壤，浇后用塑料薄膜封严，一周后揭开，晾 3～4d 即可播种（王海荣，2020）。

进行容器育苗时，培育二年生蒙古栎容器苗，选择 7cm×12cm 有底带孔塑料营养杯/钵，杯/钵内填装基质，基质要求疏松透气、营养丰富，以腐殖土加入适量化学肥料为基质较好。基质在装入营养杯/钵之前，将各种配料充分搅拌混合，并适当洒水，基质含水量 10%～15%、pH 5.0～6.0。营养杯/钵要装实，装到离上缘 1cm 处为止。

3）播种时间

秋播时间为 10 月上旬至 10 月下旬；春播时间为 4 月上旬至 4 月下旬。蒙古栎种子具有低温发芽特性，以秋播为宜，春播宜早，否则常在沙藏期间发芽，影响播种。

4）播种方法

以条播为主，条播幅距 10cm，开沟深 5～6cm，将种子均匀撒在沟内，覆土 4～5cm 镇压。

5）播种量

条播的播种量为 1200～1500kg/hm²。

6.2.3 苗期管理

（1）灌水：大水漫灌，播种前浇足底水。播种后湿度一般保持地表下 1cm 处土壤湿润即可，苗木出土前不必浇水，防止土壤板结。

（2）切根：播种后 15～20d 出苗，当真叶出土 4 片时，切断主根，留主根长 6cm，可促进须根生长，切根后应将土压实并浇水。

（3）间苗：在 7 月下旬定苗，除去病苗弱苗，疏开过密苗，同时补植缺苗断条之处，间苗和补苗后要灌水，以防漏风吹伤苗根。留苗密度 60～80 株/m^2。

（4）松土、除草：按"除早、除完"的原则及时清除，采用人工除草，保持床面无杂草，除草结合松土，松土深度 2～8cm，以利苗木的正常生长。

（5）追肥：蒙古栎苗木，当年有 3 次生长的习性，采用 2 次追肥，即第一次封顶后进行追肥，在 6 月 20 日左右，施硝酸铵 5g/m^2；第二次追肥在苗木第二次封顶后进行，在 7 月下旬左右，施硝酸铵 7g/m^2。

（6）苗木病害防治：苗木出土期是病害多发期，主要以猝倒病和立枯病为主。从苗木出土时起，每隔 7d 用 0.2%高锰酸钾和 1%硫酸亚铁溶液交替喷施，预防病害，喷施后要用清水冲洗苗木，同时彻底地清除已发病的苗木。

（7）防治鼠害，播种后定期补施灭鼠药，防止老鼠将种子吃掉或将幼苗致死，防治方法为人工捕捉和投放鼢鼠灵（王海荣，2020）。

（8）秋季起苗，进行挖沟越冬假植；春季起苗，可原垄越冬，不必另加防寒措施。

6.2.4 蒙古栎有性繁殖研究进展

杂交育种是利用杂种优势获得超亲优势的有效育种方式。中国蒙古栎杂交育种的研究正处于起步状态，对蒙古栎生殖生物学的研究有利于为蒙古栎杂交育种工作奠定良好的基础。蒙古栎属于雌雄同株异花植物，雄花为柔荑花序，雌花单生于总苞内，雄花花期较短，即 4 月中下旬逐渐开放，4 月末达到开花盛期。雌蕊柱头最佳可受期与雄蕊开花盛期基本一致。蒙古栎花粉呈长椭圆形，萌发沟共有 3 条，可贯穿花粉粒两端。以蔗糖 150g/L+硼酸 200mg/L 的培养基进行花粉离体培养时萌发率最高。适当添加 K^+、Ca^{2+}、IBA 有利于促进花粉萌发，添加 NAA、赤霉素（GA$_3$）则会降低萌发率。不同贮藏条件对花粉活力保持也有较大影响，花粉活力在室温下丧失最快，在–20℃下保存两年，花粉活力仍可达 14%左右（李佳宁，2020）。

蒙古栎实生苗育种主要分为秋播与春播两种方式。秋播是指在秋季蒙古栎成熟后立即进行播种，春播则是在秋季收集种子低温储存到第二年春季再进行播种。

根据不同种子发芽特性及种苗耐性,选择适合的播种时期能有效提高种苗成活率。试验表明,蒙古栎秋播主要是 9 月下旬播种,发芽率与成苗率均比春播高 10%以上。早期播种的苗木在苗高、地径、侧根数、根体积和根生物量等指标上都明显要高于其他播种时期,并且秋播还能避免种子储藏问题,节约人力,提高种子利用率(张鹏等,2015)。不同土壤类型最佳播种时期也不相同,沙地蒙古栎播种最佳时期与土壤地最佳播种时期相反,有研究者利用窖藏、洞藏、露天沙藏及秋季播种 4 种方式对蒙古栎种子进行沙地育苗试验,结果表明,秋播不适合蒙古栎沙地播种,3 种储藏方式洞藏效果最佳,发芽率可达 96.4%,且不同储藏方式对蒙古栎苗木生长量无显著影响(许家铭,2017)。播种深度、种粒大小对出苗率也有影响,蒙古栎播种深度在 4cm 左右为宜,出芽率为 83.74%;大粒种子出芽率显著高于小粒种子;种子去芽或多芽处理对蒙古栎根系发育影响不大(许家铭,2017)。橡实象虫是危害蒙古栎种子主要害虫,开花时成虫将卵产于子房内,卵随种子发育而发育,幼虫啃食子叶、胚芽,对蒙古栎种子造成伤害,降低种子发芽率,使用熏蒸剂处理能有效提高种子发芽率。

6.3　营养钵育苗

营养钵育苗指的是在林木幼苗时将其放入特定容器内,当其长成一定规格之后再进行移栽。这种方式可以使幼苗获得良好的发育条件和生长环境,容器内有丰富的营养土和轻基质,林木苗发棵快,生长旺盛,缓苗期短,成活率高。之后进行起苗,进入后续移栽环节。本节主要介绍有外壁的营养钵育苗方法。按照材料的不同,钵可被分为草钵、陶钵和土钵,也可以利用营养袋、纸钵等进行育苗。根据所培育出圃苗的规格可选择合适的容器。一般来讲,育苗钵直径为 8~10cm 为宜,高一般在 8~20cm。在营养钵培育过程中,种子的养分 100%来源于培养土基质。与园土育苗相比,该种育苗方式可以降低水分蒸发,及时对苗床进行覆盖保护管理,从而提高苗木的成活率。在蒙古栎营养钵育苗过程中,林业技术人员可以在容器内施加缓释肥,也可以提前配备育苗轻基质。其中,缓释肥分为以下 3 种类型:

(1)全氮∶五氧化二磷∶氧化钾=16∶16∶16(平原区);

(2)全氮∶五氧化二磷∶氧化钾=12∶18∶14(丘陵区);

(3)全氮∶五氧化二磷∶氧化钾=25∶10∶18(山地区)。

轻基质配比分为以下 3 种:

(1)泥炭∶珍珠岩∶蛭石=1∶1∶1(平原区);

(2)泥炭∶珍珠岩∶椰糠=2∶1∶1(丘陵区);

(3)黄心土∶膨胀珍珠岩∶泥炭=3∶1∶2(山地区)。

以营养钵育苗之后培育苗床，苗床规格宽为 2m，长 24～26m。当苗木出土之后，每容器施加 0.45g 缓释肥，每 3～5d 根据苗出圃状况喷施 1 次，3 个月之后苗木生长发育情况良好。

6.4 蒙古栎嫁接育苗

蒙古栎嫁接育苗技术见第 5 章。

6.5 蒙古栎扦插育苗

由于无性繁殖没有遗传分化现象，故可以最大限度地发挥树木的优良特性。

6.5.1 蒙古栎扦插育苗技术

1. 插床

将土壤耕翻 20～25cm，整平后作床。床宽 1.3～1.5m、床高 10～15cm，两床之间留步道 30～40cm。

2. 基质

以腐殖土为扦插基质。将腐殖土均匀铺在床面，厚度为 15～20cm。在扦插前 2d，用 0.1%高锰酸钾将基质和苗床浇透，24h 后用清水淋洗床面后，便可扦插。

3. 插穗采集与制作

穗条采集：从蒙古栎优树上剪取穗条，采集长 40cm 以上、基径 0.3cm 以上、健壮的半木质化枝条用作穗条。

插穗制作：按采集的穗条上、中、下部位分别剪截，剪成长 15cm、带 2～3 个饱满芽的插穗，插穗保留 1 片复叶。插穗顶部剪口在距芽 0.5cm 处平剪，下部斜剪。

4. 扦插过程

（1）扦插时间：6 月中旬至 6 月底。

（2）插穗处理与扦插：将 ABT 1 号生根粉配制成 1000g/kg 水溶液，插穗下端在生根液中浸泡 5min 后，迅速插入基质中，入土部分占插穗总长度的 2/3 左右。

（3）扦插密度：株行距 6cm×10cm。

（4）镇压：扦插后及时用手将插孔合缝、压实，并立即喷水。

5. 扦插苗管理

1）温、湿度管理

初期管理：扦插后 1～21d，覆盖塑料薄膜和遮阴网，保持棚内温度 25～28℃、湿度 90%以上；根据棚内温度，每天 8:00～20:00 适时打开棚两侧通风口，每次通风 15～20min，通风后喷雾。

中期管理：扦插后 22～45d，每天 9:30～20:00 通风，适时喷雾，控制棚内温度 28～30℃和相对湿度 60%～80%。

后期管理：扦插 46d 后，大棚塑料薄膜逐渐敞开，夜间不盖棚。温度控制在 35℃以下，空气湿度保持在 40%左右。扦插 60d 后，选在阴天揭去大棚薄膜进行自然光照，增加苗木越冬抗逆能力。

2）施肥

扦插 15d 后，每隔 7d 叶面喷施一次 0.2%～0.3%尿素、氨基酸肥，45d 后停止；扦插中、后期，叶面喷施 2 次 0.3%磷酸二氢钾溶液。

3）病虫害防治

于发病初期喷洒 20%三唑酮乳油的 1000g/kg 水溶液，隔 10～20d 一次，防治 2 次。用 40%氧化乐果乳油的 1500～2000g/kg 水溶液喷雾，防治蚜虫等。

4）扦插苗越冬

扦插苗留床越冬，方法是在土壤上冻前 7～10d 浇灌越冬水，用稻草覆盖床面，春季萌发前去除覆盖物。

6. 扦插苗移栽

1）整地

施农家肥 1.5～2.5kg/m^2，深翻土壤、平整土地，作垄高 30cm、宽 20cm，两垄间步道宽 20cm；移栽前 1d 用 0.1%高锰酸钾溶液喷施床面，20h 后用清水喷施一遍，便可移栽。

2）移栽

在翌年 4 月上旬扦插苗萌动前移栽，株行距 20.0cm×40.0cm，埋土至根茎上部 3.0～5.0cm，移栽后压实土壤、浇透水。

3）管理

扦插苗移植后，视土壤墒情每 7～10d 灌水一次。及时除草松土。移栽苗新梢生长 5.0cm 时，结合浇水洒施尿素 15～22g/m²。

6.5.2 蒙古栎扦插育苗方法

蒙古栎含较多酚类、多糖等次生代谢产物，属于难生根树种，不同扦插时间、激素处理、土壤基质对扦插成活率的影响不同。黄秦军等（2013b）8 月在北京延庆地区采集当年萌生的半木质化枝条作为插穗，采用完全随机区组设计，以不同比例泥炭、珠岩、蛭石、河沙作为基质，用不同浓度的 4 种植物生长调节剂，即 NAA、IBA、ABT 1 号生根粉、细胞分裂素 6-苄基腺嘌呤（6-BA）浸泡插条基部，处理时间分别为 CK、0.5h、2.0h、4.0h、8.0h；棚内保持湿度 90%、温度 20～30℃。结果表明，IBA 500mg/L+6-BA 2.0mg/L 浸泡 2.0h 后扦插效果较好，生根率为 16.67%。闫文涛（2017）在沈阳地区采集三年生实生苗半木质化枝条在半自动化大棚内进行扦插，激素选用浓度为 200mg/L、300mg/L、500mg/L、1000mg/L 的 ABT 1 号生根粉、IBA、NAA 及 IBA、NAA 混合溶液，200mg/L、300mg/L、500mg/L 处理时间为 2h、4h、6h，1000mg/L 速蘸处理时间为 10s、30s、60s。棚内湿度维持在 90%，温度保持在 25℃。结果表明，IBA 单独使用时生根效果高于其他处理方式，这可能与 IBA 不易被氧化有关。此外该试验结果还显现出愈伤组织率与脱落酸（ABA）浓度呈正相关，生根率与玉米素浓度呈正相关（闫文涛，2017）。有研究者在河北易县采集二年生半木质化枝条，现采现插，以珍珠岩为基质，采用速蘸方法，利用 3000mg/L、2000mg/L、1500mg/L、750mg/L、600mg/L、400mg/L 的 IBA、NAA 对黄化与未黄化的半木质化蒙古栎嫩枝插条生根的影响进行了研究，结果表明，利用 1500mg/L IBA 对蒙古栎进行速蘸生根效果最好，黄化嫩枝生根率高于未黄化嫩枝（张杰等，2019）。除了激素以外，使用发根农杆菌也可以提高一些植物扦插成活率，但是利用发根农杆菌对蒙古栎插穗进行处理的结果表明，发根农杆菌并不能促进蒙古栎插穗生根，且长时间的发根农杆菌处理还会伤害植物组织，促进其枯萎（李文文，2010）。综合前人的研究发现，蒙古栎扦插最佳时间为 6 月上旬至 7 月下旬，此时半木质化程度最适宜；蒙古栎属皮生根与愈伤组织生根混合型，大量生根集中在 40d 左右，生愈伤组织率较高。

6.6 蒙古栎组培育苗

6.6.1 蒙古栎组培快繁的意义

植物组织培养是指在无菌条件下利用人工培养基对植物组织或器官进行培养，使其再生为完整植株。广义的组织培养还包括原生质体和细胞的培养。植物组织培养分为 5 种类型,即愈伤组织培养、悬浮细胞培养、器官培养(胚、花药、子房、根和茎的培养等)、茎尖分生组织培养和原生质体培养。其中愈伤组织培养是最常见的培养形式。所谓愈伤组织,原是指植物在受伤之后于伤口表面形成的一团薄壁细胞,在组织培养中则指在人工培养基上由外植体长出来的一团无序生长的薄壁细胞。愈伤组织培养之所以是一种最常见的培养形式,是因为除茎尖分生组织培养和一部分器官培养以外,其他培养类型最终也要经历愈伤组织才能产生再生植株。通过组织培养繁殖苗木的过程属于无性繁殖范畴。

只要具有一个完整的膜系统和一个有生命力的细胞核,植物细胞就具有恢复到分生状态的能力,包括已经高度成熟和分化的细胞。一个外植体(用来进行组织培养的所有器官、组织、细胞等植物材料统称为外植体)通常包含各种不同类型的细胞,即每个细胞具有明确的分工,也就是处于分化状态。例如,一部分细胞组成表皮,另一部分细胞构成髓心等。一个成熟(分化状态)的细胞转变为分生状态并形成一团无序的愈伤组织的现象称为脱分化。而由愈伤组织再形成植物器官或完整植株的过程称为再分化。外植体不同部位的细胞所形成的愈伤组织不同,不同的愈伤组织具有不同的再生能力。任何一个生活细胞都具有发育成完整植株的潜在可能性,也称细胞的全能性。一个已分化细胞若要表现其全能性首先要经历脱分化过程,然后再经历再分化过程。在这些过程中激素的作用是不可缺少的。常用的激素有细胞分裂素和生长素两大类,细胞分裂素浓度高(或细胞分裂素/生长素比值大)时诱导芽的分化,生长素浓度高(或细胞分裂素/生长素比值小)时诱导愈伤组织和根的形成。细胞的全能性是植物组织培养再生完整植株的理论基础。组织培养的条件可以控制,且不受季节限制,因此可以全年连续生产。这对于花木公司及相关苗圃具有重要的现实意义。

(1)无性系快速繁殖:利用组织培养技术可以实现优良无性系或单株迅速繁殖推广,并且不改变其遗传性,即保持原有的优良性状不变。例如,1 个兰花茎尖经过一年组培繁殖可以获得 400 万株具有相同遗传性的健康植株,这是其他任何方法都难以实现的。又如,花叶芋的常规繁殖每年仅可增加植株几倍到几十倍,组织培养每年可繁殖出几万至数百万倍的小植株。这种繁殖速度对于濒危、优、新植物品种是非常有价值的。尤其是在市场竞争激烈的今天,在短时间内获得大量商品价格较高的苗木,无疑会给生产者带来可观的收益。

(2)去除病毒、真菌和细菌等危害:采用扦插、分株等方法进行营养繁殖的各种植物,都有可能感染一种或数种病毒或类病毒。长期无性繁殖,会使病毒积累,危害加重,观赏品质下降,如花变小、色泽暗淡、产花少等,去病毒后,植株生长势变强、花朵变大、色泽鲜艳、抗逆能力提高、产花数量上升。通常采用茎尖培养去病毒,这是因为在分生区内,细胞不断分裂增生,病毒在植物体内的传播需要时间,所以茎尖分生区内病毒含量极少或不含病毒。因此,切取的茎尖越小越好。外植体太小不易成活，而太大不能脱毒。因此，必须选择大小适宜的外植体。只有外植体大小适当，才能达到脱毒的效果。这种方法同时可以去除植物体内的真菌、细菌和线虫。

（3）培育新品种：植物在组织培养过程中发生芽变是极其普遍的，包括花色变异、花的大小变异、花期变异、叶色变异、染色体数量变异等，在组织培养过程中，一旦发生芽变，并将其繁殖成完整植株，就可能产生有特殊观赏价值的新品种。

（4）种质资源的保存：掌握了种质资源就是掌握了农业的未来。只有掌握丰富的植物品种资源，才能满足不断变化的市场需求，植物生产者才能不断获取收益。利用常规方法保存大量品种资源是一项耗资耗时的巨大工程，又易丢失珍贵的品种资源。而借助试管来保存品种资源既经济又保险。例如，将葡萄茎段已长成的小植株存放在试管中，温度在 9℃以下时植株便停止生长，每年只需转管一次。800 个葡萄品种，每品种设 6 个重复，只需大小 $1m^2$ 的场所即可。

（5）次生代谢物的生产：紫杉醇、黄酮类等具有良好抗癌作用的生物药，通常从天然或人工栽培的植株上分离提取，提取时常常要破坏植株，而红豆杉等又都是珍稀的保护植物，因此紫杉醇的生产受到极大限制。利用细胞培养技术可以大规模商品化生产，再从愈伤组织或细胞中分离提取紫杉醇或黄酮类物质，用这一途径不需要再生植株和栽培过程，提取工艺简单，产量高。在获得大量生物药的同时，又避免了植物资源的破坏。目前，细胞培养技术在世界范围内已广泛用于药物的生产，并取得了一系列成果。此外，色素、芳香原料等也可以利用细胞悬浮培养来生产（程广有，2010；程广有等，2016，2020）。

组培繁殖属无性繁殖范畴，植物组织培养是一项奇妙而令人振奋的生物技术。植物通过组培繁殖，在短期内可以繁殖出数以万计的苗木，这些苗木的遗传特性和表型特征与母株完全相同，即完全保持了母株的优良特性。植物组培繁殖可以周年生产，不受季节限制，实现了工厂化育苗。国外植物工厂化育苗开展较早，在某些国家和地区已经成为获得巨额外汇的支柱产业。我们国家组织培养技术与国外相比差距不大，但是产业化起步较晚。在加快科学技术转化为生产力的今天，植物组织培养技术广泛应用于植物的繁殖与育种，必将取得巨大的经济效益、社会效益和生态效益。

蒙古栎组培快繁的优点：

（1）可在较小空间内用少量外植体生产大量植株，对自然繁殖率低或不能满足需求的植物进行快速繁殖。

（2）幼苗可在小空间内进行离体保存。

（3）可去除病原菌（真菌、细菌、病毒），并繁殖与保存去病原菌的植株，从而达到复壮和提高品质的效果。

（4）加速引种和优良品种的推广进程。

（5）繁殖原来不能进行无性繁殖的植物，而且不受季节影响。

（6）能够维持杂种 F_1 代的优势、繁殖三倍体与多倍体植物。

（7）把突变枝条或花朵培育成新品种。

（8）在培养中可意外得到突变体、多倍体与观赏价值较高的植株。

（9）通过胚培养，取得在自然条件下易败育的杂种胚愈伤组织和植株。

（10）有利于国际与地区种质交流。

利用组织培养快速繁殖蒙古栎的植株再生途径有三种：体细胞胚发生植株再生、器官发生植株再生、侧芽增殖植株再生。

（1）体细胞胚发生途径。体细胞胚发生是指在一定的离体培养条件下，由植物的体细胞分裂增殖，产生胚状体。胚状体具有发育成完整植株的能力，即具有茎端和根端。体细胞胚可以制成人工种子，便于播种、保存、运输，在生产实践中具有极大的应用价值。

（2）器官发生途径。器官发生与体细胞胚发生的主要区别是：器官发生所产生的是结构上只有单极性的不定芽或不定根。器官发生是最普遍的快速繁殖形式，可分为直接和间接两种形式。直接的器官发生是指不经过愈伤组织直接从外植体上形成器官。例如，将顶芽或腋芽接种于含有细胞分裂素或生长素的培养基中，就可以增殖或生根，进而形成完整植株。间接的器官发生是指从诱导产生的愈伤组织上，发生不同的器官，进而形成完整植株。

（3）侧芽增殖途径。侧芽增殖植株再生是以植物的茎尖和带芽的茎段为外植体，通过培养形成大量不定芽。不定芽即从现存的芽（腋芽或顶芽）之外的任何组织、器官上，通过器官发生重新形成的芽。在应用这一方法繁殖时，首先要得到不定芽。不定芽是随机发生于植物的叶或茎上的一种结构，它们并不发生于正常的叶腋区域。不定芽还可以发生于包括茎、鳞茎、球茎、块茎和假根茎之内的相当于"叶腋区"的部位。此外，几乎所有上述的器官都可以切下来使之成为有效的产生不定芽的材料。不定芽再进行生根培养形成再生植株。侧芽增殖的优点是：培养技术简单易行，繁殖速度快，再生植株所需时间短（程广有，2001，2010；程广有等，2016，2020）。

6.6.2　培养基及其制备

1. MS 培养基及其类似培养基

自然界的植物千差万别，每一种植物都有自己独特的生理代谢过程和各自的营养需求。因此，没有哪一种培养基能够适用于所有植物，不同的植物种类或品种要求不同的营养元素及其适宜浓度。植物组织培养中常用培养基的主要区别在于无机盐的种类与含量。有的植物生长要求无机盐含量较高，而另一些植物则相反。

在植物组织培养中，MS 培养基应用最为广泛，说明 MS 培养基的无机盐成分对许多植物种均是适宜的。它的无机盐含量较高，微量元素种类较全，浓度也较高。将 MS 培养基略加修改，对一些植物常常能产生较好的效果。

2. 培养基母液的配制

培养基中的许多营养元素含量甚微，如果每次配制培养基时，都要称量各种元素，既烦琐又很难精确称量。因此，应先配制成高浓度的母液，然后再吸取一定量的母液配制成所需浓度。以 MS 培养基为例，母液配制方法如表 6.1 所示。

表 6.1　MS 培养基母液的配制

成分	用量/(mg/L)	每升培养基取用量/ml
大量元素母液（20×）		
KNO₃	38 000	
CaCl₂·2H₂O	8 800	50
MgSO₄·7H₂O	7 400	
KH₂PO₄	3 400	
微量元素母液（200×）		
KI	166	
H₃BO₃	1 240	
MnSO₄·4H₂O	4 460	
ZnSO₄·7H₂O	1 720	5
Na₂MoO₄·2H₂O	50	
CuSO₄·5H₂O	5	
CoCl₂·6H₂O	5	
铁盐母液（200×）		
FeSO₄·7H₂O	550	5
Na₂EDTA·2H₂O	7 460	
有机成分母液（200×）		
肌醇	20 000	
烟酸	100	
盐酸吡哆醇	100	5
盐酸硫胺素	20	
甘氨酸	400	

在配制母液时，不同的化合物要分别称量，再分别溶解，难溶物质可以适当加热。完全溶解后，倒入体积为 1L 的容量瓶中，最后用蒸馏水定容，摇匀。配好的母液应澄清，无沉淀。放入冰箱内，在 1~4℃条件下保存。

生长调节剂或激素母液的配制方法如下。

（1）生长素：生长素类化合物可溶于乙醇，可加热助溶，或用 1mol/L KOH（或 NaOH）助溶。常配成 0.5mg/ml 质量浓度的溶液，放在冰箱中备用。

（2）细胞分裂素：细胞分裂素类化合物易溶于稀盐酸（0.5～1.0mol/L），溶解后加蒸馏水定容。常配成 0.5mg/ml 质量浓度的溶液，放在冰箱中备用。

（3）赤霉素：赤霉素易溶于冷水，每升水最多可溶解 1000mg。赤霉素溶于水后不稳定，易分解，因此最好以 95%乙醇配成母液在冰箱中保存。通常配成 0.5mg/ml 质量浓度的母液放于冰箱中备用。

3. 培养基的配制（按 1L 计）

（1）溶解琼脂：称量 7～15g 琼脂条，放在洁净的不锈钢锅中，加入 500ml 蒸馏水，放在电炉上加热，使琼脂充分溶化，并不断搅拌，防止烧焦或沸腾溢出。

（2）营养元素的称量：按照培养基的要求和母液的浓度计算出大量元素、微量元素、有机成分、铁盐、激素等母液的用量，分别用带刻度的移液管（不能混用）将上述母液依次加入容量为 1L 的容量瓶中，称量蔗糖 20～40g 放入琼脂溶液中，如果需要加入其他物质，此时一并加入。再加入溶解好的琼脂，搅拌均匀，最后用蒸馏水将容积补到 1L。

（3）调整 pH：不同的植物对酸碱的要求不同，根据植物的生长习性和要求确定培养基的 pH 范围。通常是喜酸、喜阴、喜湿的植物在偏酸的培养基上生长分化良好；而喜光、耐旱、耐盐碱的植物在中性培养基上生长良好。绝大多数植物要求培养基的 pH 在 7.0 以下。常用 1mol/L KOH（或 NaOH）和 1mol/L HCl 调整培养基的 pH。调整后的 pH 应高于目标 pH 0.5 个单位，这是由于在灭菌过程中培养基的 pH 将有所降低的缘故。

（4）分装：将调配好的培养基趁热分装到三角瓶或其他培养容器中，注意分装时不要把培养基粘到瓶口上，以免染菌。同时还要注意培养基的厚度，不宜过厚或过薄，具体用量要根据培养时间长短和培养容器的容积来确定。培养时间按 35d 计，容器的容积为 50ml、100ml、200ml 时，分装培养基的量分别为 20ml、30ml、50ml 左右。分装后用封口纸或锡箔纸封好瓶口，使用封口纸的应扎紧橡胶套，锡箔纸可以在灭菌后扎橡胶套，因为橡胶套在高温高压条件下容易老化变性。

（5）灭菌：培养基高压蒸汽灭菌的时间取决于灭菌容器的体积（表 6.2）。

将分装好的培养基放入高压灭菌锅中灭菌。灭菌条件：压强为 1.05MPa，温度为 121℃；灭菌时间（达到要求压强以后开始计时）参照上表。在使用灭菌锅时一定要注意安全，必须按照操作规程操作。具体做法是：当锅内压力上升到 0.5MPa 时，打开减压阀将冷空气放出，否则锅内温度上下不同，冷空气被压缩到锅底，底层的温度达不到 121℃，会使最底层的培养基不能充分灭菌。注意在

表 6.2　培养基的最短灭菌时间

容器的体积/ml	在 121℃下的最短灭菌时间/min
20～50	15
75	20
250～500	25
1 000	30
1 500	35
2 000	40

灭菌时压力（或温度）一定要恒定，不要忽高忽低，低温常使灭菌不充分，高温又导致一些成分的失效。灭菌时间也要严格控制，不宜过长，否则培养基不凝固或导致一些成分失效。使用新型的自动化程度较高的医用灭菌锅既安全又精确。灭菌后的培养基取出后及时用皮套系紧，放在实验台上，冷却凝固，备用。

常规蒸汽高温高压灭菌会明显改变 MS 培养基的 pH。灭菌前 pH 5～7 时，灭菌后降低约 0.56 个单位；灭菌前 pH 7～8 或 8～9 时，灭菌后分别降低 0.87 和 1.13 个单位。蔗糖含量增加，pH 降低幅度增大。pH 不受琼脂的影响。活性炭对 pH 影响不明显。

某些生长调节物质（如 GA_3、玉米素、IAA、ABA 等）、尿素及某些维生素等，遇热容易分解，不能进行高压灭菌，必须过滤灭菌。当使用这类化合物时，把除该化合物以外的培养基高温灭菌后，置于超净工作台上冷却至 40℃，再将过滤灭菌后的该化合物按计划用量依次加入，摇匀，凝固后即可使用。在进行溶液过滤消毒时，可使用孔径为 0.45μm 或更小的细菌滤膜。过滤灭菌方法：把过滤膜安装在专用支架上，组成过滤膜组件，将过滤膜组件灭菌，将过滤溶液吸入注射器针管，再将已灭菌的过滤膜组件安装在注射器（不必灭菌）针头连接处，缓慢地推动溶液使之穿越安装在这个过滤器组件中间的细菌滤膜，过滤后的溶液由过滤器组件的另一端滴下来，直接加入培养基中，或收集到经过灭菌的玻璃瓶内，然后再用一个经过灭菌的刻度移液管加到培养基中。

6.6.3　外植体的选择

外植体泛指第一次接种所用的植物组织、器官等一切材料，包括顶芽、茎段、叶片、花蕾、花药、种子、胚、胚乳、根尖、鳞茎、球根等。植物的任何器官在理论上都可以用作外植体进行培养，但是不同器官培养成功的难易程度不同，细胞发生和发育方式也不同。因此，在培养时，应根据培养目的来选择外植体。就无性繁殖来说，植物种类不同，其无性繁殖的能力不同，同一植物不同组织和器官的再生能力也有很大差异。通常木本植物、较大的草本植物以采取茎段较适宜，能在培养基的帮助下萌发出侧芽，成为进一步繁殖的材料。

在快速繁殖中，重要的是选择最幼态的组织或器官，并且这些组织或器官能够尽快诱导形态发生，避免过长的愈伤组织阶段。这是实现快速繁殖的关键。

器官培养是植物快速繁殖的主要途径，应用最普遍的是茎尖培养。在根、茎、叶等器官离体培养时，除茎尖（或侧芽、腋芽）可以继续生长外，其他器官通常是先脱分化，形成愈伤组织，愈伤组织再分化，进一步形成完整的再生植株。

（1）茎尖：茎尖是活跃的生长区，容易培养成苗，培养程序主要有初级培养建立无菌系、继代增殖培养、诱导生根、移栽等。因此在许多植物中广泛采用。

（2）茎段：材料来源丰富，只要生长调节物质种类和浓度选择适当，就可以获得同样的效果。此外，根-茎结合点区域可能含有被抑制的幼态芽，一旦切去地上部分，幼态芽就解除抑制状态而萌发出丛生芽。

（3）叶：很多植物的叶具有较强的再生能力。许多植物的叶片组织在离体培养时，可直接诱导形成芽、根等器官；或经脱分化增殖形成愈伤组织，再由愈伤组织分化出茎、叶、根。叶是植物进行光合作用的自养器官，又是某些植物的繁殖器官。因此，利用叶的离体培养是繁殖稀有名贵植物的有效手段。以叶为外植体时采用幼嫩叶片较好。

（4）花（花蕾、胚珠、子房、花药、花丝、花粉、花瓣等）：蒙古栎花的体细胞组织都具有较高的营养繁殖能力，这可能是因为这些组织接近于恢复活力的性细胞。根据一些学者的观点，在花诱导之前或之后，细胞的脱分化容易发生。因此，外植体常取自发育早期阶段的花，即花蕾；发育后期，花的一个相当重要的部分是珠心。

（5）胚：蒙古栎离体胚的培养分为两类，即幼胚培养和成熟胚（种子）培养。成熟胚一般在简单的培养基（只要含有大量元素的无机盐及糖）上即能正常萌发生长。未成熟的胚，特别是发育早期的胚，在离体培养时难度较大，需要加入比较全面的营养物质和必要的生长调节物质。在进行培养时，胚一般有三种生长方式：第一种是维持"胚性生长"，主要是未成熟胚；第二种是在培养后迅速萌发成苗；第三种是胚在培养基中能发生细胞增殖形成愈伤组织，并由此再分化形成多个胚状体或芽原基，特别是有生长调节物质时更是如此。第三种方式是植物快速繁殖所需要的。绝大多数结实的植物都可以用胚培养的方式进行快速繁殖。

此外，影响植物组培成功的因素，除外植体种类外，还有外植体的取材时期。通常，作为外植体的组织或器官处于生长（或细胞分裂）最旺盛时期的再生能力最强。例如，在幼苗期选择嫩叶为外植体，生长发育成熟时以花蕾为外植体，常常会取得较好的效果。木本植物宜在年龄幼小的植株上剪取外植体。植株生理年龄越小，外植体的再生能力越强，培养成功的可能性越大。种子的生理年龄最小。在同一植株上越接近树干基部的枝条，生理年龄越小（程广有，2010）。

6.6.4 表面消毒和无菌操作

组织培养的主要过程都是在无菌条件下进行的,这就意味着在培养过程中,必须防止和消除细菌、真菌、藻类及其他微生物的感染。所有培养基、培养瓶,用以操作组织的器械和植物材料本身均需严格消毒灭菌。无菌是所有植物培养成功的前提。

1. 外植体表面消毒

外植体表面消毒常采用化学方法。在剪取外植体之前,应先配制好培养基。从无病虫的健壮的植株上,剪取较幼嫩(不宜太嫩)、生长能力较强的部位作外植体。取回来的外植体先用自来水冲洗干净(必要时可加入适量的洗涤剂),剪成大小适宜的小段或小片儿,然后在超净工作台上进行表面消毒。表面消毒时间视外植体老化程度和表面光滑程度而定,消毒时间过长外植体易被杀死,消毒时间太短则灭菌不彻底。幼嫩、光滑的外植体消毒时间可短一些,外植体木质化程度较高、皱褶、鳞片较多时应适当延长表面消毒时间。外植体表面消毒时间通常是5~15min。有研究者在材料放入消毒剂之前,先在乙醇(70%)中漂洗一下(30s),这样可以使材料表面充分湿润,使消毒剂易于渗入并杀死微生物,但一些极其幼嫩的叶片等材料经乙醇浸润以后,效果不好。在氯化汞消毒液中加入少量的黏附剂,如吐温-20、吐温-80、洗衣粉等,可以提高消毒的效果。表面消毒药剂有氯化汞、乙醇、次氯酸钠、漂白粉等。一些比较难消毒的材料,可以考虑采用几种消毒剂进行复合消毒。消毒后的外植体,要用无菌水冲洗3~4次,每次都要充分搅拌、洗涤30~60s,尽量将附着在外植体表面的消毒剂冲洗干净,防止残留。经消毒并冲洗干净的材料可用于接种(程广有等,2020)。一些表面消毒剂的消毒效果见表6.3。

表 6.3 一些表面消毒剂的消毒效果

消毒剂	质量分数	消毒时间/min	消毒效果
氯化汞	0.10%	5~15	最好
次氯酸钠	9%~10%	5~30	好
次氯酸钙	2%(20%水溶液)	5~30	好
过氧化氢	10%~12%	5~15	很好
溴水	1%~2%	2~10	好
硝酸银	1%	5~30	好
抗生素	4~50mg/L	30~50	很好

2. 仪器和接种工具消毒

玻璃仪器和金属器械可以在干热条件下（干燥箱内）进行高温灭菌。灭菌的时间和温度并不固定。干热灭菌最少需要在 160～180℃下进行 3h。据报道，160℃下 1～2h 干热灭菌的效果与 121℃下 10～15min 的湿热灭菌效果相当。仪器和器械在干热灭菌前必须彻底清洗，并用牛皮纸包好，扎紧。注意，干热灭菌结束后，要在烘箱温度降低到室温时才可以打开干燥箱门。如果在温度很高时打开干燥箱门，易引起火灾。

玻璃仪器、金属器械、滤纸等也可以进行高温蒸汽灭菌，灭菌方法同培养基灭菌。

3. 控制杂菌（微生物）的物理因素

组织培养中除菌消毒的物理方法很多，除常用的湿热灭菌、干热灭菌、紫外线照射灭菌等方法以外，电离辐射、膜滤装置及超声波处理等逐渐被采用（表 6.4）。

表 6.4　控制杂菌（微生物）的物理方法

方法	适用范围	限制
湿热：高压蒸汽灭菌	器械、器皿、培养基、工作服、蒸馏水等液体	对蒸汽不能渗入的物品无效，受热易损坏的物品（如塑料制品等）不能用
干热：干燥箱	玻璃制品、刀具等	纸、布类不能用
灼烧：酒精灯	接种工具、培养瓶口等	玻璃瓶口易破碎，塑料制品不能用
放射：紫外光	控制空气污染、消毒物体表面	对皮肤、眼睛有害，不能透过玻璃
过滤：滤膜器	对热敏感的生长调节物质等	需先清除悬浮物，可能吸附有用物质
电离辐射	消毒对热敏感的器械	昂贵，需特殊装置
超声波处理	清洗、消毒精密仪器	单独使用无效

4. 无菌操作

植物组织培养常用的接种工具和试剂有镊子、剪刀、解剖刀、解剖针、酒精灯、酒精棉、消毒剂、无菌水等。这些工具在使用前必须严格消毒。

接种前，无菌室要用紫外线灯或化学杀菌剂（如甲醛）消毒，紫外线灯照射时间要在 30min 以上。在进行室内消毒时，要注意人身安全和过敏反应，如要防止紫外线灯长时间照射和甲醛等化学试剂对人体的毒害作用。接种工作在超净工作台上进行，操作人员要在缓冲室内换好经过消毒的卫生服并佩戴口罩。接种前 15min 超净工作台开始工作。接种时用酒精棉认真擦洗台面和手指（尤其是指缝和指甲），盛外植体的烧杯和培养皿也要用酒精棉消毒。经过高温高压灭菌的接种工具先用酒精棉擦洗，再用酒精灯火焰灼烧，确保超净工作台内和用具无菌。接种时培养瓶瓶口要置于酒精灯火焰附近（无菌区），并在接种前后灼烧瓶口。夹取外植体时用力要适当，用力过大时外植体易受伤害；用力过小时外植体易脱落。用镊子夹取外植体时，角度要便于外植体放入瓶内且不碰瓶口。外植体和手指切勿碰到瓶口。接种后要在酒精灯上灼烧瓶口和封口纸，并迅速封口。操作要规范、准确、迅速。

5. 培养条件

将接种后的培养瓶放在培养室内的培养架上。培养条件因植物种类而异，绝大多数植物生长的适宜温度为 22～28℃，日照长度为 8～14h，光强为 1000～3000lx。发现污染时应及时清除，以防其蔓延和相互传染（程广有，2010；程广有等，2016，2020）。

6.6.5 蒙古栎快速繁殖的基本环节

1. 洗涤

培养瓶要清洗干净，否则既影响透明度又易引起污染。洗涤方式分为：人工手洗、洗瓶机洗、超声波洗等。玻璃器皿清洗机操作方便、省时省力，在短时间内即可以清洗烘干大量玻璃器皿。但是目前洗瓶机尚未普及，人工手洗仍然是最常用的方式。人工手洗就是用毛刷在瓶内旋转清洗。首先把待洗的瓶放入大塑料盆或其他容器中，加入适量的自来水，使瓶浸没于水中，再放一些洗衣粉或洗洁精等清洗剂，浸泡数小时后便可以用毛刷清洗。清洗时毛刷在瓶内左右旋转，上下刷洗，如果在毛刷上粘一些稀释的洗洁精，洗刷效果会更好。一定要将瓶上的污渍刷洗掉，并用自来水将洗洁精冲洗干净。刷洗干净的培养瓶瓶壁上不挂水珠。毛刷大小要适宜，太大容易弄破玻璃瓶；太小不易洗刷干净。洗干净的瓶可以放入干燥箱内在 100～120℃下烘干，也可以用玻璃器皿烘干器烘干。不应放在实验台上自然干燥。

2. 试剂称量及母液配制

母液是配制培养基的原液，如果在配制母液时，各种成分称量不准，那么就会直接影响培养基中离子之间的平衡，要么某些元素缺乏，要么某些元素过量，不论是哪一种情况，都不利于植物组织的正常生长发育，难以实现培养计划。因此试剂称量至关重要。用量在 1g 以上者，可用普通托盘天平称量；用量在 1g 以下者，需要用电子天平称量，电子天平的精度要在万分之一以上，即可以称量 0.0001g。天平的使用方法要正确，试剂称量要准确。按照某一特定培养基配方和浓缩倍数，依次称量各种成分，并用适量的蒸馏水溶解，溶解后倒入容量瓶中。最后用蒸馏水定容至刻度。摇匀，置冰箱内保存。

3. 培养基配制及灭菌

如果配制 1L 培养基（配制量大时可酌情加倍），先称量 10～12g 琼脂，放入盛有 500ml 蒸馏水的不锈钢锅内，在电炉上煮沸，直到琼脂全部溶化。同时，分别用量筒（用量大于 10ml）或刻度移液管（专管专用，每个管上贴好标签以免混淆）准确量取各种母液和激素，依次放入大烧杯内。称量 30g 蔗糖放入溶化的琼脂溶液中，把溶化的琼脂溶液倒入营养液中，再用蒸馏水定容至 1L。搅拌均匀，迅速分瓶。分瓶时不要把培养基洒到瓶口上，以免污染。分瓶后，用锡箔纸或封口纸将瓶盖好，放入高压灭菌锅内灭菌。灭菌条件如 6.6.2 节所述。灭菌结束后，切断电源，打开减压阀慢慢释放蒸汽，使压力表指针逐渐回到 0 刻度，再打开灭菌锅盖，取出培养瓶，用皮套迅速套紧，冷却备用。

4. 初级培养

初级培养是指从自然生长的植株上剪取植物的一部分（茎尖、叶片、茎段、花器官、根尖等），经过表面消毒，在超净工作台上接种于经过灭菌的培养基中，放在培养室内进行培养的过程。初级培养容易污染，主要是外植体来自自然生长的植株，这些植株表面都有大量真菌或细菌，所以要进行表面消毒。但是，常常因为材料表面皱折或有芽鳞包裹，很难将全部杂菌杀死。只要有未被杀死的杂菌存在，哪怕只有几个真菌孢子，接种后就会迅速增殖，很快将植物材料侵蚀。所以进行初级培养时，外植体的彻底消毒是减少污染的有效途径。而外植体消毒时间过长，又易引起材料的老化，甚至杀死幼嫩的外植体。因此，掌握准确有效的表面杀菌时间至关重要。杀菌时间因材料的类别而异，使用 0.1%氯化汞进行外植体表面消毒的时间通常是 5～15min。幼嫩的材料杀菌时间短一些，木质化程度高的材料杀菌时间可以长一些。针对不同的材料表面杀菌时间应通过预备试验或参考有关文献来确定。

在选择初级培养的培养基及激素种类和浓度时，应该参照同一种植物组织培养的相关报道。如果没有该种植物的相关报道，MS 培养基可以作为首选培养基，同时以 MS 培养基以外的一两种培养基作对照。生长素首先试验 NAA 和 IBA，常用浓度在 0.01～1.0mg/L；细胞分裂素首先试验 6-BA，常用浓度在 2.0～3.0mg/L。

5. 增殖培养

增殖培养也称继代培养，是实现植物快速繁殖的重要环节。通过初级培养，确定了某种植物组培繁殖的适宜培养基及其激素种类和浓度，增殖培养时选用的培养基可以不变，也可以略加调整。调整与否取决于增殖率，如果增殖率很高，继代次数少，细胞分裂素的浓度可不做调整，加入适量生长素类激素，以促进生根和防止玻璃化苗的大量发生；如果增殖率低，要调整细胞分裂素用量，常用的方法是提高细胞分裂素的含量。增殖培养周期由分化和生长速度而定，当不定芽长满瓶时，或者培养基的养分已消耗殆尽时，要及时进行增殖培养。增殖周期一般为4～6周。增殖培养的方法是：在超净工作台上，将培养材料从培养瓶中取出，去除老化组织，进行分割，剪断较高的无根苗（剪成0.5～1.0cm）。在分割由愈伤组织长出的丛生苗时，可将芽丛连同愈伤组织块一起剪下（块的大小在0.5～1.0cm）。再把较小的培养材料接种于新鲜的增殖培养基上进行增殖培养。增殖培养的次数和规模要根据生产计划来确定。

6. 生根培养

当不定芽增殖到一定数量时，应该有计划地进行生根培养。用于生根的不定芽应粗壮，否则要进行壮苗培养。壮苗培养基通常不加激素，将丛生的不定芽用剪刀剪下，长度不超过2cm，分别栽植于壮苗培养基上，经过2周左右，不定芽生长较粗壮时，即可以转移到生根培养基上诱导不定根。生根培养基一般只加生长素，不加细胞分裂素。生长素的种类和浓度因植物而异。减少培养基中的矿质营养常常有利于生根，因此生根培养基常用1/2 MS（培养基中各营养元素用量减半）或1/4 MS（培养基中各营养元素用量减少到1/4）。有些植物生根需要弱光或黑暗条件。活性炭可以起到遮光的作用，同时还可以吸附一些抑制生长的物质，因此在一些植物的组织培养时常常加入活性炭，用量在0.5%左右。只有满足植物生根所需要的激素和培养条件，才能提高生根率和增加根的数量，进而提高成活率。

7. 试管苗驯化

组培苗是在无菌高湿环境下生长和发育的，表面没有蜡质层，既不保湿又不能防止杂菌的侵染。只有经过有效的驯化培养，才能适应自然环境而正常生长。不同的培养者常采用不同的驯化方法，许多人利用移栽前的3～5d，在培养室内去掉瓶盖，将试管苗暴露于空气之中，使其适应自然条件，然后再移栽。

驯化基质为经过高压灭菌（灭菌方法同培养基）的河沙、珍珠岩、蛭石、泥炭等。有条件的应营建驯化室，在驯化室内安装恒温恒湿控制仪，根据植物种类和试管苗状况准确控制温、湿度，使试管苗逐渐适应自然界的温、湿度。

将试管苗从培养瓶中轻轻取出，洗去粘在根部的培养基，在杀菌剂中浸泡一下（即药浴），在杀菌剂水溶液中加入适量生根促进物质。然后移栽于基质中。注意，从出瓶到移栽各环节，切勿使试管苗受伤，并洗净黏附的培养基，否则易感染病菌。

驯化期间控制温度和湿度的方法是：驯化初期温度应该接近培养室温度，温差尽量小一些，几天之后驯化温度逐渐接近自然温度；试管苗成活与否，很重要的一个影响因素就是试管苗能否维持水分平衡，刚出瓶的试管苗叶片无角质层，不能防止水分蒸发，要想维持试管苗的水分平衡，除基质不缺水以外，还要保持较高的空气相对湿度。移栽前的试管苗是生长在相对湿度为 100% 的培养瓶内，因此，移栽驯化试管苗的驯化室内最初也要保持较高的空气相对湿度，然后逐渐降低空气相对湿度，依次为 90%、80%、70%、60%、50%。利用加湿机、喷雾、加盖塑料小拱棚等方法可以保持较高的空气相对湿度。为了保持试管苗的水分平衡，还要避免强光照，应采取必要的遮光措施。

试管苗成活的另一关键影响因素是能否有效地防止杂菌侵染，因此驯化室应保持清洁无菌或杂菌较少。减少杂菌的措施主要有：室内安装紫外线灯定时照射杀菌，定期喷施杀菌剂对空气和土壤杀菌，操作人员穿着经过灭菌的卫生服，手脚用生石灰或酒精棉消毒，戴上经消毒的口罩和手套，换上已经消毒的拖鞋。闲杂人等不得入内。

试管苗驯化期间还要保持良好的通风条件。要求基质保湿的同时还要透气，空气要流通、新鲜、杂菌少。

驯化时间因植物种类和试管苗素质而定，一般是 2～3 周。驯化成功的标准是：试管苗发出新叶、长出新根。

8. 移栽

经过驯化的试管苗，叶片已形成角质层，可以有效地防止体内水分的蒸发，抵抗外界杂菌的侵染。这时可以移栽到常用的基质上，进行常规管理。常用的基质有河沙、蛭石、珍珠岩、腐殖土、锯木屑、草炭及它们的混合物。移栽前为了提高成活率，基质要用杀菌剂消毒，试管苗要进行药浴（即把试管苗浸泡于一定浓度的杀菌剂中数分钟），在药液中放入适量的生根促进物质，如生根粉等。室内保持适宜的温、湿度和良好的通风条件。移栽初期注意观察幼苗生长状况，缺乏营养的及时补施肥料或营养液，发生病虫危害时要及时防治。

小苗出瓶种植成活的关键有 5 点：

（1）温度适宜并略低；

（2）湿度要高，并逐步降低；

（3）种植介质要保水透气，先经灭菌处理，不可过湿或过干；

（4）严格控制杂菌侵染和危害，小苗出瓶时应尽量不受或少受创伤，并采用适当的杀菌剂保护；

（5）在温、湿度控制适宜的前提下，要保证有足够的小苗可进行光合作用，以维持自身生存和生长的较高光强及光照时间（程广有等，2012）。

6.6.6　影响蒙古栎组培成功的因素

1. 外植体

外植体种类、母株年龄、取材部位、取材时间、外植体大小与组培成功与否关系极大。

1）外植体种类

不同的器官、组织，其形态发生有很大差异。尤其是难培养的植物种，需要仔细考虑外植体类型。在植物组织中高度分化的细胞，人工都能使其脱分化，从而恢复到幼龄的胚胎性的细胞阶段。但是，由于技术和实验规模的限制，目前还不能轻而易举地使每一种植物的任何部位的任何一个细胞都恢复胚性，并重新开始其胚胎发育。但是绝大多数的植物，从培养的器官再产生新的不同种类的器官，就比较容易些。也有不少例外需要注意，如家黑种草（*Nigella sativa*）的根产生的愈伤组织只产生根，茎和叶的愈伤组织只产生茎。有学者研究了天香百合（*Lilium auratum*）各种外植体产生鳞茎的能力，发现叶不能成活，雄蕊和花药不能产生鳞茎，也不产生根；花瓣有75%、鳞茎鳞片有95%产生了小鳞茎。如果用试管中的鳞茎作外植体培养，则100%再生出鳞茎来。这一现象很重要，被称作"条件化"效应（conditioning effect），即从培养条件下的植物上取得的外植体已具有被促进了的形态发生能力。厚叶莲花掌（*Haworthia cymbiformis*）叶外植体在培养中不能产生再生植株，而从花茎切段就可以再生出小植株，再用这种再生植株的叶切块作外植体，就有约75%的叶切块能再生出小植株。鸢尾科和石蒜科只有鳞茎及花茎能够再生出小植株。百合鳞茎鳞片不同部位再生能力差别很大。就鳞片而论，外层的比内层的再生能力强；就一个鳞片上、中、下段而论，下段再生能力强。不同的外植体需要不同的营养和不同的植物激素用量。

2）母株年龄

母株生理学的或发育的年龄，影响其外植体形态发生类型和进一步的发育。从年龄较小的植株上剪取外植体，个体发育年龄幼小，生活力旺盛，细胞分裂速度快，容易分化出不定芽和不定根，形成完整植株。花烛属（*Anthurium*）植物的胚和幼组织可以诱导出愈伤组织，而成熟的组织则不能。木本植物中胚和实生苗组织具有较强的再生能力。常春藤幼年期的组织、胚和胚器官，具有较强的再生能力，而成熟组织则不具备。这里所指的再生能力是先发生愈伤组织，再从它诱导形态发生的过程。取自1~2年生东北红豆杉（*Taxus cuspidata*）植株的茎段或芽，生根能力较强，而母株年龄越大，生根率越低。一般来说，幼年的组织都比老年的组织具有较强的形态发生能力。

3）取材部位

同一植株不同部位所处的生理学发育年龄不同，按植物生理学的基本观点，沿植物体的主轴而论，从基部开始越向上的部位，越接近发育上的成熟，越不易分生分化。例如，银白杨（*Populus alba*）越接近基部的侧芽生根率越高；取月季花（*Rosa chinensis*）主茎不同位置的侧芽进行组织培养发现，越是接近基部的侧芽产生不定芽的数量越多，生根率越高。芦苇（*Phragmites australis*）茎切段上能产生茎的只是靠近芽的最幼嫩的组织。杜鹃（*Rhododendron simsii*）茎切段产生根的能力随着茎的年龄增加而削弱。

4）取材时间

组织培养技术不受季节的限制，可以周年生产。而在初级培养时，取材时间不同关系到快速繁殖的成败。通常是在生长季节剪取生长旺盛的部位作为外植体，容易形成愈伤组织和不定芽。而当母株停止生长或进入休眠期，则不易诱导细胞分裂和分化。

5）外植体大小

过大的外植体由于浪费材料和易感染病菌，显然是不宜采纳的。例如，某种秋海棠，已知以叶切块作为外植体是适宜的，表面灭菌后，切成 10mm×10mm 的块，就不如切成 5mm×5mm 的块，前者 1 块可能污染，但切成后者为 4 块，可能只有一块是污染的。即外植体越大污染概率越大。但外植体也不能太小，非常小的外植体，存活率很低。研究发现，香石竹茎尖大小为 0.09mm 时已无形态发生能力，茎尖达 0.2mm，没有底下的周围组织，只能有微弱的生长，当分离的茎尖达到 0.35mm 时，就能产生大量的正常嫩茎；当外植体带有周围组织而不是叶原基时，嫩茎的产生将减少。当外植体达 0.5mm 时，嫩茎的产生也减少，这可能是茎尖下的组织所引起的。菊花的茎尖在 0.1～0.2mm 或 0.2～0.5mm 时，都只能产生一条茎，如茎尖切割的长度达 0.5～1.55mm 时，则可产生多条茎（程广有等，2012）。

2. 培养基

培养基是外植体生长发育的基础，如果培养基不适宜，那么植物就无法分生和分化。培养基中与外植体分生和分化密切相关的因素有无机营养、有机营养等。

1）无机营养

为了满足植物生长对养分的需求，培养基中必须加入适量的无机营养成分。这些无机养分都来自无机盐。养分不足，则导致生长缓慢或发生缺素症状，影响快速繁殖计划；养分过剩，又易引起植物盐毒害。不同的培养基配方，其无机营养的含量和化合物种类不同。现有的培养基配方中，以 MS 培养基应用最广泛，这是 MS 培养基适用于许多植物生长的缘故。但不是所有植物都能在 MS 培养基上良好生长发育。例如，木本植物桃金娘科菲油果（*Acca sellowiana*）的嫩茎在 Knop's 培养基（一种低盐培养基）上生长和增殖远比在 MS 培养基上好。越橘（*Vaccinium vitis-idaea*）的嫩茎在 1/4 MS 培养基中生长极好，而高水平的盐浓度要么有毒，要么并无任何优点。在大多数植物中，低盐的培养基对生根的效果很好。如果茎芽的增殖是在全强度 MS 培养基上进行的，生根时盐浓度应减到 1/2 或 1/4。水仙的小鳞茎或茎芽只有在 1/2 MS 培养基上才能生根。许多植物也是如此。

2）有机营养

（1）氨基酸：用于配制培养基的有机化合物种类相当多。虽然绿色植物能自行合成所有的氨基酸，进一步合成蛋白质，但为了快速生长与分化，常常添加更复杂的有机营养物质，如各种氨基酸，即甘氨酸、丙氨酸、苯丙氨酸、精氨酸、天冬氨酸、谷氨酸等，其用量在几毫克至几十毫克。它们除提供有机氮素以外，也供应了相应的有机酸。

（2）嘌呤：许多报道都介绍了腺嘌呤及其硫酸盐具有促进芽分化的良好作用。从生物化学角度而言，所有的细胞分裂素都含有腺嘌呤，或者说腺嘌呤带有不同侧链及其上各基团，就构成不同种类的细胞分裂素。由此可以预见它在植物组织分化时易于被组建为细胞分裂素而起作用。

（3）椰子乳或肌醇：在椰子乳中发现有肌醇，当将肌醇加入培养基后，确实促进许多植物组织的生长，如它对蛇尾兰的分化表现为必需的。椰子乳促进生长与分化具有广泛的效力。椰子乳中含有许多促进细胞分裂的因子，如二苯脲、9-(*β-D*-呋喃核糖基玉米素)及其类似化合物。椰子乳还含有大量游离氨基酸，包括具有细胞分裂素活性的苯丙氨酸。椰子乳和肌醇常以 10%（体积比）的量加入培养基中。

（4）糖：在培养基中通常使用蔗糖，适宜的糖浓度对器官发生很重要。不同品种或遗传背景的烟草愈伤组织分化苗，可能要求不同的糖浓度。糖的作用之一是维持良好的渗透关系，因此及时转移培养物到新鲜培养基上是组织培养的最基本要求。在糖被消耗到不能维持正常的渗透势之后，要使组织块能有理想的形态变化是不可能。高水平的糖将抑制百合产生小鳞茎，在糖浓度为 30g/L 时茎尖外植体可以 100%地产生小鳞茎，在糖浓度为 90g/L 时 28 个茎尖只有 3 个产生小鳞茎，其余的只形成愈伤组织。

（5）维生素：维生素对新陈代谢过程影响很大，它们对形态发生的影响应该也是由影响基础的生物化学代谢而产生的。许多植物本身能够自行合成必要的维生素。在培养基中加入维生素有时并非必要。在没有关于一种植物对维生素需求的确定研究时，培养基往往都要加入维生素，以防止可能缺乏（程广有等，2020）。

3. 植物生长调节剂

在植物组织培养中起主要作用的激素主要是生长素和细胞分裂素。在外植体的最初培养时，可使用较高浓度的生长素，以诱导脱分化和促进愈伤组织生长。在观赏植物的培养中，为避免发生变异，大多希望产生较少的愈伤组织，能尽快出苗，因此生长素用量宜适当控制。不同种类的生长素效果不太一样，一般认为 2,4-D 用量较高时会抑制形态发生过程，而且它的后效将维持很久，一般只使用较低浓度或免用。但有些学者认为在诱导胚状体发生时 2,4-D 是必需的。用于一般侧芽不定芽发生或生根时，较多使用 NAA、IBA、IAA。在诱导胚状体发生时 2,4-D 使用浓度在 $100 \sim 2000 \mu mol/L$。

有效地诱导一种植物产生苗或促进嫩茎良好地增殖，所需求的细胞分裂素和生长素的种类与数量随植物种类、组织的部位及生长期等条件而不同，通常需要用一系列的预备试验加以确定。许多植物组织表现出对细胞分裂素的绝对需要，少数种类也能完全不需要细胞分裂素。玉米素（ZT）、异戊烯基腺嘌呤（2-ip）比激动素（KT）和 6-BA 效果要好一些，但成本却较高。预备试验的结果表明，6-BA 或 KT 具有与 ZT、2-ip 同样的效果时，应考虑使用较便宜的细胞分裂素。细胞分裂素的浓度范围常在 $0.5 \sim 30mg/L$，但大多数植物在 $1 \sim 2mg/L$ 是适宜的。高水平的细胞分裂素倾向于诱导不定芽形成，也使侧芽增生加速，结果形成过于细密的不定芽，同时嫩茎的质量下降，不利于下一步的生根和种植到土壤或介质中。因此，在力求提高嫩茎质量兼顾有较多数量的情况下，必须减少细胞分裂素的用量。细胞分裂素浓度过高时，细胞体积会因强烈的分裂活动而急剧缩小，已形成的芽不能萌发生长。例如，竹节秋海棠在 6-BA 含量为 $2 \sim 3mg/L$ 时，几乎长期不能生长，分化也难进行，当 6-BA 含量降低到 $0.5mg/L$ 之后，就能逐渐恢复正常的分化出苗和生长。6-BA 用量太高就会使月季小苗增殖成极短密的丛生芽，生长几乎停止，既不利于嫩茎增殖，也不利于生根。

通常情况下，生长素含量过高，培养物表现为发生旺盛生长的愈伤组织，细胞团比较松散，会出现水浸状，这样的细胞几乎不可能分化出苗。生长素含量不足，表现为组织块几乎不能生长，颜色逐渐变暗淡，时间一长有的植物组织还会死亡。双子叶植物要求生长素浓度较低，单子叶植物则要求生长素浓度较高。

在植物组织培养时，最初都需要较高的细胞分裂素（$2.0 \sim 2.5mg/L$）和较少的生长素（$0.01 \sim 0.2mg/L$）同时使用。诱导不定根时单独使用生长素（程广有，2010；程广有等，2016，2020）。

4. 培养基的硬度

加入琼脂的固体培养基有许多优点，但是也存在一些缺点，如培养物与培养基接触面积小，各种养分和激素在培养基中扩散较慢，培养物排出的一些代谢物，尤其是生长抑制物，聚集在培养物周围等，这些因素都阻碍了细胞分裂和器官的发生。而其最大的优点就是对培养物的支持。因此，固体培养基仍然是最普遍的一种培养形式。

初学者在配制培养基时，常使培养基出现两种极端现象，即不凝固和培养基太硬。这两种现象都直接影响组培的成功和快速繁殖的实现与否。培养基太软时，培养材料因无法直立而倒于培养基中，常常腐烂死亡；过硬的培养基既阻碍了培养物细胞分裂和扩展，又影响了营养元素和激素在培养基中的传导及培养物对它们的吸收，使细胞难以分裂，器官很难发生。适宜的培养基硬度是培养基刚好凝固，培养基表面有少量水分，稍加振动培养基可以散开，接种时材料易于插入。配制硬度适宜培养基的琼脂用量要通过试验来确定。除琼脂的质量和称量的准确性以外，导致培养基不凝固的原因有以下几点：一是培养基酸碱度不适宜，过酸和过碱都会导致培养基不凝固，适宜的 pH 范围一般为 pH 4.0～8.0；二是培养基灭菌时间太长，使琼脂变性，培养基不凝固；三是灭菌时压力过大、温度过高，或者灭菌时温度忽高忽低，这些也易使培养基出现不凝固现象。培养基过硬的原因主要是琼脂用量过大（程广有等，2012）。

5. 培养基的 pH

喜光、耐旱、耐碱的植物在进行组织培养时，要求较高的光照强度，培养基的 pH 为中性较好。喜湿、耐阴、喜酸的植物，在组织培养时对光照条件要求不高，但要求培养基的 pH 偏酸性。

6. 温度

培养室的温度一般恒定在 25～28℃，大多数植物在这一温度范围内生长发育良好，如水仙的生长和杜鹃的生根以 25℃最好，但是仍有不少例外。例如，天香百合鳞茎形成的最佳温度是 20℃，温度再高鳞茎形成的数目开始减少；文竹在 17～24℃下生长较好，在 13℃以下或 24℃以上则停止生长；花叶芋喜高温，在 28～30℃下生长较快。

7. 光照

1）初级培养和茎芽的增殖

光照的作用主要体现在形态建成的诱导方面，1000～5000lx 即可满足培养需要。鸢尾在黑暗中培养的愈伤组织，当转移到光下时便产生茎。长期的黑暗培养会减少石刁柏嫩茎的数目。然而光也抑制许多植物根的生长。大丁草属和很多其他草本植物，茎芽增殖所需的适宜光照是 1000lx，300lx 即可满足其基本要求，而 3000lx 或更高的光强表现为严重的抑制作用。在低光强下幼茎较绿、较高。严格地说，光周期是不重要的，每天 16h 光照 8h 黑暗交替，即可产生令人满意的效果。

2）生根

离体培养的生根期也是前移栽期。因此，在这个时期必须使植物做好顺利通过"移栽关"的各项准备。此时，增加光照强度（3000～10 000lx），能刺激小植株进行光合作用，由异养型过渡到自养型。较强的光照也能促进根的发育，并使植株变得坚韧，从而对干燥和病害有较强的忍耐力。虽然在高光强下植株生长迟缓并轻微退绿，但移入土中之后，这样的植株比在低光强下形成的又高又绿的植株容易成活。但也有一些植物因光照太强而生根困难（程广有等，2012）。

8. 气体状况

培养瓶里的气体成分会影响培养物的生长和分化。培养基经高压灭菌，瓶中可能产生乙烯。高浓度的乙烯对正常的形态发生是不利的。乙烯趋向于使培养的细胞无组织结构的增殖。通常是培养时间越长，瓶内气体状况越差。改善气体状况的办法有使用透气的封口纸和适时转移培养物（程广有等，2012）。

6.6.7　污染及减少污染的方法

污染是指在培养过程中，真菌、细菌或病毒的浸染使培养基和培养材料滋生杂菌，导致培养失败的现象。不能有效地防止污染，就不能实现培养目标。污染是影响植物组培成功的三大障碍（污染、褐变和玻璃化）之首。

污染的几个可能来源：①培养容器；②培养基本身；③外植体；④接种室的环境；⑤在接种和继代时用以操作植物材料的器械；⑥培养室的环境。

下面讨论防止由这些因素造成污染的各种措施。

1. 培养基

培养基污染主要是一开始在培养基中就存在病原（真菌、细菌或病毒），为了杀死这些微生物，装有培养基容器的瓶口要用一种合适的防菌封口纸（或稀薄纸、棉塞等）盖严，置于高压灭菌锅中，由培养基达到要求温度（121℃，1.05MPa）的时刻算起，消毒 15～40min。灭菌作用取决于温度，而不是直接取决于压力。

所需要的时间随着要进行消毒的液体的体积而变化。程广有等（2012）报道，对于荠属植物的幼胚来说，加热到120℃会降低培养基的营养价值，最好是将培养基在100℃下灭菌20min。如果没有高压锅可以用家用压力锅代替。当冷却被消毒的溶液时必须十分注意，如果压力急速下降，超过了温度下降的速度，就会使液体滚沸，从培养容器中沸出。另外，只有当高压锅的压力表指针回到零刻度（温度不高于50℃）时，才能打开灭菌锅。

2. 玻璃器皿、塑料器皿和器械

玻璃培养容器常常与培养基一起灭菌。若培养基已经灭菌，而只需单独进行容器灭菌时，可采用高压蒸汽灭菌法，也可以将它们置于干燥箱中在160～180℃下干热处理3h。干热灭菌的缺点是热空气循环不良和穿透速度很慢。因此不应把玻璃容器在干燥箱内放得太挤。灭菌后需待烘箱冷却后再取出玻璃器皿。如果尚未足够冷就急于取出，外部的冷空气就会被吸入干燥箱，因此有可能使里面的玻璃器皿受到污染，甚至有发生炸裂的危险。

有些类型的塑料器皿也可进行高温消毒。聚丙烯、聚甲基戊烯、同质异晶聚合物等可在121℃下反复进行高压蒸汽灭菌。聚碳酸酯经反复高压蒸汽灭菌之后机械强度会有所下降，因此每次灭菌的时间不应超过20min。

对于无菌操作所用的各种器械，如镊子、解剖刀、解剖针和扁头小铲等，一般的消毒办法是把它们先在95%乙醇中浸一下，然后再置于酒精灯火焰上灼烧，待冷却后使用。这些器械不但在每次操作开始前要这样消毒，在操作期间也还要经常消毒。程广有等（2012）建议使用70%的乙醇消毒，因为95%和100%乙醇的杀菌效果反而不好，不过对于这些器械的火焰灭菌来说，95%乙醇的效果是完全令人满意的。

3. 植物材料

植株各部分的表面携带着许多易引起污染的微生物。为了消灭这些污染源，在把植物组织接到培养基上之前，必须进行彻底的表面消毒，消毒方法见6.6.2节；内部已受到真菌或细菌侵染的组织一般都淘汰不用。有若干种灭菌剂可用来进行植物组织消毒。不过必须注意，表面消毒剂对于植物组织也是有毒的。因此，应当正确选择消毒剂的浓度和处理时间，以尽量减少组织的死亡。对某些材料也可用乙醇或异丙醇进行表面消毒（不要使用甲醇）。

一般来说，如果外植体较大、较硬，消毒容易操作，可直接用灭菌剂进行处理；如果要培养未成熟胚珠或胚乳，习惯办法是分别把子房或胚珠进行表面消毒，然后在无菌条件下把外植体解剖出来，这样就可以使柔软的外植体不至于受到杀菌剂的毒害。同样，要培养幼嫩的茎尖或花粉粒，需分别把茎尖和花蕾进行表面消毒，然后在无菌条件下取出外植体。这类外植体一般都不带污染微生物。在表面消毒之后，必须在无菌水中把材料漂洗 3～4 次，以除掉所有残留的杀菌剂，若是用乙醇消毒的可不漂洗。

如果外植体表面污染严重，需先用流水冲洗 1h 或更长时间，然后再进行表面消毒和利用。

4. 接种区

必须特别强调的一点是，无论是接种还是继代，当培养容器敞着口的时候，必须从各方面注意防止任何污染物进入容器，为此所有的操作都必须在严格的无菌条件下进行。目前多使用各类超净工作台进行无菌操作。每架工作台上都有粗细两层过滤器，把大于 0.3μm 的颗粒滤掉，然后不带有真菌和细菌的超净空气吹过台面上的整个工作区域。由高效过滤器吹出来的空气的速度大约是 27m/min±3m/min，这个气流速度足以阻止工作区被坐在工作台前面的操作人员所污染，所有的污染物都会被这种超净气流吹跑。只要超净工作台不停转动，在台面上即可保持一个完全无菌的空间（程广有，2010；程广有等，2016，2020）。

此外，熟练和规范的操作技术可以有效地减少或防止污染。

6.6.8　玻璃化现象及克服措施

1. 玻璃化的原因

植物组织培养过程中经常出现玻璃化现象。玻璃化苗外形与正常苗有显著差异，外表呈玻璃状，茎叶透明，玻璃化苗含水量增加，干鲜重比例下降，出现畸形，生长缓慢，甚至死亡，生根率、移栽成活率低。玻璃化的起因是细胞生长过程中环境发生变化，试管苗为了适应变化了的环境而呈玻璃状。产生玻璃化苗的原因主要有激素浓度、琼脂浓度、温度、光照时间、通风条件、离子水平等因素。

1）激素浓度

激素浓度增加尤其是细胞分裂素浓度提高（或细胞分裂素与生长素比例过高），易导致玻璃化苗的产生。产生玻璃化苗的细胞分裂素浓度因植物种类的不同而异。细胞分裂素的主要作用是促进芽的分化，打破顶端优势，促进腋芽发生，因而玻璃化苗也表现为茎节较短、分枝较多的特点。细胞分裂素增多分以下几种情况：一是培养基中一次性加入过多细胞分裂素，如 6-BA、ZT 等；二是细胞分裂素与生长素比例失调，细胞分裂素含量远远高于生长素，而使植物过多吸收细胞分裂素，体内激素比例严重失调，试管苗无法正常生长，从而导致玻璃化；三是在多次继代培养时愈伤组织和试管苗体内累积过量的细胞分裂素。在初级培养时，加入适量的细胞分裂素，而在继代培养时利用与初级培养相同的培养基，最初的几代玻璃化现象很少，多次继代培养后，便开始出现玻璃化现象，通常表现为继代次数越多玻璃化苗的比例越多。

2）琼脂浓度

培养基中琼脂浓度低时玻璃化苗比例增加，水浸状严重，苗向上长。随着琼脂浓度的增加，玻璃化苗比例减少，但由于硬化的培养基影响了养分的吸收，试管苗生长速度减慢，分蘖数也减少。

3）温度

适宜的温度可以使试管苗生长良好。当温度较低时，容易形成玻璃化苗，温度越低玻璃化苗的比例越高。当温度较高时，玻璃化苗减少，且发生的时间较晚。

4）光照时间

不同的植物对光照的要求不同，满足植物的光照时间，试管苗才能生长正常。大多数植物在 10～12h 光照下都能生长良好，光照时数大于 15h 时，玻璃化苗的比例明显增加。

5）通风条件

试管苗生长期间，要求有足够的气体交换，气体交换的好坏取决于生长量、瓶内空间、培养时间和瓶盖种类。在一定容量的培养瓶内，愈伤组织和试管苗生长越快，越容易形成玻璃化苗。如果培养瓶容量小，气体交换不良，易发生玻璃化。愈伤组织和试管苗长时间培养，不能及时转移，也容易出现玻璃化苗。组织培养所用瓶盖有棉塞、锡箔纸、滤纸、封口纸、牛皮纸、塑料膜等，其中棉塞、滤纸、封口纸、牛皮纸通气性较好，玻璃化苗的比例较低，而锡箔纸不透气，影响气体交换，导致玻璃化苗增加。用塑料膜封口时，玻璃化苗剧增。

6）离子水平

植物生长需要一定的矿质营养，但如果营养离子之间失去平衡，试管苗生长就会受到影响。植物种类不同，对矿物质的量、离子形态、离子间的比例等要求不同。如果培养基中离子种类及其比例不适宜该种植物，玻璃化苗的比例就会增加（程广有，2010；程广有等，2012）。

2. 减少玻璃化现象发生的方法

1）选用适当的培养基

大多数植物在 MS 培养基上生长良好，玻璃化的比例较低，这主要是由于 MS

培养基的氨、锰、铁、锌等含量较高的缘故。适当增加氨、锰、铁、锌的含量，可减少玻璃化苗的比例。

2）控制细胞分裂素的用量

细胞分裂素可以促进芽的分化，但是为了防止玻璃化现象的发生，应适当减少其用量，或增加生长素的比例。在继代培养时要逐步减少细胞分裂素的用量。

3）培养基硬度要适宜

配制培养基时，琼脂用量要适当，防止过软或过硬。

4）培养温度

培养温度要适宜植物的正常生长发育。如果培养室的温度过低，应采取增温措施。

6.6.9　褐变现象及解决方法

褐变是指外植体在培养过程中，自身组织从表面向培养基释放褐色物质，以至培养基逐渐变成褐色，外植体也随之进一步变成褐色而死亡的现象。褐变在植物组织培养过程中普遍存在，这种现象与菌类污染和玻璃化并称为植物组织培养的三大难题。而控制褐变比控制污染和玻璃化更加困难。因此，能否有效地控制褐变是某些植物能否组培成功的关键。

1. 褐变发生的原因

褐变的发生与外植体组织中所含酚类化合物的多少和多酚氧化酶的活性有直接关系。很多植物，特别是木本植物都含有较高的酚类化合物，这些酚类化合物在完整的组织和细胞中与多酚氧化酶分隔存在，因而比较稳定。在建立外植体时，切口附近的细胞受到伤害，其分隔效应被打破，酚类化合物外溢。但酚类很不稳定，在溢出过程中与多酚类氧化酶接触，在多酚氧化酶的催化下迅速氧化成褐色的醌类物质和水，醌类又会在酪氨酸酶等的作用下，与外植体组织中的蛋白质发生聚合，进一步引起其他酶系失活，从而导致组织代谢活动紊乱，生长停滞，最终衰老死亡。

1）植物材料

（1）基因型：不同种植物、同种植物不同类型、不同品种在组织培养中褐变发生的频率、严重程度都存在很大差别。单宁含量或色素含量高的植物容易发生褐变。这是因为酚类的糖苷化合物是木质素、单宁和色素的合成前体，酚类化合物含量高，木质素、单宁或色素形成就多，而酚类化合物含量高也导致了褐变的发生，因此，木本植物一般比草本植物容易发生褐变。已经被报道发生褐变的植物中，大部分都是木本植物。在木本植物中，核桃单宁含量很高，在进行组织培养时难度很大，不仅接种后的初代培养基容易发生褐变，而且在形成愈伤组织以后其还会因为褐变而死亡。苹果中普通型品种——"金冠"茎尖培养时褐变相对轻，而柱型苹果中的 4 个"芭蕾"品种褐变都很严重，特别是色素含量很高的"舞美"品种。在橡胶树的花药培养中，"海垦 2"褐变比其他品系轻。Dalal 等（1992）在研究两个葡萄品种"Pusa Seedless"和"Beauty Seedless"的褐变时，发现后者比前者严重，酚类化合物含量也明显是后者高。

（2）材料年龄：幼龄材料一般都有比成龄材料褐变轻的趋势。平吉成（1997）从小金海棠、八棱海棠和山荆子刚长成的实生苗上切取茎尖进行培养，接种后褐变很轻，随着苗龄增长，褐变逐渐加重，取自成龄树上的茎尖褐变就更加严重。幼龄材料褐变较轻与其酚类化合物含量少有关。Chevre（1983）分析欧洲栗的酚类化合物含量变化的结果表明，酚类化合物含量在幼龄材料中较少，而在成龄材料中较多。

（3）取材部位：Yu 和 Meredith（1986）在葡萄上发现从侧生蔓切取茎尖进行培养比从延长蔓切取的茎尖更容易成活，进一步分析酚类含量发现前者比后者少。这种酚类含量造成的位置效应在"White Riesling"和"Zinfandel"两品种上非常明显。而苹果则是以顶芽作外植体时褐变轻，比侧芽容易成活。石竹和菊花也是顶端茎尖比侧生茎尖更容易成活。油棕用幼嫩器官或组织，如胚等作为外植体进行培养时褐变较轻，而用高度分化的叶片作外植体时，接种后则很容易发生褐变。

（4）取材时期：王续衍等（1988）对 24 个苹果品种进行茎尖培养时发现，以冬春季取材褐变死亡率最低，在其他季节取材时，则褐变都有不同程度的加重。Wang 等（1994）研究表明，"富士"苹果和"金华"桃在 9 月到翌年 2 月取材时褐变轻，5 月到 8 月取材时则褐变严重。核桃的夏季材料比其他季节材料更易氧化褐变，因而一般都选在早春或秋季取材。这种季节性差异主要是由于植物体内酚类化合物含量和多酚氧化酶活性的季节性变化，植物在生长季节都含有较多的酚类化合物之故。Chevre（1983）报道，欧洲栗在 1 月酚类形成较少，到了 5 月、6 月酚类含量明显提高。多酚氧化酶活性和酚类含量基本是对应的，春季较弱，随着生长季节的到来，酶活性逐渐增强，因而有人认为取材时期比取材部位更加重要。

（5）外植体大小及受伤害程度：蒋迪军和牛建新（1992）报道，"金冠"苹果茎尖小于 0.5mm 时褐变严重，当茎尖长度在 5～15mm 时褐变较轻，成活率可达85%。在多个苹果品种上的试验结果表明，用 5～10mm 长的茎尖进行培养效果最好，茎尖如果太小很容易发生褐变。另外取外植体时还要考虑其粗度，细的可切短些，粗的可切得长些。

外植体组织受伤害程度直接影响褐变。为了减轻褐变，在切取外植体时，应尽可能减小其伤口面积，伤口剪切尽可能平整。Reuveni 和 Kipnjs（1974）用椰子的完整胚、叶片作外植体进行培养，很少发生褐变。除了机械伤害外，接种时各种化学消毒剂对外植体的伤害也会引起褐变。乙醇消毒效果很好，但对外植体伤害很重；氯化汞对外植体伤害比较轻。Ziv 和 Halery（1983）用 0.3%氯化汞代替次氯酸钙进行消毒，可明显减轻鹤望兰的褐变。一般来讲，外植体消毒时间越长，消毒效果越好，但褐变也越严重，因而消毒时间应掌握在一定范围内，才能保证较高的外植体存活率。

2）光照

苹果、桃、葡萄、金缕梅等植物的茎尖外植体，如果取自田间自然光照下的植株枝条，那么接种后很容易褐变，而事先对取材母株或枝条进行遮光处理，之后再切取外植体，则可有效控制褐变。暗处理之所以能控制外植体褐变，是因为在酚类化合物合成和氧化过程中，需要许多酶系统，其中一部分酶系统的活性是受光诱导的。这些酶在自然光照条件下生长的植物体内非常活跃，从这样的植株上取得外植体很容易发生褐变，而把取材母株放置在黑暗或弱光条件下生长，植株组织内光诱导的那些参与酚类合成的氧化酶活性就大大减弱，以至酚类化合物的合成减少，其氧化产物醌类也相应减少，使褐变得到控制。只在接种后的初代培养期进行暗处理，也有一定效果，但远不如在田间处理好。有的试验没有效果，有的试验反而加重了褐变，这是因为光下生长的植株体内酚类含量已经很高，接种后放在黑暗中并不能马上降低酚类含量，相反，连续黑暗会降低外植体生理活力，使褐变加重。

3）温度

温度对褐变影响很大。Ishii 等（1979）早已发现卡特兰在 15～25℃条件下培养比在 25℃以上条件下培养褐变轻。Wang 等（1994）报道，在苹果和桃的茎尖培养中，5℃低温对控制褐变效果十分显著，而且在 5℃以下培养时间越长，褐变率越小，但存活率也随之下降，最佳时间为 7d 左右。王明华等（1995）在褐变很严重的"芭蕾"苹果上也验证了低温对褐变的抑制作用。Hildebrandt 和 Harney（1988）培养天竺葵茎尖的过程中，不仅发现在 7℃以下培养的茎尖比在 17℃和 27℃下培养的茎尖褐变轻，而且还证明高温能促进酚类氧化，而低温可以抑制酚类化合物的合成，降低多酚氧化酶的活性，减少酚类氧化，从而减轻褐变。

4）培养基

（1）培养基状态：由于培养基中琼脂的用量和 pH 的高低不同，培养基可配制成固体培养基、半固体培养基或液体培养基。许多试验证明，液体培养基可以有效克服外植体褐变，液体培养基再加上滤纸制作成纸桥，效果就更好。在液体培养基中，外植体溢出的有毒物质可以很快扩散，因而对外植体造成的伤害较小。刘淑兰和韩碧文（1986）用低氧的半固体培养基培养酚类化合物含量很高的核桃，同样也收到了较好的抑制效果。

（2）无机盐：在初代培养时，培养基中无机盐浓度过高，酚类物质将会大量外溢，导致外植体褐变。降低盐浓度则可以减少酚类物质外溢，从而减轻褐变。无机盐中有些离子，如 Mn^{2+}、Cu^{2+} 是参与酚类合成的辅因子及氧化酶类的组成成分，因此盐浓度过高会增加这些酶的活性，酶又进一步促进酚类合成与氧化。为了抑制褐变，在初代培养期使用低盐培养基，可以收到较好的效果。

（3）植物生长调节剂：据报道，若初代培养处在黑暗条件下，则生长调节剂的存在是影响褐变的主要原因，此时去除生长调节剂可减轻褐变。6-BA 或 KT 不仅能促进酚类化合物的合成而且还能刺激多酚氧化酶的活性，而生长素类如 2,4-D 和 IAA 可延缓酚类化合物的合成，减少褐变现象的发生。还有研究推测外植体内源乙烯水平会影响酚类化合物的含量。

（4）抗氧化剂：培养基中加入抗氧化剂可改变外植体周围氧化还原电势，从而抑制酚类氧化，减轻褐变。目前，组织培养中应用的抗氧化剂种类很多，不同抗氧化剂的效果有所不同。在核桃茎尖培养中，硫代硫酸钠和二硫苏糖醇效果很好。同一种药剂在不同培养基中的效果不一样。Hu 和 Wang（1983）认为抗氧化剂在液体培养基中比在固体培养基中效果更好。在外植体接种之前，用抗氧化剂浸泡一定时间，也能收到一定效果。但浸泡时间如果过长，外植体褐变会更加严重，因为抗氧化剂对外植体有一定的毒害作用。

（5）吸附剂：活性炭和聚丙烯酰胺（PAM）作为吸附剂可以去除酚类氧化造成的毒害效应，这在东北红豆杉、猪笼草、鸡蛋果、鹤望兰、杜鹃、苹果、桃和倒挂金钟等植物上都有过报道。它们的主要作用在于通过氢键、范德瓦耳斯力等作用力把有毒物质从外植体周围吸附掉。活性炭除了有吸附作用外，在一定程度上还降低光照强度，从两方面减轻褐变。和抗氧化剂一样，不同吸附剂在不同植物上有效程度不同。活性炭对龙眼比 PAM 有效，而 PAM 对甜柿则比活性炭更有效。

值得注意的是，用吸附剂抑制褐变有一个副作用，即吸附剂在吸附有毒酚类的同时，也要吸附培养基中的生长调节剂。因此，Zaid（1987）认为在含有活性炭的培养基中，生长调节剂的浓度应适当提高。

（6）螯合剂：培养基中加入螯合剂后，其可与多酚类氧化酶发生螯合，降低酶活性，从而达到抑制褐变的目的。

（7）pH：培养基的 pH 较低时，可降低多酚氧化酶活性和底物利用率，从而抑制褐变。而 pH 升高则明显加重褐变。

5）培养方式

（1）外植体在培养基中的放置方式：薯蓣在用茎段作外植体进行组培时，将茎段正向插入培养基中，会出现明显褐变，而将茎段倒向插入，则褐变完全消失。其原因尚待研究。

（2）培养方法：周延清等（2003）在培养决明原生质体时，对浅层培养、琼脂糖包埋培养和漂浮培养 3 种方法进行了比较，结果发现，前两种静置培养方法中，原生质体的沉淀造成营养与通气不良，从而导致原生质体破裂，释放出酚类物质而出现褐变；漂浮培养则克服了原生质体沉淀，从而减轻褐变，使原生质体分裂速率提高。

（3）转瓶周期：对于易褐变的材料，接种后转瓶时间长，伤口周围积累酚类物质，褐变加重，而缩短转瓶周期可减轻褐变。在山月桂的茎尖培养中，接种后12～24h，便转入液体培养基中，在这之后的一周内，每天转瓶一次，褐变得到完全控制。

（4）原生质体植板密度：山杏原生质体培养在 0.1×10^5 个/ml 的植板密度下即可启动分裂，在 0.5×10^5 个/ml 的植板密度下分裂频率和植板率最高。随着植板密度的增大，褐变加重，分裂频率和植板率下降（程广有等，2016）。

2. 控制褐变的措施

（1）采用适宜的外植体，如实生苗茎尖、枝条顶芽、幼胚等，在取外植体之前对母树进行 20～40d 遮光处理。

（2）适宜的无机盐成分、蔗糖浓度、激素水平、温度及在黑暗条件下培养可以显著减轻材料的褐变。

（3）在培养基中加入抗氧化剂和其他抑制剂，如有机酸、蛋白质、蛋白质水解产物、氨基酸、硫脲、亚硫酸氢钠、二硫苏糖醇等可以有效抑制褐变。

（4）反复转移和在培养基中加吸附剂（0.5%～2.5%活性炭）是控制褐变常用且有效的方法（程广有等，2020）。

6.6.10 蒙古栎组织培养研究进展

蒙古栎组织培养体系的建立对良种选育、缩短育种周期及以后的分子育种都有重大的意义。但蒙古栎属于难生根树种，再加上蒙古栎的相关研究起步较晚，对蒙古栎的组织培养及体细胞胚发生技术的研究还相对较少。李文文等（2012）利用不同的培养基对蒙古栎茎段、叶片和成熟胚分别进行组织培养体系研究，结果表明，蒙古栎外植体褐化严重，添加 0.2g/L PAM 能有效抑制茎段、叶片褐化。茎段初代培养萌芽率最高，启动时间早的培养基是在 1/2 MS 培养基中添加 0.2mg/L 6-BA。

腋芽增殖培养基选用 1/2 MS+0.15mg/L 6-BA+0.15mg/L KT 的增殖系数最高。腋芽生根培养基 1/2 MS+0.02mg/L NAA+0.05mg/L IBA，可使生根率达 62.5%。研究表明，在叶片愈伤组织的诱导过程中并未分化出芽，直接诱导种子生根的培养基发芽率也只有 20%（李文文，2010）。赵吉胜和杨晶（2014）以蒙古栎侧芽为外植体对其进行组织培养技术研究，结果表明，在 MS+6-BA 0.2mg/L+NAA 0.01mg/L+蔗糖 30g/L 培养基上，外植体分化启动最早；在 MS+6-BA 0.2mg/L+NAA 0.02mg/L+蔗糖 30g/L 培养基上，芽分化与增殖系数最高，为 68.5%，单芽平均高 2.87cm，增殖系数 2.5，芽健壮且高度适中；在 1/2 MS+NAA 0.05mg/L+蔗糖 25g/L 培养基上，继代苗生根率最高，生根率达 60%。高珊等（2013）以蒙古栎促萌枝条的幼嫩茎段为外植体，研究了不同种类的基本培养基、不同浓度的外源激素及其配比对蒙古栎器官发生及植株再生的影响，结果表明，蒙古栎促萌枝条的幼嫩茎段可通过器官发生途径获得再生植株，最佳初代培养基为木本植物用培养基（WPM）+6-BA 0.5mg/L+2,4-D 0.5mg/L，诱导率为 76.7%；最佳不定芽增殖培养基为 WPM+6-BA 2.0mg/L+NAA 0.5mg/L，增殖系数为 3.5；最佳生根培养基为 1/2 MS+NAA 0.5mg/L+IBA 0.1mg/L，生根率达 76.7%。叶片诱导愈伤组织的最佳培养基为 MS 培养基。取材时间会显著影响愈伤组织的诱导率，3 月下旬是最佳取材时期，在 2,4-D 0.5mg/L+6-BA 0.5mg/L 的激素组合下可获得最高的愈伤组织诱导率（96.7%）。叶片放置方式、不同的轮生点会显著影响愈伤组织的诱导率。叶片不同的取材部位之间愈伤组织的诱导率差异不显著。李前（2019）研究表明，在进行体胚诱导时，最佳的培养基为 MS+2,4-D 0.1mg/L+6-BA 0.5mg/L，此时体胚的诱导率最大，可达 58.0%，4 周是最佳培养时间，在 NAA 0.5mg/L+6-BA 0.5mg/L 的激素水平下体胚的诱导率可达 50.0%，此时 6 周是最佳培养时间。蒙古栎合子胚在 MS+2,4-D 1mg/L+6-BA 0.5mg/L+水解酪蛋白 0.5g/L 培养基中胚性愈伤组织诱导率可达 85.7%，光照条件对胚性愈伤组织的诱导率影响不显著。不同种源对胚性愈伤组织的诱导率有显著影响。在 MS+NAA 0.5mg/L+6-BA 0.5mg/L+水解酪蛋白 0.5g/L 培养基中体胚增殖率最大，达 72.3%，且培养 4 周时胚性愈伤组织状态最佳（李美莹等，2021）。

第 7 章　蒙古栎次生林分类经营

　　森林的物种组成和群落结构是研究生态系统过程及功能的基础，是群落生态学的重要研究内容。森林内植物的种类和数量及其在空间上的分布格局决定着森林的群落结构，从而决定其生态位和竞争格局，预示着群落演替的进程和趋势。长白山是我国温带原始森林生态系统保存最为完整的地区之一，植被类型较为典型，具有十分重要的研究意义。我国学者针对长白山森林群落进行了相当多的研究，如微生物群落结构变化、森林空间结构稳定性等方面。

　　次生林（secondary forest）是原始森林经过多次不合理采伐和严重破坏以后自然形成的森林。与原始林一起同属天然林，但它是在不合理的采伐、樵采、火灾、垦殖和过度放牧后，失去原始林的森林环境，为各种次生群落所代替；人工林采伐迹地上栽培树种的萌生林、入侵树种形成的混交林也属次生林范畴。

　　次生林由于人为或自然的长期反复干扰，林内光照增强，温差加大，蒸发加速，多年原始次生林积累的死地被物迅速分解，地表径流增加，腐殖质层变薄或消失，气候、土壤条件趋向干旱；随之而来的是植物种类和群落类型的旱生化，如苔藓层衰退或消失，原始植被中较耐阴或中性的种类逐渐被阳性和速生的类型所代替。次生林中的植物多数萌芽力强，耐樵采，具有结实量多、传播力强、发芽迅速和抗逆等特点，因而能在次生裸地上定居，并形成群落。在不同的立地条件下常呈现相同的发展趋向，从而形成次生群落的人为趋同；又因干扰因素作用的时间和程度不同，使同一立地条件下出现不同的次生群落，即人为分异。当干扰停止，群落通过恢复演替，必然又出现自然分异和自然趋同。该群落的人为因素与自然因素在一个次生林区内往往并存，从而形成次生林区不同地类和不同群落类型的交替镶嵌。越接近居民点和交通线，这一特点越明显。次生林属于不稳定性演替阶段，大多起源于无性繁殖。初期生长迅速，但成熟早，寿命短，不宜培育大径材。如喜光的先锋群落继续受到人为破坏，将发生逆向演替而退化为灌丛、稀树草地，甚至荒地，如人为干扰停止，随着进展演替的进程不断发生树种更替，原始群落中的主要种类开始出现，次生林就由不稳定演替向着更加稳定的类型发展。次生林的病害主要是干材心腐。病腐率随林龄增长，喜光性强的阔叶树害虫在种类和数量上占优势，多为害嫩枝、芽和叶。

　　次生林可按经营的需要划分类型：①按发生的时间可分为早期次生林、中期次生林和晚期次生林。一般用以区别大范围内次生林的性质及恢复速度，供经营规划时参考。②按发生的地区可分为远山次生林和近山次生林。一般反映人为活动的强弱,经营次生林与农业的关系。③按森林自然特征分类的方法较多,有按优势树种和树种组成进行划分的,有以生物因子进行划分的,有以地形作为主导因子进行划分的,还有以立地条件和优势树种进行划分的。④按经营措施的不同可分为抚育型、改造型、利用型和封护型等。

7.1 蒙古栎次生林经营的必要性

7.1.1 蒙古栎次生林的重要生态地位

大面积蒙古栎林的存在,是长期以来人们对原始森林的经营失控及频发的森林火灾的破坏造成的。不合理的采伐方式、过大的采伐强度、毁林开荒、乱砍滥伐和火灾的侵袭造成森林原始植被的严重破坏,生境恶化,其他树种难以存活,蒙古栎却因为它很强的萌生能力,超强的适应性和抵抗性,在干旱瘠薄的阳坡也能顽强生存并茁壮成长,为人们守住了乔木向灌木、草甸甚至荒漠逆向演替的最后一道防线。一般而言,蒙古栎林是比较稳定的,但确实也存在逆向演替的可能性。辽东山地,10 个重点林业县(区)蒙古栎林面积为有林地面积的 1/3。由于经营不当,90%以上柞蚕场水土流失,植被受到破坏,沙石裸露,沟状侵蚀严重。为此,必须十分重视蒙古栎林的重要生态地位。

1. 蒙古栎产品供不应求

蒙古栎的根、茎、枝、叶和果实均具有较高的经济价值,近年来市场对大径材的需求尤为迫切,2010 年原木的价格达 4000~5000 元,是 2007 年的 2.5 倍,比相同规格的其他硬阔高 30%以上。蒙古栎的果实含淀粉 50%~75%,可作为乙醇的原料,国家对于生物能源林高度重视,已引起经营者的普遍关注。

2. 蒙古栎次生林生产潜力巨大

通常认为蒙古栎干形差,生长量低。林区现有蒙古栎资源每公顷平均蓄积,幼龄林为 50m³、中龄林为 91m³、近熟林为 113m³、成熟林和过熟林为 122m³,造成该局面的原因是萌生起源、立地条件差和种子的遗传基因不好。已有许多研究证明,蒙古栎的生长量是很高的。魏晓华(1989)报道,在相同的中生和旱生系列生境下,蒙古栎的生长明显优于椴树、榆树、色木槭等。在地位级较高的产地上,蒙古栎林的生长不仅高于同立地的红松林,而且接近生长速度最快的山杨林。陈大珂等(1994)指出,在蒙古栎林、山杨林、硬阔林、杂木林中,总生物量以蒙古栎林为最大,对用材林来说,生物量分配以蒙古栎林为最好,其树干所占比重最大。蒙古栎干形弯曲的主要原因被认为是幼苗受晚霜危害后重新发枝，或新枝萌发较早，然后又有二次甚至三次生长引起的，通过修枝和控制初植密度可使干形通直、少节（张海峰和曲继林，2012）。

7.1.2　影响蒙古栎次生林经营的主要因素

1. 蒙古栎的生物学特性

树木生长发育的规律称为树木的生物学特性。蒙古栎可由种子或萌芽更新。萌生优树初期生长较实生苗快。萌生林木直径达 28cm 时，树高生长近乎停止；而实生林木直径达 35cm 时才出现缓慢生长现象。萌芽条生长势的强弱与其着生部位、萌条数量密切相关。对种子更新影响较大的环境因子为郁闭度、下木盖度和死地被物。蒙古栎主根发达，一般可深入土中 6～7m，但须根少，断根后能促发很多新根。蒙古栎始花在 5 月下旬，花期一般为 7d，最长不超过 10d，种实的成熟期为 8 月中下旬，种实成熟后即落地。据报道，结实量在 100～900kg/hm² 范围内，有丰歉年之分。按照蒙古栎的生物学特性可以确定，萌生林宜培育中小径材，实生林宜培育大径材。为免受晚霜的危害，不宜直播造林，移栽前适当切根可保证成活率，种实采收应及时，以避免鼠害、虫害及变质。

2. 蒙古栎的生态学特性

树木对环境的要求和适应，称为树木的生态学特性。蒙古栎喜光但不耐阴，除幼龄能稍耐庇荫外，一般不能忍受来自上层林冠的庇荫。有较大的树干茎流，可获得较多的水分和养料。蒙古栎在严冬到来之前就进入休眠期，同时它具有坚厚的树皮，使它能耐低温；它旺盛的蒸腾作用具有降温作用，使它能适应较高的温度。蒙古栎能适应干旱的土壤，对湿度稍大的土壤也有一定耐性，最适于湿润肥沃的棕色森林土，不耐水湿。蒙古栎对火的适应能力和树种的抗火性都是很强的，种子具有在过火的林地上萌发的适应性。蒙古栎的上述特性决定了它的生态位和生态对策，使它成为针阔混交林遭到破坏后的主要建群树种，现有次生林的优势树种，并可能成为地带性顶极群落——红松阔叶林的重要伴生树种。它的生态幅宽，适生范围广，在 40 个林业局均有分布，尤以受干扰十分严重的老爷岭林区为最，绥阳、东京城、林口三个局的蒙古栎林面积占该林区的 49.21%，蓄积占该林区的 43.95%。萌生蒙古栎对裸地严酷和不稳定的环境，有很强的占有、忍耐和适应能力，萌芽力强，初期生长迅速，但寿命短。而蒙古栎的有性更新，更表现出种子大，寿命长（可达 400～500 年），虽然初期生长没萌生快，但凭借高大的形体能与其他树种进行有效竞争，这是其他短命的速生树种无法与其匹敌的。根据蒙古栎的生态学特性，在经营中应防止森林群落逆行演替，促进进展演替，使其向地带性顶极群落——红松阔叶林稳步过渡。

3. 蒙古栎林的社会经济学特性

蒙古栎林作为森林资源系统，通过能流、物流的转化、循环、增殖和积累过程与经济系统的价值、价格、利率、交换等要素及社会系统的法律、政策、投入、效益等要素耦合成复合系统。以最小的代价，利用最有效的方法和手段，使系统有序运行，充分发挥系统的生态、经济和社会综合效益。森林资源的经营投资大，地域辽阔，经营周期长，决策将承担一定的风险，经营过程通过及时反馈、客观评价、妥善调整而逐步优化。体制与运行机制的改革是实现经营目标的重要保证。要做到政企分开，所有权与经营权分离，国家管政策，部门管资源，企业负责天然林保护工程项目的实施，资金按基本建设资金与专项资金分别管理，专款专用。要做到责、权、利清晰，奖惩分明。劳动者可以采用不同的承包形式，以充分发挥他们的主观能动性（张海峰和曲继林，2012）。

7.2　蒙古栎次生林立地评价

森林立地因子是构成森林立地环境的综合因子，能够影响森林的林分结构及林木生长。立地因子主要包括气候、地貌、土壤、生物、水文、植被及其他生物因子等多种物理环境因子。立地因子直接影响林木的生长，由于不同林木对不同立地因子的适应性不同，研究对比不同立地因子对林木生长的影响是划分林地质量高低的重要依据。林分的生长包括林分中林木各器官的生长，常用的生长指标包括林木树干、树枝、树叶、树皮、树根的生长量。在生态方面一般用林分生物量来评价林分的生长，林分的生长会受到多种因素的影响，包括地形因子和土壤因子等。

立地类型划分是根据林地立地条件的相似程度和差异程度，将立地因子区分为不同类别和等级，森林立地类型划分途径主要有森林植被途径、物理环境因子途径、综合因子途径。合理地利用立地类型对森林的科学经营及营林工程中造林地的选择具有重要意义。

7.2.1　研究地概况

长白山区是我国乃至东北亚地区重要的生态屏障。调查样地分布在吉林省吉林地区、辽源地区、白山地区、延边地区、通化地区，所布设的样地涵盖了整个长白山区，样地坐标为北纬40°55′～44°6′、东经124°57′～131°10′，海拔在331～

825m。研究样地布设位于长白山区的图们市、龙潭区、东辽县、珲春市、辉南县、永吉县、东丰县、磐石市、蛟河市、梅河口市、桦甸市、集安市、延吉市、龙井市、敦化市、丰满区、汪清县、柳河县、靖宇县、安图县、临江市、通化市二道江区、通化县、和龙市、白山市江源区、抚松县共计 26 个县市（区），共布设 25.82m×25.82m 的标准样地 490 块（表 7.1）。

表 7.1　样地布设基本情况

辖区	县市（区）	样地数	北纬	东经	海拔/m
白山	靖宇县	3	42°31′~42°35′	126°48′~126°54′	647
	抚松县	4	41°59′~42°42′	127°20′~127°49′	825
	临江市	7	41°43′~41°50′	126°38′~127°10′	684
	白山市	9	41°38′~41°56′	126°09′~126°35′	782
吉林	丰满区	1	43°38′	126°37′	600
	龙潭区	1	43°53′	126°39′	350
	磐石市	9	42°51′~43°20′	125°51′~126°33′	474
	永吉县	14	43°30′~43°44′	125°58′~126°37′	446
	蛟河市	27	43°15′~44°6′	126°54′~127°36′	479
	桦甸市	27	42°40′~43°23′	126°35′~127°38′	528
辽源	东辽县	3	42°57′~43°10′	124°57′~125°27′	373
	东丰县	6	42°24′~43°05′	125°14′~125°38′	455
通化	通化市	1	41°49′	125°59′	726
	辉南县	4	42°26′~42°43′	126°07′~126°19′	388
	梅河口市	5	42°09′~42°47′	125°25′~125°53′	488
	通化县	12	41°25′~41°55′	125°35′~126°19′	734
	集安市	14	40°55′~41°34′	125°36′~126°24′	556
	柳河县	14	41°53′~42°23′	125°18′~126°20′	647
延边	延吉市	11	42°49′~43°11′	129°05′~129°35′	563
	图们市	15	42°47′~43°6′	129°35′~129°53′	331
	龙井市	22	42°23′~42°58′	129°02′~129°41′	572
	敦化市	32	42°51′~43°54′	127°49′~128°45′	576
	和龙市	45	42°02′~42°56′	128°45′~129°23′	755
	安图县	55	42°19′~43°20′	128°01′~129°17′	683
	珲春市	59	42°38′~43°23′	129°53′~131°10′	379
	汪清县	90	43°07′~43°58′	129°14′~130°52′	615

1. 气候条件

根据吉林省气象局统计数据，长白山区属温带大陆性季风气候，夏季高温多雨，冬季漫长寒冷，年平均气温在 2～6℃，1 月平均气温最低，一般在–34～–18℃，7 月平均气温最高，一般在 22～36℃。无霜期 100～160d，年日照时数 2300～3000h，降雨多集中在 6～8 月，年平均降水量 400～860mm。

2. 土壤条件

根据国土资源部门提供的吉林省土壤分布数据可知，吉林省东部山区主要土壤种类有暗棕壤、黑土、风沙土、白浆土、水稻土、新积土。长白山区多为针阔混交林下发育的具有棕色层的酸性淋溶土壤，主要特征表现为：土壤腐殖质层厚度在 10cm 左右，无或仅有不明显的浅色亚表层；淀积层多呈黄棕色；地表以下 50～100cm 深度内无锈斑特征。

3. 森林植被

长白山区是中国六大林区之一，位于吉林省东部，属温带大陆性季风气候，植物类型复杂多样，经济价值较高的林木就有 100 多种。天然林主要树种有蒙古栎、红松、樟子松、云杉、落叶松、臭松、胡桃楸、水曲柳、黄檗、色树、风桦、白桦、榆树、杨树等，人工林主要树种有人工红松、人工落叶松、人工樟子松、人工杨树等，灌木种类 60 余种，草本植物上千种。长白山区野生经济植物达 1460 余种，其中药用植物 800 多种，主要有人参、蒲公英、木灵芝、细辛、草苁蓉、平贝母、景天、天麻、五味子、不老草等。

4. 样地布设

吉林省一类固定样地布设是按照系统抽样法，布设在 4km×4km 的吉林省地形图公里网交点上，布设好的样地要与森林资源管理"一张图"及当年卫星影像图进行对比，如样地未落入林地或是样地落到人力不可及的范围，可以根据卫星影像图在公里网交点附近选取。

5. 样地调查

研究样地选自吉林省 2014 年第八次一类清查样地，全省样地共布设 8872 块，根据 2009 年的一类调查样地坐标值，利用手持全球定位系统（GPS）定位到样地内，利用样地 3 株定位木，查找样地中心点，利用罗盘仪、盘式皮尺等工具还原固定样地，对胸径 5cm 以上的乔木进行每木检尺，每木检尺一律用胸径尺，读数记到 0.1cm，检尺位置为树干距上坡根颈 1.3m 高度（长度）处。对于乔木林样地，应根据样木平均胸径，选择主层优势树种平均样木 3～5 株，用测高仪器或其他测量工具测定树高，记载到 0.1m；并利用生长锥测定平均样木的树龄；以导航仪记录样地海拔；以手罗盘记录样地坡度，按地形确定样地所在坡向、坡位；利用土壤环切法测定土层厚度、腐殖质厚度等样地信息。最终，根据吉林省一元立木材积表估计材积。

根据样地调查数据信息，筛选出样地调查优势树种蒙古栎，根据树种组成超过 5 成、样地株数大于 30 株、样地距离林缘 100m 以上、林木保存完整、受人为干扰较小等条件，共统计出长白山区蒙古栎林样地 490 块。其中蒙古栎蓄积占比在 6.5 成以上的纯林样地有 341 块。

7.2.2　立地类型划分方法

立地因子选择：本研究的立地因子主要包括地形因子和土壤因子两个宏观因子，其中地形因子包括海拔、坡向、坡度、坡位，土壤因子包括土壤类型、土层厚度、腐殖质厚度。由于本研究调查的样地土壤类型都是暗棕壤，故以土层厚度和腐殖质厚度作为土壤因子对天然蒙古栎林立地类型进行划分。

立地划分方法：由于海拔、坡向、坡度、坡位、土层厚度、腐殖质厚度是立地类型划分的不同指标，分析数据前需要将统计数据进行标准化处理，经过标准化处理的数据会转换成无量纲化指标评测值，即各立地因子均处于同一数量级别。主成分分析是研究如何通过少数几个主成分来揭示多个变量间的内部结构，即从原始变量中导出少数几个主成分，使它们尽可能多地保留原始变量的信息，且彼此间互不相关。由于各立地因子间相互联系，不同立地因子组合而成的立地类型间会存在一定的相关性，需要对不同立地类型进行聚类分析，最终划分成不同的立地类型，从而对不同立地类型进行分析和总结。

统计分析：利用 SAS 9.4 软件、Excel 软件对调查数据进行标准化处理、计算主成分、综合系数等因子。

由于坡位、坡向属于定量因子，分析数据时需将定性因子转换为定量因子。首先，将坡位和坡向量化，其中阴坡为 1、半阴坡为 2、半阳坡为 3、阳坡为 4；坡位则是下坡为 1、中坡为 2、上坡为 3、脊部为 4，然后对地形因子和土壤因子进行标准化处理。标准化处理公式如下：

$$S_{ij}=V_{ij}/V_{i(\max)}$$
$$E_{ij}=V_{i(\min)}/V_{ij}$$

式中，S_{ij} 代表第 i 项立地因子第 j 块样地的标准化处理值；V_{ij} 代表第 i 项评价因子第 j 块样地的实测值（或数量化的数值）；$V_{i(\min)}$ 为第 i 项评价因子最小值；$V_{i(\max)}$ 为第 i 项评价因子最大值；i=1、2、3、4、5、6；j=1、2、3、4、5…490。其中，上式用于计算坡度、坡向、坡位、土层厚度、腐殖质厚度 5 项正向立地因子，下式用于计算海拔这一反向立地因子。

7.2.3 蒙古栎林立地分析

蒙古栎林调查固定样地共计 490 块，样木株数共计 41 502 株，其中蒙古栎 26 751 株，占样地总株数的 64.46%；样地活立木总蓄积 4663.73m³，其中蒙古栎活立木总蓄积 3518.46m³，占样地总蓄积的 75.44%；样地内乔木树种共计 67 种，其中活立木蓄积百分比超过 1%的树种有蒙古栎（75.44%）、紫椴（5.68%）、黑桦（4.05%）、色木槭（2.43%）、白桦（1.30%）、花曲柳（1.27%）、胡桃楸（1.14%）、糠椴（1.00%）、榆树（1.14%）。

调查的土壤因子包括土层厚度和腐殖质厚度，根据《国家森林资源连续清查技术规定（2014）》，可将土层划分为薄土（土层厚度≤40cm）、中土（40cm＜土层厚度≤70cm），可将腐殖质厚度划分为薄（腐殖质厚度≤10cm）、中（10cm＜腐殖质厚度≤15cm）、厚（腐殖质厚度＞15cm）。统计样地土壤因子可知，立地因子为土层厚度的样地中，薄土样地 279 块、中土样地 211 块；立地因子为土壤腐殖质厚度的样地中，薄的样地 431 块、中的样地 36 块、厚的样地 23 块。

调查的地形因子包括海拔、坡向、坡度、坡位，根据《国家森林资源连续清查技术规定（2014）》，通过地形调查结果可将海拔划分为中山（海拔为 1000～3499m 的山地）、低山（海拔＜1000m 的山地），根据不同方位可将坡向划分为阴坡、半阴坡、半阳坡、阳坡 4 种，坡位可划分为上坡、中坡、下坡、脊部 4 种，坡度可划分为平缓坡（0～15°）、斜坡（16～25°）、陡坡（＞26°）3 种。

通过统计样地地形因子可知，调查的 490 块样地中，地貌分类为低山的有 481 块、中山样地有 9 块，调查的蒙古栎样地低山样地最多；立地因子为坡向的样地中，半阳坡样地 82 块、半阴坡样地 131 块、阳坡样地 170 块、阴坡样地 107 块，调查的蒙古栎样地多分布在阳坡；立地因子为坡位的样地中，脊部样地 28 块、上坡样地 226 块、中坡样地 147 块、下坡样地 89 块，调查的蒙古栎坡位中上坡样地最多；立地因子为坡度的样地中，陡坡样地 149 块、平缓坡样地 151 块、斜坡样地 190 块，调查的蒙古栎样地多分布在斜坡。

7.2.4 立地因子的标准化

为了将立地因子统一标准，将 6 个不同的立地因子数据标准化在 0～1，计算 490 块样地的不同立地因子的平均值、最大值、最小值、标准差、变异系数、总体方差，其中海拔标准化后的平均值为 0.1980，坡向标准化后的平均值为 0.6607，坡位标准化后的平均值为 0.5985，坡度标准化后的平均值为 0.4182，腐殖质厚度标准化后的平均值为 0.2329，土层厚度标准化后的平均值为 0.5839（表 7.2），标准差是衡量一组数据平均值分散程度的度量，坡向的标准差、总体方差最大，说明坡向差异性较大。

表 7.2　立地因子标准化表

立地因子	平均值	最大值	最小值	标准差	变异系数	总体方差
海拔	0.1980	1	0.08	0.0903	0.46	0.0081
坡向	0.6607	1	0.25	0.2919	0.44	0.0850
坡位	0.5985	1	0.25	0.2118	0.35	0.0448
坡度	0.4182	1	0.02	0.1784	0.43	0.0318
腐殖质厚度	0.2329	1	0.05	0.1883	0.81	0.0354
土层厚度	0.5839	1	0.08	0.1700	0.29	0.0288

7.2.5　立地因子的主成分分析

根据立地因子海拔（X_1）、坡向（X_2）、坡位（X_3）、坡度（X_4）、腐殖质厚度（X_5）、土层厚度（X_6）标准化的数据，建立特征向量矩阵，前 4 个主成分分析的特征根大于 0.80，累计贡献率达到 80.5%，说明前 4 个主成分可以综合划分立地类型。主成分 1 中坡度、腐殖质厚度、土层厚度的特征向量值分别为 −0.5740、0.5751、0.4612，在第一组向量中影响较大，主成分 2 中坡位的特征向量值为 0.6835，在第二组向量中影响较大，主成分 3 中坡向的特征向量值为 0.7730，在第三组向量中影响较大，主成分 4 中海拔的特征向量值为 0.6033，在第四组向量中影响较大（表 7.3）。

表 7.3　主成分分析结果

立地因子	主成分 1	主成分 2	主成分 3	主成分 4	主成分 5	主成分 6
	特征向量					
X_1	0.2883	−0.5182	0.3754	0.6033	0.2123	0.3135
X_2	0.1467	0.4598	0.7730	0.0659	−0.3641	−0.1808
X_3	−0.1496	0.6835	−0.2210	0.5303	0.2646	0.3323
X_4	−0.5740	−0.0693	0.3484	−0.3512	0.0356	0.6479
X_5	0.5751	0.0912	−0.2412	−0.1770	−0.4851	0.5797
X_6	0.4612	0.1996	0.1821	−0.4425	0.7181	0.0527
特征根	1.4932	1.1478	0.9888	0.9003	0.8257	0.6442
方差贡献率	0.2489	0.2113	0.1948	0.1500	0.1076	0.0874
累计贡献率	0.2489	0.4602	0.6550	0.8050	0.9126	1.0000

由表 7.3 可知，6 个立地因子可分成 4 个主成分，累计贡献率为 80.5%，根据主成分的特征向量拟合的主成分模型分别为：

$$F_1 = 0.2883X_1 + 0.1467X_2 − 0.1496X_3 − 0.5740X_4 + 0.5751X_5 + 0.4612X_6$$

$$F_2=-0.5182X_1+0.4598X_2+0.6835X_3-0.0693X_4+0.0912X_5+0.1996X_6$$
$$F_3=0.3754X_1+0.7730X_2-0.2210X_3+0.3484X_4-0.2412X_5+0.1821X_6$$
$$F_4=0.6033X_1+0.0659X_2+0.5303X_3-0.3512X_4-0.1770X_5-0.4425X_6$$

以每个主成分对应的特征值占所提取主成分特征值之和的比例为权重得出主成分综合模型为：

$$F=0.1564X_1+0.3654X_2+0.1785X_3-0.1768X_4+0.1104X_5+0.1566X_6$$

根据综合模型系数可知，立地因子对立地类型划分的影响顺序为坡向＞坡位＞坡度＞土层厚度＞海拔＞腐殖质厚度。

7.2.6 样地聚类分析

为了有效避免人为主观影响，以每个样地立地类型主成分综合得分，对 490 块天然蒙古栎林的立地类型进行聚类分析，绘制聚类系数随分类数变化的曲线图（图 7.1）。当聚类系数为 0.6683，立地类型分类数为 4 时，出现明显的转折点，恰好可以将研究区的 490 块天然蒙古栎林样地划分为 4 类。Ⅰ类立地类型主成分综合得分在 0.1352～0.2696，Ⅱ类立地类型主成分综合得分在 0.2696～0.4035，Ⅲ类立地类型主成分综合得分在 0.4035～0.5386，Ⅳ类立地类型主成分综合得分在 0.5386～0.6746。

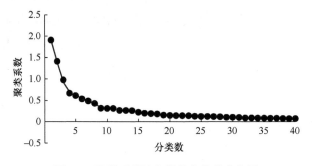

图 7.1　聚类系数随分类数变化的曲线图

7.2.7 立地类型划分

490 块样地以海拔、坡向、坡位、坡度、腐殖质厚度、土层厚度作为立地因子，共组合成 82 种不同的立地条件（表 7.4），根据主成分综合模型计算得出的样地综合得分（样地立地条件相同，综合得分不同的，综合得分取平均值），可以将 82 种立地条件划分到 4 个不同的立地类型中。

统计各立地类型的坡向可知，Ⅰ类中，阴坡占Ⅰ类样地总个数和立地条件总个数的比例最高，分别为 80.4% 和 81.3%；Ⅱ类中，半阴坡占Ⅱ类样地总个数和

表 7.4　天然蒙古栎林立地类型划分表

坡向	坡位	坡度	土层厚度	地貌	腐殖质厚度	样地数	综合得分	立地类型
		陡坡	薄土	低山	薄	2	0.4159	III
	脊部	平缓坡	中土	低山	中	1	0.5581	IV
		斜坡	薄土	低山	薄	2	0.4928	III
			中土	低山	厚	3	0.5323	III
		陡坡	薄土	低山	薄	4	0.3733	II
			中土	低山	中	1	0.4461	III
	上坡	平缓坡	薄土	低山	薄	11	0.4829	III
			中土	低山	薄	7	0.5589	IV
		斜坡	薄土	低山	薄	12	0.4549	III
			中土	低山	薄	8	0.4835	III
半阳坡		陡坡	薄土	低山	中	1	0.3130	II
	下坡	平缓坡	薄土	低山	中	2	0.3799	II
			中土	低山	中	3	0.4447	III
		斜坡	薄土	低山	薄	3	0.3529	II
			中土	低山	中	3	0.4295	III
		陡坡	薄土	低山	薄	5	0.3918	II
			中土	低山	中	1	0.4244	III
	中坡	平缓坡	薄土	低山	厚	3	0.4463	III
			中土	低山	薄	7	0.4705	III
		斜坡	薄土	低山	中	2	0.4348	III
			中土	低山	中	1	0.4379	III
	脊部	平缓坡	中土	低山	薄	1	0.4976	III
		斜坡	薄土	低山	中	3	0.4077	III
		陡坡	薄土	低山	薄	12	0.3115	II
			中土	低山	薄	4	0.3529	II
	上坡	平缓坡	薄土	低山	薄	8	0.3945	II
			中土	低山	薄	8	0.4144	III
半阴坡		斜坡	薄土	低山	薄	15	0.3616	II
			中土	低山	薄	9	0.4065	III
		陡坡	薄土	低山	薄	5	0.2189	I
			中土	低山	中	2	0.3176	II
	下坡	平缓坡	薄土	低山	薄	2	0.3096	II
			中土	低山	薄	3	0.3352	II
		斜坡	薄土	低山	薄	6	0.2579	I
			中土	低山	薄	7	0.3246	II

坡向	坡位	坡度	土层厚度	地貌	腐殖质厚度	样地数	综合得分	立地类型
半阴坡	中坡	陡坡	薄土	低山	薄	8	0.2374	I
			中土	低山	薄	5	0.3193	II
		平缓坡	薄土	低山	薄	4	0.3263	II
			中土	低山	薄	12	0.4193	III
		斜坡	薄土	低山	薄	8	0.2882	II
			中土	低山	薄	9	0.3373	II
阳坡	脊部	陡坡	薄土	低山	薄	2	0.5517	IV
		平缓坡	薄土	低山	中	3	0.6174	IV
			中土	低山	厚	3	0.6343	IV
		斜坡	薄土	低山	薄	4	0.6075	IV
			中土	低山	中	2	0.6341	IV
	上坡	陡坡	薄土	低山	薄	19	0.4995	III
			中土	低山	薄	10	0.5472	IV
		平缓坡	薄土	低山	薄	13	0.5847	IV
			中土	低山	薄	8	0.6393	IV
		斜坡	薄土	低山	薄	14	0.5459	IV
			中土	低山	薄	12	0.5669	IV
	下坡	陡坡	薄土	低山	薄	8	0.3888	II
			中土	低山	厚	4	0.4174	III
		平缓坡	薄土	低山	薄	3	0.4860	III
			中土	低山	厚	6	0.5701	IV
		斜坡	薄土	低山	薄	5	0.4801	III
			中土	低山	中	5	0.5089	III
	中坡	陡坡	薄土	低山	薄	11	0.4445	III
			中土	低山	薄	8	0.5089	III
		平缓坡	薄土	低山	薄	10	0.5698	IV
			中土	低山	中	5	0.5504	IV
		斜坡	中土	低山	薄	15	0.5045	III
阴坡	脊部	陡坡	薄土	中山	薄	1	0.2340	I
		斜坡	薄土	低山	中	1	0.2992	II
	上坡	陡坡	薄土	低山	薄	14	0.2194	I
			中土	低山	薄	4	0.2651	I
		平缓坡	薄土	低山	薄	9	0.3005	II
			中土	低山	厚	3	0.3558	II
		斜坡	薄土	低山	薄	9	0.2537	I
			中土	低山	薄	12	0.2910	II

坡向	坡位	坡度	土层厚度	地貌	腐殖质厚度	样地数	综合得分	立地类型
阴坡	下坡	陡坡	薄土	低山	薄	5	0.1547	Ⅰ
		平缓坡	薄土	中山	薄	2	0.1993	Ⅰ
			中土	低山	薄	5	0.2606	Ⅰ
		斜坡	薄土	低山	薄	8	0.2052	Ⅰ
			中土	低山	厚	1	0.2951	Ⅱ
	中坡	陡坡	薄土	低山	薄	7	0.1695	Ⅰ
			中土	中山	薄	6	0.2171	Ⅰ
		平缓坡	薄土	低山	薄	6	0.2624	Ⅰ
			中土	低山	薄	3	0.2882	Ⅱ
		斜坡	薄土	低山	薄	7	0.2232	Ⅰ
			中土	低山	薄	4	0.2361	Ⅰ

注：Ⅰ类样地 97 个，共有 16 种立地条件；Ⅱ类样地 131 个，共有 24 种立地条件；Ⅲ类样地 162 个，共有 27 种立地条件；Ⅳ类样地 100 个，共有 15 种立地条件

立地条件总个数的比例最高，分别为 60.3% 和 50%；Ⅲ类中，阳坡占Ⅲ类样地总个数的比例最高，为 43.2%，半阳坡占Ⅲ类立地条件总个数的比例最高，为 51.9%；Ⅳ类中，阳坡占Ⅳ类样地总个数和立地条件总个数的比例最高，分别为 92.0% 和 86.7%。

统计各立地类型的坡位可知，Ⅰ类中，中坡占Ⅰ类样地总个数和立地条件总个数比例最高，分别为 39.2% 和 37.5%；Ⅱ类中，上坡占Ⅱ类样地总个数和立地条件总个数的比例最高，分别为 51.1% 和 33.3%；Ⅲ类中，上坡占Ⅲ类样地总个数的比例最高，为 42.0%，中坡占Ⅲ类立地条件总个数的比例最高，为 33.3%；Ⅳ类中，上坡占Ⅳ类样地总个数和立地条件总个数的比例最高，分别为 64.0% 和 40.0%。

统计各立地类型的坡度可知，Ⅰ类中，陡坡占Ⅰ类样地总个数和立地条件总个数比例最高，分别为 51.5% 和 50.0%；Ⅱ类中，斜坡占Ⅱ类样地总个数和立地条件总个数的比例最高，分别为 42.7% 和 33.3%；Ⅲ类中，斜坡占Ⅲ类样地总个数和立地条件总个数的比例最高，分别为 42.0% 和 44.4%；Ⅳ类中，平缓坡占Ⅳ类样地总个数和立地条件总个数的比例最高，分别为 60.0% 和 56.0%。

统计各立地类型的土层厚度可知，Ⅰ类中，薄土占Ⅰ类样地总个数和立地条件总个数的比例最高，分别为 80.4% 和 75.0%；Ⅱ类中，薄土占Ⅱ类样地总个数和立地条件总个数的比例最高，分别为 63.0% 和 58.3%；Ⅲ类中，中土占Ⅲ类样地总个数和立地条件总个数的比例最高，分别为 54.9% 和 59.3%；Ⅳ类中，中土占Ⅳ类样地总个数和立地条件总个数的比例最高，分别为 54.0% 和 60.0%。

统计各立地类型的海拔和腐殖质厚度可知，中山都分布在Ⅰ类立地类型，腐

殖质厚度为中、厚的多分布在Ⅲ类和Ⅳ类立地类型。

对 4 类立地类型的天然蒙古栎林的平均胸径、平均树高、林分密度、公顷蓄积、公顷断面积进行计算。Ⅰ类立地类型的样地平均胸径 16.4cm、平均树高 14.5m、林分密度 1187 株/hm²、公顷蓄积 123.99m³、公顷断面积 21.03m²；Ⅱ类立地类型的样地平均胸径 16.6cm、平均树高 13.9m、林分密度 1127 株/hm²、公顷蓄积 135.17m³、公顷断面积 22.78m²；Ⅲ类立地类型的样地平均胸径 16.4cm、平均树高 14.0m、林分密度 1192 株/hm²、公顷蓄积 139.35m³、公顷断面积 23.30m²；Ⅳ类立地类型的样地平均胸径 16.5cm、平均树高 14.4m、林分密度 1059 株/hm²、公顷蓄积 137.65m³、公顷断面积 22.91m²（表 7.5）。

表 7.5　不同立地类型样地林分特征

立地类型	平均胸径/cm	平均树高/m	林分密度/(株/hm²)	公顷蓄积/m³	公顷断面积/m²
Ⅰ	16.4	14.5	1187	123.99	21.03
Ⅱ	16.6	13.9	1127	135.17	22.78
Ⅲ	16.4	14.0	1192	139.35	23.30
Ⅳ	16.5	14.4	1059	137.65	22.91

7.2.8　小结

（1）由立地因子标准化后求得的方差可知，坡向的标准差、总体方差最大，分别为 0.2919、0.0850；海拔的标准差、总体方差最小，分别为 0.0903、0.0081，说明坡向的差异性最大，海拔的差异性最小。

（2）立地因子主成分分析结果表明，主成分 1~4 的累计贡献率为 80.5%，说明前 4 个主成分可以综合划分天然蒙古栎林的立地类型。

（3）根据 490 块样地调查结果，将样地的不同立地因子组合得到 82 种不同立地条件，根据样地主成分综合得分，对应到 4 个立地类型中，通过对比各立地因子分别占Ⅰ类、Ⅱ类、Ⅲ类、Ⅳ类立地类型样地总个数和立地条件总个数的比例可知，Ⅰ类立地类型多分布在阴坡、中坡、陡坡、薄土的立地条件，Ⅱ类立地类型多分布在半阴坡、上坡、斜坡、薄土的立地条件，Ⅲ类立地类型多分布在阳坡和半阳坡、上坡、斜坡、中土的立地条件，Ⅳ类立地类型多分布在阳坡、上坡、平缓坡、中土的立地条件。4 个立地类型的天然蒙古栎林多分布在低山、腐殖质薄的立地条件。

（4）分析 4 种不同立地类型的林分特征可知，Ⅲ类立地类型林分密度最大，为 1192 株/hm²，公顷蓄积最大，为 139.35m³，公顷断面积最大，为 23.30m²；Ⅰ类立地类型公顷蓄积最小，为 123.99m³，公顷断面积最小，为 21.03m²。

7.3　天然蒙古栎林生长模型选择

7.3.1　模型选择方法

（1）数据清洗：数据清洗是对分析数据进行重新审查和校验的过程，目的在于删除重复信息、纠正存在的错误，并提高数据一致性。数据清洗关系到数据分析结果的准确性与可靠性，是分析数据的关键一步。首先，利用 Excel 软件去除调查数据中存在的重复数据、空白数据，然后利用 SAS 9.4 软件根据定义的年龄与公顷蓄积的取值范围，自动识别并去除每个超出范围的变量值，最终完成数据清洗。

（2）林分生长模型：在选择林分生长模型时应考虑林木的生物学特征及模型的精准度，常用以下 9 个方程进行林分生长模型的拟合（表 7.6）。以下分析数据均用模型编码代替模型。

表 7.6　林分生长模型

模型编号	中文名	英文名	模型
7.1	逻辑斯谛模型	Logistic	$V = a/[1 + b\exp(-cA)]$
7.2	理查德模型	Richards	$V = a[1 - \exp(-bA)^c]$
7.3	坎派兹模型	Gompertz	$V = a e^{-b\exp(-cA)}$
7.4	修正威布尔模型	amended Weibull	$V = a[1 - \exp(-bA^c)]$
7.5	单分子模型	Mitscherlich	$V = a - b\exp(-cA)$
7.6	考尔夫模型	Korf	$V = a\exp(-bA^c)$
7.7	贝茨模型	Bates	$V = aA/(b + A) + c$
7.8	唐守正模型		$V = a - b/(c + A)$
7.9	二次多项式	quadratic polynomial	$V = aA^2 + bA + c$

注：V 代表林分公顷蓄积；A 代表林分平均年龄；a、b、c 为模型参数

（3）林分生长模型检验：利用总相对误差（RS）、平均相对误差（EE）、平均相对误差绝对值（RMA）、预估精度（P）和均方误差（MSE）对模型的拟合精度进行验证（表 7.7）。

7.3.2　模型数据筛选

蒙古栎次生林样地共布设 490 块，首先整理 490 块样地的林分平均年龄与林分公顷蓄积，由于 490 块样地所在的林分密度不同，相同林龄的蒙古栎林公顷蓄积存在较大差异，为了降低这种差异对林分生长模型拟合结果的影响，采取以相

同林龄样地公顷蓄积取平均值作为因变量，使用 Excel、SAS 9.4 软件进行数据清洗，筛选出适合模型拟合的样本数共计 70 个，以林龄作为自变量，绘制平均年龄与公顷蓄积的散点图。图 7.2 为数据清洗前后林分平均年龄与林分公顷蓄积散点图。由图可知，蒙古栎林主要分布在 40～80 年，且在此期间的蓄积差异相对较大。

表 7.7　模型拟合精度检验参数

模型拟合精度检验参数	公式	模型检验拟合精度标准
RS	$RS = \sum_{i=1}^{n}\left(V_i - \hat{V}_i\right) / \sum_{i=1}^{n} \hat{V}_i \times 100\%$	RS 越接近 0，表示拟合精度越高
EE	$EE = \dfrac{1}{N} \sum_{i=1}^{n}\left(\dfrac{V_i - \hat{V}_i}{\hat{V}_i}\right) \times 100\%$	EE 越接近 0，表示拟合精度越高
RMA	$RMA = \dfrac{1}{N} \sum_{i=1}^{n}\left|\dfrac{V_i - \hat{V}_i}{\hat{V}_i}\right| \times 100\%$	RMA 越接近 0，表示拟合精度越高
MSE	$MSE = \dfrac{1}{N} \sum_{i=1}^{N}\left(V_i - \bar{V}\right)^2$	MSE 越小，表示拟合精度越高
P	$P = \left(1 - \dfrac{\sqrt{\sum_{i=1}^{n}(V_i - \hat{V}_i)^2}}{\hat{V}\sqrt{n(n-T)}}\right) \times 100\%$	P 越接近 1，表示拟合精度越高

注：V_i 代表第 i 个样地的林分公顷蓄积；$\hat{V}_i$ 代表第 i 个样地的林分公顷蓄积预估值；N 为模型拟合样本数，为 70 个；n 为模型检验样本数，为 490 个；T 为模型中参数个数，为 3 个；$\bar{V}$ 为样地的林分公顷蓄积平均值

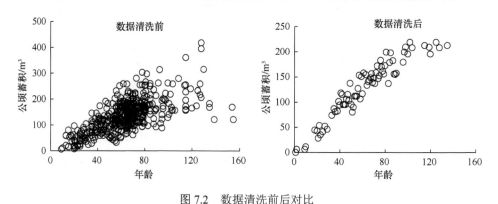

图 7.2　数据清洗前后对比

7.3.3　模型参数估算

以 70 个样地的林分平均年龄 A 为自变量，以林分公顷蓄积 V 为因变量，分别对 9 个林分生长模型进行拟合（表 7.8），拟合结果 F 值均呈现极显著水平。

表7.8 林分生长模型参数拟合 *F* 检验表

模型编号	自由度	方差和	均方误差	*F* 值
7.1	67	15 180.4	226.57	1 609.45**
7.2	67	15 644.3	233.50	1 832.25**
7.3	67	16 397.4	244.74	1 747.07**
7.4	67	15 717.5	234.59	1 823.61**
7.5	67	15 473.2	230.94	366.59**
7.6	67	15 448.1	230.57	1 855.81**
7.7	67	15 461.1	230.76	366.90**
7.8	67	15 461.1	230.76	366.90**
7.9	67	15 542.9	231.98	364.80**

注：**表示极显著相关（*P*＜0.01）

进一步计算林分生长模型参数置信区间（*α*=0.05），整理置信区间上限与置信区间下限，取各参数置信区间上限与置信区间下限平均值得到林分生长模型参数，由于模型 7.6 的参数 *a* 取值范围为-314.3～1951.3，模型 7.8 的参数 *b* 取值范围为-12 635.2～198 987，范围内包含 0，因此模型不可用，整理得到 7 个林分生长模型（表7.9）。

表7.9 林分生长模型参数置信区间（*α*=0.05）

模型编号	*a*		*b*		*c*	
	置信区间下限	置信区间上限	置信区间下限	置信区间上限	置信区间下限	置信区间上限
7.1	189.2	231.8	6.201 2	12.602	0.036 3	0.056 2
7.2	184.9	376.2	0.004 4	0.026 2	0.903 9	2.048 8
7.3	198.9	264.0	2.464 9	3.715 1	0.021 0	0.036 3
7.4	167.6	360.8	0.000 6	0.005 97	0.991 1	1.628 2
7.5	215	463.7	254.300 0	470.3	0.004 0	0.014 7
7.7	352	807.6	40.612 4	280.8	0.517 9	50.472 1
7.9	-0.014 2	-0.003 8	2.408 9	3.686 4	-36.447 0	-0.361 4

逻辑斯谛模型

$$V = 210.5 / [1 + 9.4016\exp(-0.0463A)] \tag{模型 7.1}$$

理查德模型

$$V = 280.55[1 - \exp(-0.0153A)]^{1.4764} \tag{模型 7.2}$$

坎派兹模型

$$V = 231.45\, e^{-3.0900\exp(-0.0287A)} \tag{模型 7.3}$$

修正威布尔模型

$$V = 264.20[1 - \exp(-0.0033A^{1.3097})] \tag{模型 7.4}$$

单分子模型

$$V = 339.35 - 362.30\exp(-0.0094A)$$ （模型 7.5）

贝茨模型

$$V = 579.80A / (160.7062 + A) + 25.4950$$ （模型 7.7）

二次多项式

$$V = -0.0090A^2 + 3.0477A - 18.4042$$ （模型 7.9）

7.3.4 模型检验

RS、EE 和 RMA 越接近于 0，P 越接近于 1，MSE 越小，表示模型拟合精度越高。分析结果可知，模型 7.2 的 RS 值最小，为 0.0053；模型 7.1 的 EE 值最小，为 0.0039；模型 7.1 的 RMA 最小，为 0.2628；模型 7.1 的 MSE 最小，为 229.56；模型 7.3 的 P 值最大，为 0.9855。分析可知，生长模型 7.1 的 EE 和 RMA 最接近于 0，MSE 最小，且与其他林分生长模型检验结果差距较大，因此模型 7.1 的拟合精度最高（表 7.10）。

表 7.10 林分生长模型拟合精度检验

生长模型	RS	EE	RMA	MSE	P
7.1	0.0071	0.0039	0.2628	229.56	0.9854
7.2	0.0053	0.0167	0.2674	233.50	0.9854
7.3	0.0065	0.0094	0.2645	244.74	0.9855
7.4	0.0062	0.0121	0.2659	234.59	0.9855
7.5	0.0054	0.0203	0.2691	230.94	0.9854
7.7	0.0054	0.0220	0.2706	230.76	0.9854
7.9	0.0077	0.0195	0.2675	231.98	0.9855

7.3.5 模型选择

以林分平均年龄为横坐标，以 7 个林分生长模型计算的公顷蓄积为纵坐标，结合数据清洗后的林分公顷蓄积散点图，运用 SAS 9.4 软件制作林分生长模型曲线（图 7.3）。由图可以看出，7 个林分生长模型均呈现"S"形，其中模型 7.1 中，平均年龄与林分公顷蓄积散点落在曲线上的点相对其他模型更多，且曲线更接近"S"形，更符合树木正常生长规律。

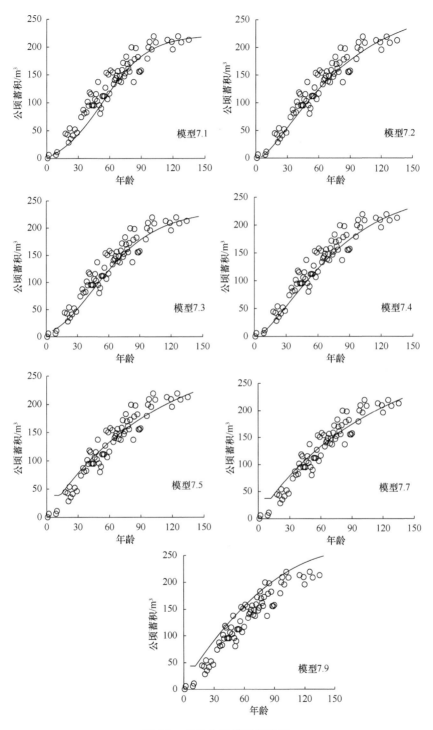

图 7.3　林分生长模型曲线图

7.3.6　小结

（1）从所选择的 9 个林分生长模型估算结果可知，9 个林分生长模型 F 值检验均呈现极显著特征，证明所选择的林分生长模型在拟合天然蒙古栎林林分生长时均具有代表性。

（2）通过计算林分生长模型参数置信区间（α=0.05），得到 7 个林分生长模型方程可用，对 7 个模型方程进行检验可知，总相对误差（RS）、平均相对误差（EE）、平均相对误差绝对值（RMA）、预估精度（P）和均方误差（MSE）中，逻辑斯谛模型的 EE 和 RMA、MSE 三项检验值最小，最适拟合天然蒙古栎林的林分生长模型。

（3）为了进一步验证逻辑斯谛模型是否具有代表性，结合林分公顷蓄积散点图，绘制年龄与公顷蓄积的生长曲线，结果逻辑斯谛模型更接近于树木正常生长呈现的"S"形曲线，因此选择逻辑斯谛模型作为天然蒙古栎林生长模型的拟合方程（崔玉涛，2023）。

7.4　立地类型与林分生长

7.4.1　研究方法

1. 简约模型与完备模型

本研究根据 7.3 节模型选择结果，最终选择逻辑斯谛（Logistic）模型为长白山区天然蒙古栎林的林分生长模型，其简约模型与完备模型详见表 7.11。模型 7.10 为 3 异质参数完备模型，代表了不同立地类型林分的逻辑斯谛生长模型参数 a、b、c 均不相同；模型 7.11～7.13 为 2 异质参数模型，是假定模型 7.10 其中一个参数增量取值为 0、另外两个增量取值不为 0 时所拟合的方程；模型 7.14～7.16 为 1 异质参数模型，是假定模型 7.10 其中两个参数增量取值为 0、另外一个增量取值不为 0 时所拟合的方程；模型 7.17 为 0 异质参数模型，是假定 4 个不同的立地类型所拟合的生长方程参数 a、b、c 均相同。

表 7.11 列出了在逻辑斯谛模型的基础上，研究不同立地类型的天然蒙古栎林的生长过程模型。研究目的在于确定最适宜于天然蒙古栎林生长的立地类型，即通过假设检验确定不同立地类型逻辑斯谛模型参数的异同，分析长白山区天然蒙古栎林林分潜在生产力的差异。

表 7.11　简约模型与完备模型

模型编号	模型样式	模型类型	备注
7.10	$V = \dfrac{a + \alpha_i}{1 + (b + \beta_i)e^{-(c + \gamma_i)A}}$	3 异质参数完备模型	参数 a、b、c 均不相同
7.11	$V = \dfrac{a + \alpha_i}{1 + (b + \beta_i)e^{-cA}}$	2 异质参数模型	参数 a、b 均不相同
7.12	$V = \dfrac{a + \alpha_i}{1 + be^{-(c + \gamma_i)A}}$	2 异质参数模型	参数 a、c 均不相同
7.13	$V = \dfrac{a}{1 + (b + \beta_i)e^{-(c + \gamma_i)A}}$	2 异质参数模型	参数 b、c 均不相同
7.14	$V = \dfrac{a + \alpha_i}{1 + be^{-cA}}$	1 异质参数模型	参数 a 不相同
7.15	$V = \dfrac{a}{1 + (b + \beta_i)e^{-cA}}$	1 异质参数模型	参数 b 不相同
7.16	$V = \dfrac{a}{1 + be^{-(c + \gamma_i)A}}$	1 异质参数模型	参数 c 不相同
7.17	$V = \dfrac{a}{1 + be^{-cA}}$	0 异质参数模型	参数 a、b、c 均相同

注：V 代表各立地类型的林分公顷蓄积。A 代表各立地类型的林分年龄。a、b 和 c 代表了作为参考基准的立地类型生长模型参数，其中 a 代表林分公顷蓄积生长最大值参数；b 代表林分生长偏置参数，与林分公顷蓄积初始值有关，影响林分生长率；c 代表林分生长权值参数，影响林分蓄积最大生长率。α_i 为第 i 个立地类型的参数 a 与参考基准相比的增量，β_i 为第 i 个立地类型的参数 b 与参考基准相比的增量，γ_i 为第 i 个立地类型的参数 c 与参考基准相比的增量。下标 i 分别代表 I 类、II 类、III 类和IV类 4 个立地类型

2. 同质性检验（F 检验）

同质性检验（F 检验）可用来检验不同立地类型的天然蒙古栎林逻辑斯谛模型参数 a、b、c 是否存在差异，本研究将模型参数处理为确定变量，选择IV类立地类型的林分生长模型作为参考基准。参考基准的选择仅影响参数意义，不会影响模型拟合及参数检验结果。模型参数的同质性检验是检验模型增量是否为 0 的统计假设。公式如下：

$$F_0 = \frac{SSE(r) - SSE(f)/q}{SSE(f)/(n - p)} \dot\sim F(k, n - p)$$

式中，SSE 为残差平方和；f 表示完备模型；r 表示简约模型；q 表示完备模型与简约模型参数相差个数；k 表示简约模型参数个数；p 表示完备模型参数个数；n 表示样本个数；F_0 是检验值，F 是临界值。

3. 林分潜在生产力

林分潜在生产力是指在一定的气候条件下森林植物群落通过光合作用所能达到的最高生长力。林分生长量是评价林分潜在生产力的重要指标，主要包括林分平均生长量、连年生长量和生长最大值。

平均生长量是指林木在整个生长周期每年平均生长的数量，可通过林分公顷蓄积估计值除以年龄获得该年的平均生长量。

连年生长量是指林分生长进程中各年度或阶段的当年生长量，可通过对林分生长模型对时间的一阶导数获得。

生长最大值是指林分生长所能达到的林分蓄积生长的最大值。

平均生长量、连年生长量、生长最大值计算公式如下：

$$\bar{x} = \frac{\hat{V}}{A}$$

$$x' = V'$$

$$K = a$$

式中，$\bar{x}$ 为林分平均生长量；x' 为林分连年生长量；K 为林分蓄积生长最大值；$\hat{V}$ 为林分公顷蓄积估计值；A 为林分年龄；V' 为林分生长模型的一阶导数；a 为逻辑斯谛模型参数。

4. 统计分析

本研究利用 SAS 9.4 软件对简约模型和完备模型参数进行拟合及检验，并利用 Excel 2017 软件对图表进行绘制。

7.4.2　生长模型化简

由表 7.12 的同质性检验（F 检验）可知，8 个模型的假设检验 F 值只有 2 异质参数模型 7.12 与 3 异质参数完备模型 7.10 差异不显著，说明模型 7.12 与模型 7.10 具有同质性，在描述不同立地类型的天然蒙古栎林林分生长过程较为相近，模型 7.12 较模型 7.10 少了一个参数 b，说明不同立地类型的天然蒙古栎林参数 b 差异不大，可以使用参数 a 和参数 c 来对比不同立地类型的天然蒙古栎林生长差异。

表 7.12　完备模型 7.10 同质性检验

模型	自由度	方差和	均方	F 值
7.10	160	65 597.0	503.1	—
7.11	163	66 687.0	509.1	5.60**
7.12	163	65 309.1	500.7	2.08
7.13	163	71 377.5	537.9	17.60**
7.14	166	69 887.1	521.0	6.89**
7.15	166	73 782.5	555.5	11.88**
7.16	166	73 063.9	550.1	10.96**
7.17	169	75 777.9	552.5	8.77**

注：表中的 F 检验均以模型 7.10 的 MSE 为分母项。**表示极显著相关（$P<0.01$）

为了进一步验证模型 7.12 的参数 a 与参数 c 在不同立地类型的天然蒙古栎林生长过程中是否存在差异，需要进一步对模型 7.12 进行同质性检验。如表 7.13 所示，1 异质参数模型 7.14、1 异质参数模型 7.16、0 异质参数模型 7.17 与模型 7.12 的 F 值检验存在极显著差异，因此模型 7.12 不适合进一步化简。

表 7.13　完备模型 7.12 同质性检验

模型	自由度	方差和	均方	F 值
7.12	163	65 309.1	500.7	—
7.14	166	69 887.1	521.0	11.64**
7.16	166	73 063.9	550.1	19.59**
7.17	169	75 777.9	552.5	12.03**

注：表中的 F 检验均以模型 7.10 的 MSE 为分母项。**表示极显著相关（$P<0.01$）

7.4.3　生长模型参数差异

本研究根据生长模型化简最终得出 2 异质参数模型 7.12 为描述不同立地类型天然蒙古栎林林分生长的最优模型，生长模型的 F 检验仅能说明不同立地类型天然蒙古栎林林分生长模型参数 a 与参数 c 至少有一对不相同，为了进一步验证不同立地类型的天然蒙古栎林林分生长模型参数 a 和参数 c 的差异，需要分别以不同立地类型为参考基准拟合模型，检验参考基准的立地类型与其他立地类型间模型参数 a 和参数 c 的差异，若置信区间包含 0 则说明两个模型参数差异不显著，若置信区间不包含 0 则说明两个模型参数差异显著。

以 IV 类立地类型的林分生长模型为参考基准，对模型 7.12 参数进行估计（表 7.14）。可以得出 IV 类立地类型的林分生长模型参数 a、b 和 c 分别为 202.9、

表 7.14　以 IV 类立地类型为参考的模型参数拟合

模型参数	估计值	置信区间	
		下限	上限
a	202.9	183.9	221.9
b	15.0545	9.9282	20.1808
c	0.0591	0.0487	0.0695
α_1	−23.8	−46.3	−1.3
α_2	−14.2	−38.0	9.6
α_3	23.3	−12.3	58.9
γ_1	0.0036	0.0007	0.0065
γ_2	0.0043	−0.0067	0.0153
γ_3	−0.0038	−0.0128	0.0052

注：α_1、α_2、α_3 分别为 IV 类相对于 I 类、II 类、III 类立地类型参数 a 的增量，如 α_1=IV 类−I 类；γ_1、γ_2、γ_3 分别为 IV 类相对于 I 类、II 类、III 类立地类型参数 c 的增量，如 γ_1=IV 类−I 类

15.0545 和 0.0591。Ⅳ类立地类型与Ⅰ类立地类型的参数 a 相差-23.8，α_1 置信区间范围在$-46.3 \sim -1.3$，因此Ⅳ类与Ⅰ类立地类型的参数 a 存在显著差异；Ⅳ类立地类型与Ⅰ类立地类型的参数 c 相差 0.0036，γ_1 置信区间在 0.0007 $\sim$ 0.0065，因此Ⅳ类与Ⅰ类立地类型的参数 c 存在显著差异。模型参数 α_2、α_3、γ_2、γ_3 置信区间均包含 0，因此Ⅳ类与Ⅱ类和Ⅲ类立地类型的参数 a、参数 c 差异不显著。

以Ⅲ类立地类型的林分生长模型为参考基准，对模型 7.12 参数进行估计（表 7.15）。可以得出Ⅲ类立地类型的林分生长模型参数 a、b 和 c 分别为 226.2、15.0545 和 0.0553。Ⅲ类立地类型与Ⅰ类立地类型的参数 a 相差-47.1，α_1 置信区间范围在$-69.2 \sim -25.0$，因此Ⅲ类与Ⅰ类立地类型的参数 a 存在显著差异；Ⅲ类立地类型与Ⅱ类立地类型的参数 a 相差-37.5，α_2 置信区间在$-61.0 \sim -14.0$，因此Ⅲ类与Ⅱ类立地类型的参数 a 存在显著差异；Ⅲ类立地类型与Ⅰ类立地类型的参数 c 相差 0.0074，γ_1 置信区间在 0.0006 $\sim$ 0.0142，因此Ⅲ类与Ⅰ类立地类型的参数 c 存在显著差异。模型参数 α_4、γ_2、γ_4 置信区间均包含 0，因此Ⅲ类与Ⅳ类立地类型的参数 a 差异不显著，Ⅲ类与Ⅱ类、Ⅳ类立地类型的参数 c 差异不显著。

表 7.15　以Ⅲ类立地类型为参考的模型参数拟合

模型参数	估计值	置信区间	
		下限	上限
a	226.2	207.5	244.9
b	15.0545	9.9282	20.1808
c	0.0553	0.056	0.0546
α_1	-47.1	-69.2	-25.0
α_2	-37.5	-61.0	-14.0
α_4	-23.3	-58.9	12.3
γ_1	0.0074	0.0006	0.0142
γ_2	0.0081	-0.0005	0.0168
γ_4	0.0038	-0.0052	0.0128

注：α_1、α_2、α_4 分别为Ⅲ类相对于Ⅰ类、Ⅱ类、Ⅳ类立地类型参数 a 的增量，如 $\alpha_1=$Ⅲ类$-$Ⅰ类；γ_1、γ_2、γ_4 分别为Ⅲ类相对于Ⅰ类、Ⅱ类、Ⅳ类立地类型参数 c 的增量，如 $\gamma_1=$Ⅲ类$-$Ⅰ类

以Ⅱ类立地类型的林分生长模型为参考基准，对模型 7.12 参数进行估计（表 7.16）。可以得出Ⅱ类立地类型的林分生长模型参数 a、b 和 c 分别为 188.7、15.0545 和 0.0635。Ⅱ类立地类型与Ⅲ类立地类型的参数 a 相差 37.5，α_3 置信区间范围在 14.0 $\sim$ 61.0，因此Ⅱ类与Ⅲ类立地类型的参数 a 存在显著差异。模型参数 α_1、α_4、γ_1、γ_3、γ_4 置信区间均包含 0，因此Ⅱ类与Ⅰ类、Ⅳ类立地类型的参数 a 差异不显著，与Ⅰ类、Ⅲ类、Ⅳ类立地类型的参数 c 差异不显著。

表 7.16　以Ⅱ类立地类型为参考的模型参数拟合

模型参数	估计值	置信区间	
		下限	上限
a	188.7	172.9	204.5
b	15.0545	9.9282	20.1808
c	0.0635	0.0528	0.0742
α_1	−9.6	−29.5	10.3
α_3	37.5	14.0	61.0
α_4	14.2	−9.6	38.0
γ_1	−0.0008	−0.0023	0.0007
γ_3	−0.0081	−0.0168	0.0005
γ_4	−0.0043	−0.0153	0.0067

注: α_1、α_3、α_4 分别为Ⅱ类相对于Ⅰ类、Ⅲ类、Ⅳ类立地类型参数 a 的增量,如 α_1=Ⅱ类−Ⅰ类;γ_1、γ_3、γ_4 分别为Ⅱ类相对于Ⅰ类、Ⅲ类、Ⅳ类立地类型参数 c 的增量,如 γ_1=Ⅱ类−Ⅰ类

以Ⅰ类立地类型的林分生长模型为参考基准,对模型 7.12 参数进行估计(表 7.17)。可以得出Ⅰ类立地类型的林分生长模型参数 a、b 和 c 分别为 179.1、15.0545 和 0.0627。Ⅰ类立地类型与Ⅲ类立地类型的参数 a 相差 47.1,α_3 置信区间范围在 25.0～69.2,因此Ⅰ类与Ⅲ类立地类型的参数 a 存在显著差异;Ⅰ类立地类型与Ⅳ类立地类型的参数 a 相差 23.8,α_4 置信区间范围在 1.3～46.3,因此Ⅰ类与Ⅳ类立地类型的参数 a 存在显著差异;Ⅰ类与Ⅲ类立地类型的参数 c 相差−0.0074,γ_3 置信区间范围在−0.0142～−0.0006,因此Ⅰ类与Ⅲ类立地类型的参数 c 存在显著差异;Ⅰ类与Ⅳ类立地类型的参数 c 相差−0.0036,γ_4 置信区间范围在−0.0065～−0.0007,因此Ⅰ类与Ⅳ类立地类型的参数 c 存在显著差异。模型参数 α_2、γ_2 置信区间均包含 0,因此Ⅰ类与Ⅱ类立地类型的参数 a、参数 c 差异不显著。

表 7.17　以Ⅰ类立地类型为参考的模型参数拟合

模型参数	估计值	置信区间	
		下限	上限
a	179.1	166	192.2
b	15.0545	9.9282	20.1808
c	0.0627	0.0598	0.0656
α_2	9.6	−10.3	29.5
α_3	47.1	25.0	69.2
α_4	23.8	1.3	46.3
γ_2	0.0008	−0.0007	0.0023
γ_3	−0.0074	−0.0142	−0.0006
γ_4	−0.0036	−0.0065	−0.0007

注: α_2、α_3、α_4 分别为Ⅰ类相对于Ⅱ类、Ⅲ类、Ⅳ类立地类型参数 a 的增量,如 α_2=Ⅰ类−Ⅱ类;γ_2、γ_3、γ_4 分别为Ⅰ类相对于Ⅱ类、Ⅲ类、Ⅳ类立地类型参数 c 的增量,如 γ_2=Ⅰ类−Ⅱ类

7.4.4 林分生长模型

本研究根据不同立地类型的林分生长模型参数的拟合结果，建立不同立地类型的林分生长模型：

$$\text{I 类：} V = \frac{179.1}{1 + 15.0545 \times e^{-0.0627A}}$$

$$\text{II 类：} V = \frac{188.7}{1 + 15.0545 \times e^{-0.0635A}}$$

$$\text{III 类：} V = \frac{226.2}{1 + 15.0545 \times e^{-0.0553A}}$$

$$\text{IV 类：} V = \frac{202.9}{1 + 15.0545 \times e^{-0.0591A}}$$

以林分的年龄为横坐标，以林分生长模型预估的不同立地类型的林分公顷蓄积为纵坐标，绘制不同立地类型的林分生长模型曲线（图 7.4）。可以看出不同立地类型的林分在幼龄林期间（0~40 年），公顷蓄积差异不大；在中龄林期间（40~60 年），公顷蓄积差异逐渐变大；在近熟林期间（60~80 年），公顷蓄积差异最大；到成熟林以后公顷蓄积差异逐渐平稳。

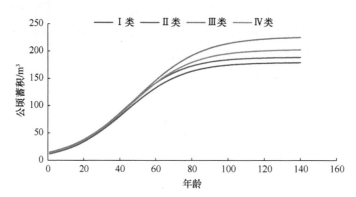

图 7.4　不同立地类型的林分生长模型曲线图

7.4.5 林分生长量

材积连年生长量峰值出现一般比材积平均生长量峰值出现早。单位面积上每年材积生产数量最多时期的年龄是林木材积平均生长量最大的时期，即数量成熟龄，此时采伐效益最大。

对 I 类、II 类、III 类、IV 类立地类型的林分平均生长量与连年生长量曲线进行绘制可以看出，4 个立地类型的林分平均生长量与连年生长量曲线差异较大（图 7.5）。4 个立地类型中，Ⅱ类立地类型最早达到数量成熟龄，年龄为 58 年，平均生长量 2.3562m³/hm²；Ⅰ类立地类型达到数量成熟龄的年龄为 59 年，平均生长量 2.2118m³/hm²；Ⅳ类立地类型达到数量成熟龄的年龄为 63 年，平均生长量 2.3618m³/hm²；Ⅲ类立地类型达到数量成熟龄的年龄为 67 年，平均生长量 2.4638m³/hm²。

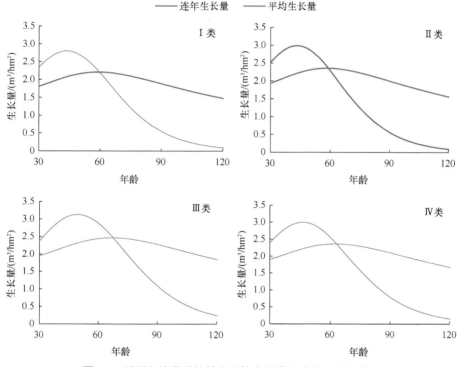

图 7.5　不同立地类型的林分平均生长量与连年生长量曲线

　　林分蓄积随年龄增加而增长的数量关系到森林收获量,直接反映林地生产力。由图 7.6 可以看出，4 类立地类型的连年生长量都是先增长后下降，Ⅰ类立地类型的连年生长量达到最大值的年龄是 44 年，最大蓄积连年生长量为 2.8070m³/hm²；Ⅱ类立地类型的连年生长量达到最大值的年龄是 43 年，最大蓄积连年生长量为 2.9905m³/hm²；Ⅲ类立地类型的连年生长量达到最大值的年龄是 50 年，最大蓄积连年生长量为 3.1265m³/hm²；Ⅳ类立地类型的连年生长量达到最大值的年龄是 46 年，最大蓄积连年生长量为 2.9972m³/hm²。在连年生长量达到最大值前，蓄积连年生长量Ⅱ类＞Ⅲ类＞Ⅳ类＞Ⅰ类；在连年生长量达到最大值后，蓄积连年生长量Ⅲ类＞Ⅳ类＞Ⅱ类＞Ⅰ类，其中Ⅰ类和Ⅱ类立地类型的蓄积连年生长量相差不大，与Ⅲ类和Ⅳ类的蓄积连年生长量相差较大。

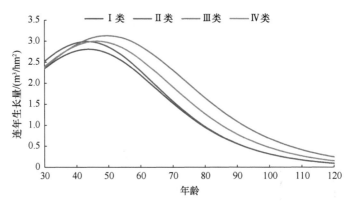

图 7.6 不同立地类型的连年生长量曲线图

由图 7.7 可以看出，平均生长量在达到最大值前，Ⅱ类、Ⅲ类、Ⅳ类立地类型的平均生长量差异不大，与Ⅰ类立地类型的平均生长量差异较大；平均生长量在达到最大值后，4 种立地类型的平均生长量开始出现明显差异，不同立地类型的平均生长量Ⅲ类＞Ⅳ类＞Ⅱ类＞Ⅰ类。

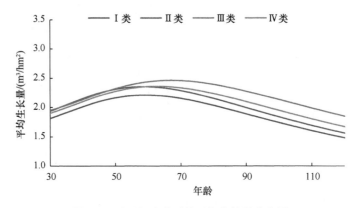

图 7.7 不同立地类型的平均生长量曲线图

7.4.6 林分生长期

Ⅰ类、Ⅱ类、Ⅲ类、Ⅳ类立地类型林分生长速生期分别为 22～65 年、22～65 年、25～73 年和 25～68 年，持续时间分别为 52 年、52 年、58 年、55 年（表 7.18），生长期多处于林分幼龄林后期、中龄林和近熟林前期，Ⅲ类立地类型的持续时间、连年生长量平均值和连年生长量最大值均比其他 3 个立地类型高。

7.4.7 立地类型分布

森林资源管理"一张图"是进行林地、林木管理和林地审批等工作的重要

表 7.18 不同立地类型天然蒙古栎林林分生长期

立地类型	开始年龄/年	截止年龄/年	持续时间/年	连年生长量平均值/m³	连年生长量最大值/m³
Ⅰ类	22	65	43	2.5566	2.8070
Ⅱ类	22	65	43	2.6000	2.9905
Ⅲ类	25	73	48	2.7089	3.1265
Ⅳ类	25	68	43	2.6221	2.9972

依据,对重大项目建设占用林地、森林覆盖率、公益林管理等有重大影响,也能为造林绿化、森林抚育、森林病虫害等森林经营活动提供极大的便利。天然蒙古栎林立地类型划分可以具体到各县市(区)、林业局的具体小班,为各林业局的生产经营提供可靠依据。通过分析蒙古栎林分布可知,蒙古栎林主要分布在东部山区的延边地区,所占比例高达 68%。蒙古栎林Ⅰ类、Ⅱ类、Ⅲ类、Ⅳ类立地类型占比分别为 19.29%、33.92%、39.74%、7.04%。通过分析蒙古栎林的立地类型分布数据可知,Ⅲ类立地类型与Ⅳ类立地类型面积之和占 4 个立地类型总面积比例超过 60%的县市有磐石市、舒兰市、临江市 3 个县市,说明这 3 个县市最适合天然蒙古栎林的生长,Ⅰ类立地类型与Ⅱ类立地类型面积之和比例超过 60%的县市有和龙市、龙井市、图们市、辉南县、白山市 5 个县市,说明这 5 个县市立地条件不利于天然蒙古栎林的生长,需要采取抚育间伐、营造混交林、更换树种等经营措施来提高林地生产力。

7.4.8 小结与讨论

(1)不同立地类型天然蒙古栎林林分 3 异质参数完备模型 7.10 经过化简后,仅 2 异质参数模型 7.12 与模型 7.10 的参数同质性检验结果差异不显著,模型 7.12 进一步化简的 1 异质参数模型 7.14 和模型 7.16 及 0 异质参数模型 7.17 的参数同质性检验结果均达到显著水平,因此模型 7.12 为最优化简模型,该模型在不同立地类型间参数 a 和参数 c 存在显著差异,参数 b 差异不显著。

(2)分别以Ⅳ类立地类型、Ⅲ类立地类型、Ⅱ类立地类型、Ⅰ类立地类型林分生长模型为参考基准,对比不同立地类型的蒙古栎林生长模型参数差异,不同立地类型间模型 7.12 参数 a 和参数 c 差异较大。Ⅳ类立地类型与Ⅰ类立地类型林分生长模型参数 a 差异显著,与Ⅱ类、Ⅲ类立地类型林分生长模型参数 a 差异不显著;Ⅲ类立地类型与Ⅰ类、Ⅱ类立地类型林分生长模型参数 a 差异显著,与Ⅳ类立地类型林分生长模型参数 a 差异不显著;Ⅱ类立地类型与Ⅲ类立地类型林分生长模型参数 a 差异显著,与Ⅰ类、Ⅳ类立地类型林分生长模型参数 a 差异不显著;Ⅰ类立地类型与Ⅲ类、Ⅳ类立地类型林分生长模型参数 a 差异显著,与Ⅱ类立地类型林分生长模型参数 a 差异不显著。

（3）Ⅳ类立地类型与Ⅰ类立地类型林分生长模型参数 c 的差异显著，与Ⅱ类、Ⅲ类立地类型林分生长模型参数 c 差异不显著；Ⅲ类立地类型与Ⅰ类立地类型林分生长模型参数 c 差异显著，与Ⅱ类、Ⅳ类立地类型林分生长模型参数 c 差异不显著；Ⅱ类立地类型与Ⅰ类、Ⅲ类、Ⅳ类立地类型林分生长模型参数 c 差异均不显著；Ⅰ类立地类型与Ⅲ类、Ⅳ类立地类型林分生长模型参数 c 差异显著，与Ⅱ类立地类型林分生长模型参数 c 差异不显著。

（4）Ⅰ类、Ⅱ类、Ⅲ类、Ⅳ类立地类型林分生长模型参数 a 分别为179.1、188.7、226.2和202.9，参数 b 为15.0545，参数 c 分别为0.0627、0.0635、0.0553、0.0591。

（5）对比不同立地类型的林分平均生长量与连年生长量曲线图可知，Ⅰ类、Ⅱ类、Ⅲ类、Ⅳ类立地类型达到数量成熟龄的年龄分别是59年、58年、67年、63年，蓄积平均生长量分别为2.2118m³/hm²、2.3562m³/hm²、2.4638m³/hm²、2.3618m³/hm²。对比4类立地类型的林分连年生长量，Ⅰ类、Ⅱ类、Ⅲ类、Ⅳ类立地类型的连年生长量达到最大值的年龄分别为44年、43年、50年、46年，最大蓄积连年生长量分别为2.8070m³/hm²、2.9905m³/hm²、3.1265m³/hm²、2.9972m³/hm²。4个立地类型的蓄积生长最大值由大到小分别为Ⅲ类（226.2m³/hm²）、Ⅳ类（202.9m³/hm²）、Ⅱ类（188.7m³/hm²）、Ⅰ类（179.1m³/hm²），因此，Ⅲ类立地类型最适合天然蒙古栎林的生长，4种不同立地类型下林分生长Ⅲ类最优，其次依次为Ⅳ类、Ⅱ类、Ⅰ类。

7.4.9 讨论

1. 立地因子

森林立地因子是构成森林立地环境的综合因子，能够影响森林的林分结构及林木生长，立地因子主要包括气候、地貌、土壤、生物、水文、植被及其他生物因子等多种物理环境因子（Wang et al.，2022；孙喆，2021）。立地因子直接影响林木的生长。由于不同林木对不同立地因子的适应性不同，研究对比不同立地因子对林木生长的影响是划分林地质量高低的重要依据（闫烨琛，2020）。林分的生长包括林分中林木各器官的生长，常用的生长指标包括林木树干、树枝、树叶、树皮、树根的生长量，在生态方面一般用林分生物量来评价林分的生长，林分的生长会受到多种因素的影响。

长白山区各立地因子对立地类型划分的影响顺序为坡向＞坡位＞坡度＞土层厚度＞海拔＞腐殖质厚度，这与万小亮（2019）研究的辽东地区蒙古栎天然次生林立地因子对林木生长影响效应由大到小依次是坡度＞坡向＞坡位＞土层A层厚度的结果基本一致，不同点在于长白山区蒙古栎林主导因子是坡向，辽东地区蒙古栎林主导因子是坡度，说明不同地区蒙古栎生长立地主导因子有所区别，因此研究不同地区的立地因子对天然蒙古栎林生长的影响,可以做到适地适树。最适合天然蒙古栎林生长的立地条件是Ⅲ类,该立地类型多为阳坡或半阳坡、上坡、斜坡、中土,这与蒙古栎林的生长习性相吻合,蒙古栎喜光,阳坡接收的光照较多,更适合蒙古栎的生长,上坡和斜坡也更有利于蒙古栎接收更多光照,且蒙古栎根系发达,更适合在较厚的土壤中扎根。

Lu 等(2020)采用系统聚类分析法和典型相关分析法对云南南部尾巨桉人工林林分生长的立地因子进行了分析,结果表明,坡位、海拔和土层厚度是影响林分生长变化的主要因子。海拔较低、红土层较厚、风化程度较深的低坡位人工林生长最好。王珮璇等(2022)分析了不同海拔、坡度对土壤特性的影响,进而得出低海拔、低坡度、南坡的立地最适合桉树人工林的生长。张中惠等(2022)研究不同立地因子对华北落叶松单木树高的影响,结果表明,海拔是影响树高生长的主要因子,其次是坡向和坡度。张冬燕等(2019)采用因子分析法和聚类分析法,最终确定影响落叶松人工林冠幅的主要立地因子是海拔、坡度、坡向,并构建了海拔和冠幅的预测模型。龙鹏等(2019)以棕榈的树高、叶片、棕柄、棕片生长量为标准,研究不同立地条件对棕榈树生长的影响,结果表明,海拔与棕榈树产量指标呈反比,阳坡、坡下、山谷、低海拔下的棕榈树各指标产量最高。袁锋等(2021)采用生物量估算系数与立地因子间构建函数关系的方法分析不同立地因子对马尾松生物量估算系数的影响,结果表明,坡度和海拔与马尾松生物量具有较强的相关性,会对马尾松的光合作用时长、吸收水分的多少产生一定的影响,影响植物有机质的合成,从而导致生物量不同;生物量估算系数以海拔 485.7m 为峰值,呈现先增加后降低的趋势。黄冬等(2015)以平均地径、平均株高和总生物量为指标评价了不同立地因子对热区坡柳生长的影响程度,结果表明,低海拔、下坡位、阴坡的热区坡柳 3 项指标值最大,最适合坡柳的生长。

2. 数量成熟与生产力

不同气候区的天然蒙古栎林生产力不同,辽宁地区的天然蒙古栎林生产力要高于吉林地区的天然蒙古栎林生产力,因此研究不同地区的蒙古栎林生产力,对不同地区的林业生产经营具有重要的指导意义。长白山区 3 种天然阔叶林分生长规律中,蒙古栎纯林数量成熟龄为 64 年,辽宁东部地区的蒙古栎数量成熟龄为 50 年,这是因为蒙古栎的立地条件有所差异,辽东地区与长白山区的气候、土壤、地形等因子存在较大差异。不同立地类型的林分生长期有所差别,速生期范围在 22～73 年,处于林分幼龄林后期、中龄林和近熟林前期。因此,要在林分进入生长期前进行森林抚育,在不同立地类型天然蒙古栎林达到数量成熟龄时做好林木采伐及造林更新工作。

3. 土壤类型与栎林生长

虽然栎林在吉林省境内分布较广，但在分布区内的许多土类上却没有栎林存在。其原因有的是由于该土类所在地区的气候条件不适于栎林生长；有的则是由于该土类的某些土壤特性不宜栎林生长。例如，栎林分布区内的沼泽土和草甸土上就很少见蒙古栎的存在，过分的水湿条件是造成这两种土类上没有栎林分布的主要因素。虽然该土常受淤积之惠，肥力较高，但由于湿度过大，土壤中的养分不能为栎林所利用，故林分生产力普遍很低，地位级均在Ⅳ级以下。但蒙古栎不仅能在这类土壤上出现，还能发育成林，这就给了人们一个重要的启示，即栎林不仅能耐干燥瘠薄的土壤，且也有一定的耐湿能力。吉林省林区的绝大多数栎林生长在白浆土和暗棕色森林土上。分布在白浆土上的栎林，因其具有紧实的B层而使林木生长不佳。但凡条件好者，如属于腐殖质层较厚（20cm以上）的台地白浆土亚类上的林分，其郁闭度0.88，年龄为Ⅴ龄级，公顷蓄积高达200m³，可与生产力高的暗棕壤上的林分相媲美。但这类林分一般都镶嵌在山杨林、阔叶混交林等其他类型之中，林分面积很小。暗棕壤上的栎林，由于具体地段的不同，林分生产力相差悬殊。人们经常可以见到蒙古栎纯林在其他乔木树种难以立足的阳向陡坡或山脊处有分布，林分生产力很低。这是栎林对极端生境条件抗性强的表现，绝非栎林喜生于干旱瘠薄的薄层暗棕壤上，其实栎林非常喜生于比较湿润的中厚层暗棕壤上。

4. 土层厚度与栎林生长

蒙古栎属深根性树种。然而栎林的根系多密集于土壤表层。0～15cm土层内的根系占总根系的60%～80%，16～30cm土层内的根系占15%～30%。30cm以下根系分布明显减少，达50cm时分布很少，个别林分内几无根系分布。出现这种情况的原因有二：其一，说明蒙古栎林的根系有一定的向肥性。据所收集到的资料，栎林下的A层普遍较薄，一般多在10cm以下，超过15cm者很少。分布在陡坡或山峭处林下的土壤，腐殖质厚度仅有5～7cm，其根系多分布在0～10cm，稍大于A层的厚度，以获得所需要的养分。其二，说明B层结构紧实，根系不易穿伸。根系进入此层后，不但数量有所减少，且根系突然变细，主根形成明显的锥形。特别是白浆土上的栎林，表现尤为明显，A层以下根系很少。例如，敦化市秋梨沟白浆土上的栎林，土层厚度（A+B层）148cm，40年生的蒙古栎根径17.2cm，其主根的垂直深度仅有53cm，这表明白浆土上栎林根系的分布与土层厚度关系不大，即白浆土土层的厚薄对栎林的生长影响较小，而与其中的A层厚度却密切相关，A层厚者，根量大，林木生长亦好。然而现实林分中也有例外，在我们调查过的土壤剖面中曾见有林木根系在B层中分布很少，几无根，但当主根穿过B层达母岩（C 层）时，须根又突然增多，表明栎林根系也可在 C 层中吸取养分以满足其生长发育的需要。对于此种情况则应另当别论。暗棕壤则不同，在一般情况下，栎林生长与土层厚度呈正相关，如果以横坐标表示土层厚度，以纵坐标表示地位级，其地位级随土层厚度的增加呈阶梯式上升，特别是在腐殖质层较薄的林地上，B 层厚度大小与林木生长显著相关，这主要是由于 A 层薄，林木不得不更多地靠 B 层补偿所需营养物质的缘故。反之，当土层厚度达 80~100cm 时，对于30~50 年生的次生林来说，这个厚度基本上就可以满足栎林对土壤空间的要求，如果土层厚度再大，似乎对林木生长作用不大。

5. 土壤质地与栎林生长

栎林对土壤质地的适应范围较广，从轻沙壤到轻黏壤不同质地的土壤上均有分布。质地为沙壤的林地，原多为荒山荒地和旧采伐迹地，因反复破坏，水土流失严重，森林土壤所特有的枯落物层、腐殖质层以至淀积层已经消失，表土多为母质层，碎石砾较多，水热条件低劣，很少有其他树种存在，多为稀疏的栎林所占据，林分生产力很低。暗棕壤中表层（0~30cm）质地为轻壤和轻黏壤的两种土壤相比，在其他因素相近的情况下，前者由于土壤疏松，通透性良好，栎林生长较后者好。A 层厚度在 12cm 左右的情况下，质地为轻壤的栎林生产力稍高，为Ⅱ~Ⅲ地位级，轻黏壤为Ⅱ~Ⅳ地位级。此外，对土壤含石量的分析发现，土类为暗棕壤的林分，栎林生长与土壤含石量具有一定关系。

6. 土壤水分与栎林生长

栎林对土壤水分要求严苛，一般林地湿度大，地下水位较高，排水不良和有季节性积水的地段很少有栎林分布。相反，对干燥的土壤条件都能适应，且分布较多。这是蒙古栎适应性强、能耐干旱的象征。综观栎林对土壤水分条件的适应范围，为由湿到干，属于重湿的极少，其最佳的土壤湿度应该是湿润。在其他生态因子水平相近的情况下，土壤湿润的林分生长量均高于其他湿度级的林分，特别是地处阴坡、土壤比较湿润的林分，不仅生长量高且树体高大，能育成良材。凡属此类林分的原生林类型，均属长白山林区地带性森林植被——阔叶红松林，林地的生产力本来就高，且由于破坏年代不久，土壤未遭到严重破坏，其新生产力高也是必然的。例如，吉林省林业调查规划院于吉林森工临江林业有限公司红土山林场所测得的这类栎林资料，150 年生林分平均树高为 20.5m，最大树高可达 23m。

Nie 等（2019）采用冗余分析法评估了亚热带山地松林林下植被生物量与土壤性质、坡度和海拔之间的相互关系，结果表明，地形（坡度和海拔）和土壤性质共同贡献了林下生物量变化的 58.7%，它们各自的贡献分别为 17.3%和 41.4%。土壤性质是影响亚热带松林林下植被生物量的最主要因素，控制林下土壤侵蚀对中国亚热带山地松林地保护至关重要。Świątek 和 Pietrzykowski（2021）研究了土壤化学性质对樟子松、垂枝桦、落叶松 3 个树种细根生物量的影响，结果表明，垂枝桦的细根生物量较高，细根的生物量会随土壤 pH 的升高而增加，影响植物生物量的主要因素是土壤中镁和碳的含量。Shen 等（2014）通过对比幼树与大树的直径相对生长速率与土壤环境因素的相关程度来评估土壤因子对林木生长不同时期的影响，结果表明，幼树的直径相对生长速率与土壤环境相关性的 R^2 为 0.55，大树的直径相对生长速率与土壤环境的相关性 R^2 为 0.95，因此土壤环境对大树的直径相对生长速率影响要高于幼树。Powers 和 Peréz-Aviles（2013）分析了土壤肥力对哥斯达黎加热带森林细根生物量的影响，结果表明，细根与土壤肥力多元指数及其他土壤变量（包括 pH、粉粒、钙、镁、氮和磷）呈负相关。因此，土壤肥力是影响细根生长的主要因素，灌水和施氮能够有效提高毛白杨的蓄积生长量。晏姝等（2021）分析了不同立地因子对杉木材积生长率的影响，结果表明，增加土壤有机质含量可以有效改良土壤，有利于杉木根系的生长。王其桁（2021）分析了湿地松林分胸径、树高、蓄积与立地因子之间的关系，认为土壤厚度是影响湿地松胸径和材积生长的主要立地因子。

7.5 蒙古栎次生林经营措施

7.5.1 改培大径材

我国大径材定向培育起步相对较晚，大径材人工培育的相关技术正在探索中。而现在随着各国对大径级木材产品需求的增长，大径级用材资源已成为重要战略资源，我国从木材战略储备的高度出发，作出了加快大径级用材林人工培育的战略部署。蒙古栎大径材的研究刚刚起步，还未有成型技术的报道，可以尝试在天然林中划定改培林分，通过密度控制、立地控制、修枝等技术研究，调整林木密度和林分空间结构，并将其设置为固定样地，开展长期观测与评价，根据改培效果探索培育大径材的模式并建立示范区。

1. 抚育间伐

蒙古栎次生林密度很大，郁闭后完全依靠自然稀疏，生长缓慢，严重影响了林地生产力和优质木材的生产。由于多数该类型林分生长状况差、林分蓄积量低，在过去的森林经营中并没有得到足够的重视。当前随着木材需求的不断增长及可采伐森林资源的日益减少，迫切需要提出林分结构优化和木材生产能力高效的栎类次生林经营方案。抚育间伐是人为主动促进森林生长的主要营林技术措施，合理的抚育间伐可以改善林冠层的营养空间，减少林木之间的竞争，充分发挥林地生产力, 促进林木生长, 更能够改变林分结构和林下植被生态演替。研究抚育间伐对森林生态系统的综合效应对于实现森林可持续经营管理具有重要的理论和实践意义。抚育间伐对林分的生长、结构、生物多样性、天然更新、生态服务功能等的影响一直是森林经营研究领域的热点问题。间伐对林分生长状况的综合效应取决于因生长空间的扩大出现的增长效应和因伐去一些林木产生的损失效应, 且与间伐开始期、间伐强度、间伐方式、间伐间隔期等密切相关。有关抚育间伐对林分生长状况影响的研究已有较多, 但多数研究周期较短, 缺少长期影响研究, 极少有关于两种始伐龄级效果差异的研究 (尤文忠等, 2015)。

2. 抚育间伐方法

由于抚育对象是同龄单层萌生蒙古栎次生林, 所以采取下层抚育法。在选择砍伐木前确定林木的生长级和干形级, 依照寺崎分级法将生长级和干形级分为Ⅰ、Ⅱ、Ⅲ、Ⅳ和Ⅴ共5级。两组试验区内均设轻度、中度和强度3种强度的抚育间伐区, 3种强度间伐区依照如下方案实施。

轻度间伐: 伐除所有生长级和干形级的Ⅴ级木及一部分Ⅳ级木, 生长级虽为Ⅰ、Ⅱ、Ⅲ级, 但干形级为Ⅴ级, 在伐后不会出现较大林窗的情况下也一并采伐, 间伐掉总株数的25%~30%, 林分郁闭度在0.7~0.8。

中度间伐: 伐除所有Ⅴ级木、大部分Ⅳ级木和部分Ⅲ级木及干形级为Ⅴ级和生长级为Ⅰ、Ⅱ级的林木, 间伐掉总株数的35%~40%, 林分郁闭度在0.6~0.7。

强度间伐: 伐除所有Ⅳ、Ⅴ级木及大部分Ⅲ级木与少量干形级和生长级均为Ⅰ、Ⅱ级的林木, 间伐掉总株数的45%~50%, 林分郁闭度在0.5~0.6 (尤文忠等, 2015)。

3. 抚育间伐效果

1) 林分生长与抚育间伐

不同的抚育间伐措施会对林分生长和林分结构产生不同的影响。对于幼龄林而言, 间伐后随着林木生长, 各间伐的林分平均胸径及定期生长量相对于对照均有极显著增加。轻度、中度、强度间伐后8年分别比对照区的林木胸径大2.1cm、1.3cm和2cm, 间伐明显促进了林木胸径的增长; 强度间伐单木胸径与轻度、中度间伐之间均没有显著差异, 而轻度与中度间伐胸径的差异较显著; 轻度和强度间伐林分平均胸径及定期生长量在伐后6年明显高于中度间伐, 幼龄林轻度间伐更有利于林分胸径的生长; 各间伐蓄积定期生长量累计量及定期生长量和对照相比没有显著增加, 各间伐之间的单木材积也均没有显著差异, 抚育间伐对蓄积生长没有明显的促进作用; 各间伐和对照林分胸径分布均呈左偏单峰山形, 较正态分布尖峭, 林分仍然以小径阶树木为主, 而大径阶树木偏少。对于中龄林而言,间伐后强度间伐林分平均胸径及定期生长量和对照相比随着林龄的增加有显著增加，而轻度、中度间伐和对照相比则均没有显著增加，伐后 26 年轻度、中度、强度间伐胸径分别比对照大 0.3cm、1.7cm 和 5.1cm，抚育间伐也明显促进了林分胸径的生长；强度间伐单木胸径与轻度、中度间伐之间存在极显著差异，轻度和中度间伐胸径之间也存在显著差异，并且强度间伐林分平均胸径及定期生长量要高于轻度和中度间伐，抚育间伐对胸径生长的促进作用随着间伐强度的增大而增大；轻度和强度间伐蓄积定期生长量累计量及定期生长量相对于对照随着林木的生长有极显著和显著的增加，而中度间伐没有显著增加，强度间伐蓄积定期生长量累计量及定期生长量要高于轻度和中度间伐，抚育间伐明显增加了林分的蓄积积累，并且强度间伐最有利于增加林分蓄积。轻度和强度间伐区呈右偏单峰山形分布，较正态分布平坦，林分的大径阶树木占绝对优势，小径阶树木偏少，林分结构得以优化并且趋于稳定，而中度间伐和对照胸径分布呈左偏单峰山形分布，较正态分布尖峭。抚育间伐为蒙古栎次生林内的保留木创造了营养空间，加速了林分胸径和蓄积的生长进程，增加了大径阶林木株数，改善了林分结构，提高了林分质量（尤文忠等，2015；周建云等，2012）。

间伐改变了林分的密度、调整了林木之间的关系、改善了林分的生长环境，从而促进林分生长，密度是否合适直接影响林分生产力的提高和功能最大限度的发挥。由抚育间伐的综合效应可以得出，蒙古栎天然次生林幼龄阶段时采用轻度、中度、强度间伐均可，中龄时应进行强度间伐以加快蓄积的积累，间伐以每公顷保留 1600 株的密度为宜。蒙古栎次生幼龄林、中龄林抚育间伐试验结果表明，间伐短期内对林分蓄积量影响较小，随着年限的增加，对蓄积量的影响越明显。幼龄林各间伐蓄积定期生长量与对照相比表现出随年龄增长其差距减小的趋势，这是因为幼龄林林木正处于速生阶段，间伐后经过一段时间的生长，间伐与对照林冠郁闭度能够迅速增长，因此还需要针对幼龄林进行下一次抚育间伐，促进林木更快生长，实现高效、稳定、可持续的森林经营管理（尤文忠等，2015；周建云等，2012）。

2）林木枯损与抚育间伐

林分在自然生长过程中由于树冠扩展，林分郁闭度不断增加，使林木对营养空间造成竞争，必然会使一些林木由于营养空间不足、生长不良而枯损，从而使林木株数不断减少，形成自然稀疏。萌生蒙古栎常在伐根周围呈团聚状分布，因此树木生长在伐根周围团聚状的局部竞争更加明显，竞争的结果最终导致只有 1～2 株能良好生长。在保证林分正常生长的前提下，通过抚育间伐，调整林木株数，扩大保留木的营养空间，各间伐的枯损木累计株数均明显低于对照，尤其中龄林在间伐后 26 年枯损木株数仅相当于对照的 19.59%～38.14%，枯损木的产生明显减少，提高了林分的质量（尤文忠等，2015；周建云等，2012）。

7.5.2　生物质能源林培育

蒙古栎果实淀粉含量高，作为木本淀粉类能源植物，具有十分广阔的发展前景。但对于蒙古栎结实的机制尚不明确，大小年现象和虫害严重，因此需要摸清其开花结实规律和果实丰产调控机制。不同种源的蒙古栎种子其单果重、淀粉含量等方面存在显著差异，根据其为能源植物的特点，选出高产、大果、高淀粉含量的优良单株 10 株。经过连续几年的物候观测，掌握了当地蒙古栎开花、结实物候期及雌雄花形态特征；并且在天然林中选优树 100 株，为能源林发展储备优良遗传材料。对结实旺盛期典型蒙古栎林林分的研究结果表明，平均年龄为 30 年的蒙古栎林，林分平均密度为 1075 株，平均果实产量约 900kg/hm^2。

7.5.3　工业原料林培育

沙化较严重、林木稀疏、出现沙化坡面的柞蚕场，采取人工整枝、补植及封育等措施，定向培育工业原料林。

1. 培育价值

蒙古栎果实含淀粉较多，可用来制作橡子酒、酒精、淀粉、橡子油等，也可作为饲料。从柞树树皮、叶片、壳斗、橡实中提取的单宁，是制革工业、印染工业和渔业上所必需的材料。因此，柞树工业原料林培育前景广阔。

2. 技术措施

对现有柞树，采用去劣留优的办法，每墩保留一株生长健壮的树木，修去下部多余的枝杈，使其向上生长，柞树的适宜保留株数为 1110～1245 株/hm^2。如林木密度较大，可将多余树木伐除；如密度较稀，可适量补植麻栎苗木，以达到适宜密度。每年除进行封育管护外，有条件的林分可增施肥料。除施用氮、磷肥外，还应适量增施钾肥，其可减少降低虫害的发生，促进林木生长、提早结实。

目前我国林业生物质能源发展尚处于起步阶段，在工业原料基地建设、开发利用模式、保障措施等方面还没有成型的配套技术，制约其集约化、规模化开发利用。柞树作为优质的工业原料林树种，具有遗传品质稳定、抗逆性好、萌蘖性强、可提供多种工业原料等特点（连永刚，2019）。

7.5.4　菌材林培育技术

1. 培育价值

柞树是优质硬木，生产食用菌时，菌丝发生快、产出时间长，与杂料相比产量可增加 30%，质量可提高 20%，优势十分明显。天然林禁伐工程的实施，导致食用菌原料的急剧紧缺，大力发展菌材林优势明显。

2. 适宜条件

过度放养柞蚕而导致树势生长衰弱，使柞蚕场资源明显出现衰退趋势，萌发力差，局部地段沙石裸露，出现了沙化斑块的柞蚕场，可采用抚育、补植、确定合理轮伐周期等措施，定向培育菌材林。

3. 技术措施

对柞蚕场内的林木进行抚育复壮，每墩保留 3～4 株，密度控制在 1650～2505 墩/hm² 为宜。如林木过于稀疏，可适量补植苗木，每年要定期清除杂草、灌木，促进树木生长，定期轮伐。

菌材林的培育不仅可提供优质充足的食用菌原料，也可为市场提供多样化木材商品，更为农民提供了工作基地，促进农民增收，取得较大的社会效益。培育柞树菌材林对地区林业经济发展将起到巨大的推动作用（连永刚，2019）。

7.5.5 炭材林培育技术

1. 培育价值

柞木炭燃烧时间长、易点燃、污染小，用于室内去除甲醛、苯等有害物质，效果显著。并可用于冶金工业、二氧化硫生产、干燥剂等行业，并具有较高的医用价值。还可用作茶道炭，出口日本，产品供不应求。在烧炭过程中，制取的木酢液可替代化学农药，且无农药残留，现广泛应用于农业生产、林业育苗等领域。

2. 适宜条件

适用由于连年放养、虫害较重、树势渐弱、担蚕量较低、无放养价值且已呈现沙化迹象的柞蚕场。可采用修枝复壮、抚育管护、延长轮伐周期等措施，定向培育炭材林。

3. 技术措施

将蚕场内多余杂木伐除，柞树密度控制在 3300～4440 墩/hm²，每墩定植 2～3 株，并对保留的林木进行修枝整冠，促进树木生长。因柞树萌芽力强，早期生长迅速，为保证每墩定植株数，每年 5 月中旬后，要及时除去伐根处多余的萌条，以免影响树木养分供应。根据经营需求，确定 7～8 年为一个轮伐期，生产炭材，多余的枝杈还可用于菌材生产。

随着国民经济的发展，国内外对木炭的用量与日俱增，现有资源尚不能满足多种商品材的需要，因而利用柞蚕场定向培育炭材林，必将对炭材业发展具有十分重要的意义（连永刚，2019）。

7.6　蒙古栎林更新

森林更新是重要的生态学过程，是森林生态系统自我繁衍恢复的手段，对生态系统的稳定、森林群落结构的完善和生物多样性的提高有重要影响。木本植物的更新要经过种子产生、传播萌发到定居生长等生态学过程，受树种自身生物学特性、生物因子及生境条件和干扰等诸多因素的影响。幼苗是植被恢复演替过程的基础，相比于其他发育阶段较为脆弱，更易受环境变化的影响。幼苗更新通常决定了未来植被的种类组成和物种多样性的维持，从而影响着植被恢复。

种子植物的天然更新可通过种子更新和萌蘖更新两种方式实现。采取何种更新对策主要是由物种遗传特性和适应外界环境压力（生境和干扰机制）共同决定的。同时具有两种更新方式的物种在不同生境和干扰机制的影响下，有时以种子更新为主，有时以萌蘖更新为主，有时两种方式共存。两种更新方式各有优劣：种子更新能提高或维持种群的遗传多样性，具有适应不同环境的优越性，对种群进化十分重要；而萌蘖更新通过母株根系更有效地利用土壤中的水分和养分资源，在选择上有优势，被当作是种子更新困难物种的一种补充和适应，对群落的维持及稳定性具有重要意义。

幼苗作为森林植物个体发育中的一个重要阶段，是森林植物生活史周期中最脆弱、最敏感的时期。通过对植物幼苗期生长发育状况及生存特性的研究，有助于理解整个种群的生存、发展机制。植物生理生态特征是从生理机制上探讨植物与环境的关系，确定重要生态因子（如光照、温度、水分及营养元素等）对植物生长和分布的影响，以及植物对环境因子的适应性特征。研究表明，植物在生长过程中，其幼苗时期的一些生理变化更为显著。因此，比较不同更新方式幼苗的生长策略，对于理解森林植物在生长初期适应环境的机制、预测种群和群落发展趋势具有重要意义。目前的研究主要集中在不同树种幼苗在不同更新方式下的生理生态特性之间的比较，研究发现，萌蘖植物将获得的资源更多地贮存在根系中，非萌蘖植物则更多地用于有性生殖和营养生长。

在长期的自然和人为干扰下，很多阔叶红松林转变成以蒙古栎为优势树种的次生林，蒙古栎则依靠其种子更新和萌蘖更新形成较为丰富的林下幼苗、幼树库，以维持种群的持续发展。

7.6.1　蒙古栎更新与立地条件

　　森林天然更新是一个非常复杂和重要的生态学过程，整个更新进程受诸多因素的影响，如树种的生物学和生态学特性、环境因子、干扰等。通过统计结果和相关评价标准可以发现，吉林省蒙古栎林更新状况整体表现中等或良好，但从更新种类看，幼树所占比例较高，幼苗数量略显不足；从更新树种组成看较为丰富，以蒙古栎为主，略高于更新总量的1/3，榆树、槭树、椴树等树种的数量次之，水曲柳、胡桃楸、红松、落叶松等树种的数量更少，这可能与种源状况和更新树种对林分环境的需求有关。分析该群落类型更新组成、数量可预计蒙古栎群落的未来发展趋势：应在相当长的时期内相对稳定，演替为落叶阔叶林群落或针阔混交林群落的概率较低。

　　1. 光照与更新

　　种子的萌发和幼苗定居的关键是适宜的光照，而光照的变化又能引起林地微环境温度、湿度的变化，适宜的林内环境有利于树种的萌发、生长。坡向、坡位、坡度等立地因子的变化间接影响光、热、水等条件，进而影响更新的数量和质量。高郁闭度的林内光照条件差，不利于幼苗的发育和幼树生长，而中等郁闭的光照条件有利于蒙古栎更新。

　　2. 郁闭度与更新

　　蒙古栎林更新数量在林分发育初期和后期、林分密度介于 $400 \sim 800$ 株/hm^2 或郁闭度为 $0.60 \sim 0.69$ 时较高。根据不同林分状况更新树种组成可以看到，随着林分的发育，幼苗的种类有逐渐增加的趋势；中幼龄林阶段更新以蒙古栎和花曲柳为主，近成熟林阶段，春榆、槭树等树种明显增多，但从多度上看蒙古栎和花曲柳逐渐减少，而春榆、山荆子等逐渐增加；考察不同林分密度条件下林下更新状况可以发现，中等林分密度下更新树种丰富度最大，树种种类则表现为随郁闭度的增大，从山楂、蒙古栎占优势转变为以春榆、糠椴等成为优势种（郑金萍等，2015）。

　　3. 地形条件与更新

　　不同坡向的太阳辐射强度和日照时间不同，使林分内的水、热状况和土壤理化特性有较大差异，进而导致更新种类及其数量发生较大变化。通过对调查数据的进一步整理发现：在山坡中上部、半阳坡或半阴坡林下更新数量较高，主要更新树种为蒙古栎和花曲柳，这与两个树种皆为喜光、耐干旱的树种，适生于光照充足、排水良好的立地条件和种源相对丰富密切相关。以往的研究也发现，蒙古栎单株或成林主要分布于山坡的中上部，而半阳坡和阳坡的中上部为花曲柳的天然集中分布区。从不同坡度级更新树种及其多度来看，蒙古栎有随坡度级的增大而增加的趋势，但坡向影响不大。蒙古栎林下总更新数量随坡度的变化表现为平坡＜缓坡＜斜坡＜陡坡，一般规律是平坡土壤肥力、水分状况最为优越，更新表现最好，但由于蒙古栎其竞争能力的原因，在良好立地条件下很难成林，同时人为干扰活动较为频繁，对幼苗、幼树的破坏较大，从而影响更新；缓坡、斜坡条件下蒙古栎树种则表现出较其他树种更强的竞争能力，并且人为活动也受到一定程度的制约，因此林下更新随之增强；在陡坡以上条件下，蒙古栎适生、竞争能力强的特点表现得尤为突出，现有蒙古栎林多分布在该立地条件下，因此本研究与陡坡蒙古栎林更新最好的研究结果相吻合（郑金萍等，2015）。

7.6.2　蒙古栎种子更新

蒙古栎对环境适应能力强，具有优良的抗寒能力，耐干旱、耐瘠薄，对土壤条件的要求并不严格（贾红波和咸锋，2021）。蒙古栎是中国东北林区次生林的重要组成树种，也是营造防风林、防火林、水源涵养林的主要优质树种（韩金生等，2019），具有极高的生态价值与经济价值。由于对栎类资源价值的认知不够，栎林管理粗放、树木生长情况较差、出材率低，特别是在一些地区居民砍伐树木作为薪材进行燃烧，人为干扰破坏严重，影响了蒙古栎林林分的正常生长与更新。同时，国内对蒙古栎其他方面的价值处于开发利用的初级阶段，未来发展潜力巨大。蒙古栎林作为辽宁地区次生林的重要组成部分，由于现阶段缺乏科学的、细致的经营管理，加之蒙古栎较强的萌蘖性，现存的林大多数是萌生林，虽然前期具有能迅速生长、与实生苗相比成活率高等优势，但萌生林树木主干低矮，树干较细，树心容易腐烂，只能作为下等木材利用。萌生林还有寿命短等缺点，速生后便进入长期的衰退，不利于生态系统长期稳定的发展。

天然更新是森林自然繁衍的主要手段，是群落演替的重要因子。乔木幼苗更新对群落的结构优化及森林的可持续发展起着至关重要的作用（魏玉龙和张秋良，2020）。中密度的实生更新苗最多，且不同林分密度下幼苗数量随苗高增长而减少。在高林分密度下林内种子丰富，但光照情况不如中密度。低密度下幼苗严重受到其他林下植被竞争，叶片大而薄，比叶面积最大，幼苗更新情况最差。

中密度与高密度下幼苗生长情况比较相似，但低密度下的蒙古栎幼苗由于受到竞争，在生长季主要进行高生长，径向生长迟缓。因此，在高密度下更新苗无法得到充足的阳光，在低密度下，其他林下植物的竞争导致了更新苗无法正常生长更新，存活率低。中密度（720 株/hm²）既为实生苗更新提供了足够的种子，又给更新苗的生长提供了一定的林下空间，更有利于蒙古栎次生林的持续发展。

相同林分密度下的实生更新苗的数量随苗高等级的增加而不断减少，等级Ⅲ的更新苗在 3 种林分密度下数量均最多，分别为 192 株、285 株、139 株，远远超过其他苗高等级。不同林分密度下更新苗的数量差异较大，更新苗在中密度下更新数量明显好于其他密度。并且仅在中密度下出现了 3 株苗高等级Ⅰ的幼苗。不同林分密度之间，更新苗的苗高无明显差异。中密度下更新苗地径最大，为 0.25cm。将同一苗高等级的更新苗进行统计，比较地径的差异，发现在中密度与高密度下苗高等级Ⅲ的幼苗地径无显著差异，约为 0.21cm。苗高等级Ⅱ幼苗的地径在中密度下最大，为 0.48cm。苗高等级Ⅰ的幼苗仅在中密度下出现，平均地径为 0.64cm。在中密度下更新苗的生长情况最好。低密度下更新苗存活率最低，仅为 50%，比叶面积最大，为 8.98cm²/g。与其他林下植物产生了明显的竞争作用。更新苗的含水率在 3 种密度下无显著差异，低密度下幼苗含水率最高，为 57.7%，高密度下幼苗含水率最低，为 56.4%。林分密度对幼苗的影响主要体现在对光资源的分配。对幼苗获取水资源影响不显著。低密度下更新苗的生长受草本植物的抑制，为争夺光资源，更新苗在生长季主要进行高生长，幼苗平均高生长量为 1.73cm，径向生长缓慢。高径比变化小，苗木质量较差。中密度下林木径向生长迅速，地径增长量为 0.47cm。高径比变化最大，苗木质量提升明显（樊后保等，1996；徐晶等，2022）。

7.6.3　蒙古栎萌蘖更新

蒙古栎萌芽力很强，40 年为其高峰，持续到 300 年后，仍具萌蘖力。因此，萌蘖更新对蒙古栎种群的存在和发展起着重要作用。一般来说，蒙古栎的萌蘖有 3 种方式：①伐根萌芽。蒙古栎在秋季皆伐后，一般翌年春天就开始由伐根发出萌条。多呈束状生长，每束七八株不等，也有单根生长者。皆伐后，由于充足的光照，伐根得到旺盛的营养供给。萌条大都生长良好，二年生萌条最高可达 2.1m，根茎 2.5cm。间伐和择伐林分，伐根上萌条则较少，且生长较差。②枯立木根茎萌芽。在自然状态下，栎林下的萌条主要从树干已枯死、地径在 1.5～6.5cm 的幼树基部发出，生长普遍良好，一年生平均高 15.9cm。这样，在未进入主林层的幼树基部进行了下一代的更新。③活立木基部萌芽。林内活立木基部有萌条发生，但较少见，且生长极为不良，多呈枯萎状，鲜有成活。蒙古栎生长的立地条件一般较干燥，且有较厚的腐殖质和土层，为更新幼苗提供了良好的水分和养分供给，从而提高其存活率。

土层厚度对萌条的存活亦具重要作用。从枯立木基部发出的萌条，先期主要从仍具吸收能力的枯立木根系吸收养分和水分。但经过一定时期后，新萌条开始发出新根系。较厚的土层能满足萌条生长发育对养分、水分的需求，从而提高存活率。

7.6.4　种子更新与萌蘖更新对比

种子更新与萌蘖更新的蒙古栎幼苗在生物量积累、分配与叶形态上均存在差异。生物量分配是指个体水平上，生物量干物质在不同植物器官中的分配方式。植物通常用改变生物量分配策略，即控制地上部分与地下部分的投入比例以适应异质生境的影响。研究发现，树木幼苗生长和生物量分配在不同更新方式下存在较大差异，而且幼年期的萌生林木的生长速度大于实生林木。更新方式显著影响蒙古栎幼苗生物量的积累与分配：一年生萌生蒙古栎幼苗在叶重和茎重方面均较实生幼苗有增大趋势，表现出茎矮而粗的特征；而实生幼苗的叶质比、光合组织/非光合组织大于萌生幼苗，表现出茎细而高、根系粗而长的特征。这主要是因为两种更新方式幼苗的能量来源不同。萌生幼苗的能量来源包括：幼苗及母体叶片的光合产物和母体自身供应养分，即母体通过原有强大根系吸收土壤中的养分向幼苗提供养分。其中，母体自身的生长，能够源源不断地提供幼苗所需物质能量。而一年生实生蒙古栎幼苗生长的能量来源包括：幼苗当年生叶片的光合产物、非结构性碳水化合物等储存物质和大粒种子（百粒重 270.33g±13.28g）内储藏的能量，其中实生种子提供的维持幼苗新陈代谢的能量会不断消耗，研究表明栎类种子成熟脱落后很快萌发（3 周左右），并将子叶中的营养迅速地向根部转移，使幼苗的成活和生长不再绝对地依赖其子叶的营养，已经转移到主根的营养也足以维持幼苗的生命和继续生长。因此，实生幼苗一方面主要靠茎的高生长，最大限度地利用光资源进行光合作用来维持自身生长，另一方面则通过增加根系在单株生物量中的比例促进幼苗渡过胁迫时期及最大限度地吸收土壤中的养分。

植物的叶片对环境变化比较敏感且可塑性较大。其结构特征最能体现环境因子的影响或植物对环境的适应。叶面积指数的大小直接影响生长速度和林分生产力高低。比叶面积是植物碳收获策略及决定植物相对生长速率的关键叶性状之一，通常比叶面积低的植物能较好地适应资源贫瘠的环境，而比叶面积高的植物保持体内营养的能力较强。不同更新方式下蒙古栎一年生幼苗的叶重存在显著差异，而叶面积和比叶面积无显著差异。一年生萌生幼苗的叶重大于实生幼苗，萌生幼苗叶片较厚，实生幼苗叶片较薄。因此，对于一年生蒙古栎幼苗来说，萌蘖更新的幼苗由于母体源源不断地提供养分，其长势好于依靠自身光合作用、子叶供应和根系吸收养分的实生幼苗。

光合产物以结构性碳水化合物（SC）和非结构性碳水化合物（NSC）两种形式储存在植物体内。两种碳水化合物代表了木本植物两大竞争碳库。结构性碳水化合物主要是用于器官的表达，包括纤维素和木质素等。非结构性碳水化合物主要包括可溶性糖和淀粉，作为防御和存储物质储存于植物器官中，抵御环境胁迫。

萌生和实生蒙古栎幼苗茎和叶结构性碳库、非结构性碳库之间无显著差异，而萌生幼苗的叶和茎可溶性糖含量小于实生幼苗，叶和茎的可溶性糖库在两种更新方式上无显著差异，这与幼苗的生物量分配机制有关。研究发现，在抵御外界环境干扰时，幼苗叶片具有较高的可溶性糖浓度，从而具有更强的抵抗能力。蒙古栎为喜光树种，相比于萌生幼苗有母体供应养分，实生幼苗养分主要来自幼苗自身的生长吸收，通过叶片的光合作用和根的呼吸作用维持自身生长。实生蒙古栎幼苗叶片和茎内储存更多的可溶性糖有利于其抵御遮阴或贫瘠的环境。而萌生幼苗叶片的淀粉含量显著大于实生幼苗，这与萌生幼苗叶片生物量较大有关。萌生幼苗没有根系，通过将从母体吸收的养分和自身的光合作用所积累的淀粉存储在叶片中来维持自身生长。植物的光合能力与组织内氮含量有着紧密联系，植物体内75%的氮都集中于叶绿体内，且大部分都用于光合器官的构建，因此它是光合物质代谢和植物生长的关键因子。种子更新与萌蘖更新的幼苗的叶片氮含量差异不显著。对林下枯落物的厚度和物种的调查发现，林下生存环境适宜，水分、光照充足，不存在环境胁迫，实生幼苗通过根系吸收土壤中的氮基本能够满足自身生长需要，而萌生幼苗来自母体供应的氮也能够维持其生长。因此，对于不同更新方式的一年生蒙古栎幼苗而言，氮含量不是幼苗生长存在差异的关键因素（刚群等，2014）。

不同植物的水分利用效率有明显差别，除了植物因子外，环境因子对植物水分利用效率也有显著影响。萌生幼苗各器官含水量和单株含水量均大于实生幼苗。由于该研究区位于阳坡，土层较干燥贫瘠，土壤含水量低，水分可能是限制植物生长的主要环境因子。萌生幼苗的水分主要靠母体供应，受环境胁迫影响较小；而实生幼苗通过根系吸收土壤中的水分维持自身生长，受土壤含水量的限制，从而造成实生幼苗体内的含水量降低。

更新是林分发生、发展的基础。樊后保等（1996）认为影响蒙古栎天然更新的环境因子主要为郁闭度、下木盖度和死地被物；同时认为鼠类对蒙古栎林的实生更新有双重作用：一方面鼠类取食种子，另一方面鼠类具有埋藏和传播种子的功能。刘彤（1994）认为影响种子库的最主要因素是种实的虫害，其次是鼠类等动物的运输；同时认为动物对实生更新有双重作用。孙广义（1986）总结了人工更新造林的经验，介绍了蒙古栎种实的采收、调制、贮藏及直播造林的方法。蒙古栎的种子较大，经阴干处理后，用于翌年春季播种的种子应采取露天埋藏法。蒙古栎的萌芽能力很强，所以无性繁殖在蒙古栎的天然更新过程中起着非常重要的作用。李克志（1958）指出，4~23年生的蒙古栎萌芽能力都很强。建议萌生的蒙古栎林采用皆伐法达到更新的目的。另有一些研究表明，40年时是蒙古栎萌芽能力高峰期，300年后仍能进行萌芽更新。由此可以看出，无性繁殖在蒙古栎林的更新中占有非常重要的地位。所以蒙古栎可通过有性繁殖和无性繁殖相结合的方式形成较为丰富的林下幼苗、幼树库，以维持种群的持续发展。

　　蒙古栎的生长因其所处的立地条件、起源及年龄的不同而异。蒙古栎的生长与起源有很大关系。萌生幼苗依赖于母体供应的养分和水分维持生长，实生幼苗主要依靠茎的高生长、增加光合组织生物量以便最大限度地利用光资源。在幼年期，萌生林木的生长速度大于实生林木。有资料表明，林木直径在 9cm 以下时，萌生林木比实生林木高，生长快，生长后期实生林生长更快；林木直径在 6cm 以下时，萌生林木的径生长率较实生林木高；萌生林木直径达 28cm 时，树高生长近乎停止，而实生林木直径达 35cm 时才出现缓慢生长的现象。所以，有学者主张，萌生林经营应以培育中小径材为主，培育大径材应以实生林为主。

第8章 柞蚕饲养林建设与管理

柞蚕业是我国的一项传统特色产业，在我国已有两千多年的发展历史。早在汉代就有"野蚕成茧，被于山阜"的记载。特别是到了近现代，柞蚕生产得到了迅速发展，现已遍及我国南北十余省区。如今，在实现柞蚕生产高效、生态、可持续发展问题上，合理利用柞蚕场资源，建设好生态型柞蚕场是重要一环。

柞蚕场是柞林经人工砍伐修剪，养成具有特定树型用于放养柞蚕的场地，也是山区植被的重要组成部分。

8.1 柞　　蚕

中国是最早利用柞蚕和放养柞蚕的国家。柞蚕生产区分布于我国10多个省区，以辽宁、河南、山东等省为主。其中河南省南召县柞蚕养殖量占河南省的一半以上，被誉为"召半省"。2000年6月南召县被中国特产之乡推荐暨宣传活动组委会命名为"中国柞蚕之乡"。另外辽宁省柞蚕产量占全国总产量的70%，辽宁70%的丝绸产自丹东。丹东现有柞蚕放养面积200万亩，柞蚕茧产量1.5万t左右。柞蚕属完全变态昆虫，一个世代经卵、幼虫、蛹、成虫4个发育阶段，经4次休眠和蜕皮，每蜕皮1次，递增1龄。一头蚕从孵化到5龄老熟结茧需要50d左右，春蚕一生食叶30~35g，秋蚕食叶50~58g。其中大蚕食叶占总食叶量的80%以上。春蚕体重14g左右，秋蚕体重21g左右。至生长结束时，分别比蚁蚕体重增加2000~3000倍。仅幼虫期取食，以蛹越冬。柞蚕卵在室内加温孵化，幼虫则通过人工管护下放在野外柞树上任其自行觅食生长、吐丝结茧。同时加强管理，防止鸟、兽危害，并及时采茧。柞蚕的主要病虫害有：柞蚕核型多角体病（柞蚕脓病）、柞蚕微粒子病、空胴病、柞蚕寄蝇病（蝇蛆病）和线虫病等。应通过严格检验，及时淘汰病蚕、病蛹、病蛾，并进行卵面消毒和蚕室蚕具消毒，还可通过施用化学药剂和选育抗病品种等方法防治。

春蚕蛹期的保护层（内含蛹体）称春蚕茧，蚕业上供缫制蚕丝用。柞蚕蛹可供食用，残渣可作鱼、畜、禽的饲料。茧呈椭圆形，雌茧和秋茧稍大。春茧淡褐色，秋茧深褐色。主要由茧层、蛹体、蜕皮（蛹的外壳）组成。茧层占鲜茧重量的8%~12%，因受排出的消化管内容物浸润而变硬，影响茧丝的解舒。茧丝平均一个重0.4~0.5g，茧丝长一般为700~800m，茧丝纤度平均为5.6旦。茧层重和茧层率高，则出丝多，经济价值高，收购柞蚕茧时常以此作为评茧的主要依据。

用柞蚕结茧时吐出的丝缕加工成的纤维称柞蚕丝，是织造柞丝绸的原料，在工业和国防上也有重要用途。柞蚕茧丝由两根平行的扁平单丝并成，其主要成分为丝素和丝胶。丝素白色半透明，有光泽，约占 85%；丝胶淡褐色，约占 13%；此外还有灰分、色素等，约占 2%。缫丝时把几个柞蚕茧的茧丝抽出，借丝胶黏合成柞蚕丝。柞蚕丝手感柔软有弹性，耐热性良好，温度高达 140℃时强力才减弱，耐湿性亦强。绝缘、强力、伸度、抗脆化、耐酸、耐碱等性能均优于桑蚕丝。但织物缩水率大，生丝不易染色。

柞蚕（*Antheraea pernyi*）是以柞树叶为食料的吐丝结茧昆虫，属鳞翅目大蚕蛾科。原产中国，发育温度为 8～30℃，发育适温为 11～25℃，最适宜的温度为 22～24℃。主要分布在中国，在朝鲜、韩国、俄罗斯、乌克兰、印度和日本等国亦有少量分布。

柞蚕及其蚕蛹营养丰富。柞蚕蛹含有丰富的营养成分，每百克柞蚕蛹含蛋白质 52g、脂肪 3.1g、碳水化合物 7.8g，还含有多种维生素、多种矿物质、激素等成分，是高蛋白低脂肪食物。

柞蚕蛹性味咸辛、平。具有健身强神、强腰壮肾的功效。适于动脉硬化、肝硬化、冠心病、高血压等病症患者食用。还具有防治老年病的作用。山区群众常用盐煮柞蚕蛹为婴幼儿增加营养。

柞蚕属完全变态昆虫，逐一置于产卵袋内或产卵纸上产卵。一个世代经卵、柞蚕幼虫、蛹和成虫 4 个发育阶段，仅幼虫期取食，16h 后拆对，以蛹越冬。

8.1.1　卵

卵为灰白色，因外被胶状物质而呈褐色。扁椭圆形，长 2.2～3.2mm，宽 1.8～2.6mm，雌雄分放，钝端有受精孔。胚胎发育过程中，卵面一度出现凹陷，称卵涡；胚胎发育至气管完成期，卵面再度鼓起，或将雄茧进行柞蚕降温处理，并发出轻微响声，称卵鸣。一头雌蛾产卵 200～400 粒，每克 100～120 粒。暖茧温度：二化性春用种初期宜逐日升高 1℃左右。

8.1.2　幼虫

保种适宜相对湿度为 50%～70%。卵产下后，经 10d 左右孵化成幼虫。从冬季至翌春保持 0～5℃，孵化多发生在黎明。在 21～27℃的适温下，幼虫期为 45～55d，经 4 眠 5 个龄期。遇生态条件恶劣，如天气干旱、叶质硬化等情况时，会出现少数 5 眠 6 龄蚕。蚁蚕体呈黑色，头部红褐色；蜕皮后始现品种的固有色，有青黄蚕、白蚕和杏黄蚕等类型。头部有触角、吐丝孔、单眼、口器等器官。采后即将柞叶剥去。胸部 3 个胸节，晚采有损丝质。各有胸足 1 对。腹部由 10 个环节组成,着生 4 对腹足和 1 对尾足。第 1 胸节两侧和 1～8 腹节两侧各着生气门 1 对。各环节上有毛瘤,刚毛挺直。初孵化的蚁蚕喜食卵壳,即可将蚕全部移至专门的茧场,各龄眠终蜕皮后的幼虫喜食蜕皮并直接吸饮天然雨露。1～3 龄小蚕喜食嫩柞叶,适应相对湿度为 80%～90% 的湿润环境,相对湿度低于 70% 时生长发育显著变缓。4～5 龄大蚕喜食适熟柞叶,可适应略干燥的环境条件,而相对湿度低于 50% 时会出现半蜕皮蚕和眠中死蚕。蚁蚕有强烈的趋光性和群集性;大蚕则喜背光。5 龄蚕体长 8～9cm,宽 1.5～1.8cm。老熟后选择适当位置,用腹足倒抓柞枝,排出消化管内容物,又可避免虫、鸟、兽及风、雨、干旱、低温等的侵害。吐丝缀合柞叶呈筒状,管理方便,结成茧柄固定于柞枝,室内饲养面积小,然后吐丝结茧。吐丝中后期再度排出消化管内容物浸润蚕茧,使茧层由松软变为坚固而有弹性。

8.1.3 蛹

蚕体在茧内蜕皮化蛹。蛹呈纺锤形,初为淡黄色,孵卵前或孵卵中用药液进行卵面消毒。3～5d 后转为棕褐色。长 3～4cm,宽 1.8～2.2cm,由头、胸、腹 3 部分组成。

8.1.4 成虫

蛹经感温后于茧内羽化成蛾,吐出碱性溶液软化茧孔处茧层的丝胶,然后从茧孔钻出。蛾体长 3～5cm,雌蛾稍大,翅展 14～16cm,灰褐色或橙黄色,全身被鳞毛。前后翅各有膜质眼状斑纹 1 对,斑纹四周绕有黑、红、蓝、白等色条。通常雌雄比为 4:6,羽化时雄蛾先出,夜间交配。

8.2 选择饲蚕良种

蒙古栎、辽东栎和槲树等统称为柞树,柞树叶是柞蚕的主要饲料,柞树的数量与质量直接影响着柞蚕的生长,因此应选用优良的柞树品种。

柞蚕体内的营养主要来自饲料——柞叶,柞叶的成分在属、种、品种之间存在不同,树型、树龄、季节、地区的不同也不同程度地直接影响柞蚕的健康与生长,有必要对其进行了解,以利生产。

8.2.1 柞树叶质的组成

柞叶的化学成分主要有水分、蛋白质、碳水化合物、脂肪、灰分、单宁等,这些成分的比例，随着树种、产区、季节、树龄、树型、叶位的不同而变化（表 8.1）。

表 8.1　几种柞树秋季叶片成分　　　　　　　　　　　　　（%）

树种	水分	干物质	干物质				单宁
			粗蛋白	淀粉	总糖	粗脂肪	
辽东栎	58.05	41.95	14.0083	9.9669	2.196	2.0458	
麻栎	51.33	48.67	13.9898	10.794	3.9321	4.2856	
蒙古栎	56.76	43.25	12.2806	9.2086	3.244	2.387	
栓皮栎	52.02	47.88	13.9214	9.9463	3.2021	3.7675	7.7
槲树	56.31	43.69	12.3495	10.442	2.3856	2.954	
锐齿栎	55.00	45.00	13.8547	9.2058	2.1826	3.3917	

资料来源：苏伦安，1993

柞树的使用价值一般体现在柞蚕放养利用上。其价值高低，主要表现在叶片成分上，但叶片成分与树种的生态环境、树型、生长发育期有很大关系，具体表现在水分与蛋白质的消长上，同时带动脂肪、碳水化合物等的消长。

8.2.2　水分与蛋白质

柞叶的含水量与含氮量在叶片成分百分比中，往往表现为两位一体、同步消长。柞叶含水量高时，蛋白质含量也高；含水量低时，蛋白质含量也低，多以此表现叶质的优劣。其含量的多少与叶的生长发育、发芽期及其所经历的时间呈反比，刚绽开的嫩叶比成熟叶和老硬叶高，在季节上春叶比秋叶高。在同株树上或同一枝条上，受顶端优势的影响，根系合成的氨基酸与水分一起首先供应顶端，所以顶梢含氮量多。树龄与蛋白质含量也很有关系，树龄越高，叶质硬化越慢，则含氮量（比例）有越多的倾向，因而蚕在自由选择中首先摄食这部分含水、含氮量高的嫩叶。

其实，蚕选择的叶，叶片成分不是最优的。叶质的优劣，应根据单位重量内叶绿体含量多少而定。叶绿体中的含水量约为 75%，无疑水在叶绿体中起着重要作用，是形成胶体的重要组成部分。在其干物质中，以蛋白质、类脂、色素和无机盐为主。蛋白质是原生质中最重要的组成部分，也就是地球上生命的物质基础。酶是有机体代谢作用中最重要的调节者。酶的化学本质是蛋白质，是与光合作用关系最大的叶绿素的重要组成部分，许多维生素特别是维生素 B_1、维生素 B_2、维生素 B_6，以及核酸、磷脂、生物碱、苷元都与蛋白质合成有关。蛋白质的含量因柞树品种的不同而有差别，主要表现在叶绿体的多少。在叶绿体内，蛋白质干重占叶绿体干重的 30%～45%，叶绿体中的色素很多，在光合过程中起决定性作用，它占干重的 8% 左右。叶绿体还含有大量的类脂、碳水化合物、铁、铜、锌、锰、钾、磷、钙、镁等，此外还含有维生素 A、维生素 C、维生素 E、维生素 K 等，以及核酸和过氧化氢酶、过氧化酶等 30 多种酶，所以叶绿体既是细胞生物化学活动的中心，也是柞叶营养的集中点。各种蛋白质都是由数量不同的氨基酸通过不同方式连接而成的，一般认为核糖体是蛋白质合成的场所，而叶绿体包含各种酶，在光合作用时，除了形成碳水化合物外，还形成大量的蛋白质。柞叶内的蛋白质有 35%～40% 存在于叶绿体内。蛋白质的性质不同，因而也构成柞树品种的多样性。蒙古栎与辽东栎的蛋白质含量较高。

以柞叶为食的柞蚕，其身体和它所吐丝蛋白（包括丝素、丝胶）都是由相同的 18 种氨基酸构成，由此而知柞叶与丝蛋白之间的直接关系。柞蚕丝与家蚕丝所含的氨基酸组合不同。

柞蚕丝是丙氨酸型，柞蚕最容易受饲料的影响，其对丝质的影响也很明显，如吃辽东栎叶与吃蒿柳叶的茧所含单宁、灰分大不一样，特别影响制丝工艺。含丙氨酸多的树种与其他树种在同样条件下饲养柞蚕的表现有差异，以含丙氨酸最多的锐齿栎、短柄栎、辽东栎与麻栎做对比试验，并在大面积生产中进行调查对比，结果表明，前两种的共同点是缫丝时可用水缫，效果体现在解舒好、矿质少、茧大、茧白、丝多。

8.2.3 柞叶的矿质元素与微量元素

柞叶中含有许多化合物，也含有各种离子，无论是化合物还是离子，都是由不同元素所组成的。这些元素是柞树维持自身正常生活所需的：有的作为柞叶组成成分之一，有的供调节柞树生活功能之用。钾、钙、镁、铁、硫、磷、氮 7 种矿质元素，加上 CO_2 和 H_2O 中的碳、氢、氧 3 种有机元素共 10 种，是植物必需的元素，另外还有硼、锰、铜、锌、钼 5 种矿质元素，因植物必需量极微，故称微量元素，前 7 种相对地被称为大量元素。从整体来看，无机元素的功用可分为二：一类是纯粹的营养物质，另一类是生命过程的调节物质（苏伦安，1993）。

8.3 饲用蒙古栎良种——"北华 1 号"选育

8.3.1 亲本来源

蒙古栎"北华 1 号"来源于吉林森工临江林业有限公司金山林场，位于北纬 41°48′、东经 126°54′，海拔 793m，年平均气温 1.4℃，年平均降水量 830mm，年平均风速 1.9m/s，无霜期 109d，属温带大陆性季风气候。土壤为暗棕壤，腐殖质厚度 15cm 以上，pH 5.5～6.0。

8.3.2　植物学特征及特性

蒙古栎树皮呈棕灰色，叶菱状椭圆形至卵状椭圆形，花较小，花丝呈细长，浆果为黑色球形，种子有 2～3 粒，卵形，花期 5～6 月，果期 9～10 月。喜光耐寒，能耐−50℃低温，喜凉爽气候，耐干旱、瘠薄，喜中性至酸性土壤，耐火烧，根系发达，不耐盐碱；材质坚硬，纹理美观，具有抗腐、耐水、耐湿等特点，是中国东北林区中主要次生林树种。其枝干、叶片、壳斗和果实在培育食用菌、饲养柞蚕、提取栲胶、制作活性炭、提取色素、食品饲料加工、纺纱、酿酒和医疗保健方面均有广泛的应用。

蒙古栎叶片为薄革质，雌雄株略有区别，通常雌株的叶有变化，菱状椭圆形至卵状椭圆形，长 4～8cm，宽 2.5～3.5cm，基部楔形或圆形，先端渐尖，边缘有锯齿，幼时叶脉有毛，后渐脱落，侧脉 8～15 对；叶柄短，有短毛。

叶中富含蛋白质、粗脂肪、氨基酸、碳水化合物、单宁、铁、钴、锰等多种物质，氨基酸总量达 10.50g/100g，占蛋白质的 79%。蒙古栎叶片中还分离出多种有效成分，如多糖、黄酮、磷、钾等。

氨基酸可维持抗体正常的生理、生化、免疫机能。蒙古栎叶片含有 17 种氨基酸，均在人体所需的 18 种氨基酸之内，而且含有人体必需的氨基酸 7 种。因营养物质含量丰富，蒙古栎叶片常用于饲养柞蚕。

8.3.3　选育及区域试验

1. 良种选育

1）试验地概况

试验材料来源于吉林森工临江林业有限公司金山林场蒙古栎无性系对比林，总面积 56.3hm^2。2010 年 8 月，在蒙古栎无性系对比林随机选取 22 个无性系，每个无性系 3 株，分别在树冠 4 个方向取叶片，分别检测蒙古栎叶片氨基酸、全氮和总糖含量。

2）蒙古栎叶用无性系选择

（1）蒙古栎叶片氨基酸含量变异：6 号无性系氨基酸总含量较高（12.21g/100g）。22 个无性系氨基酸平均含量为 10.62g/100g，6 号无性系氨基酸总含量比平均值高出 15%。

（2）蒙古栎叶片全氮含量变异：无性系间全氮含量差异达到极显著水平（*F*=

91.76**），多重比较结果表明，6 号无性系全氮含量较高（1.9536%）。22 个无性系全氮含量平均值为 1.6988%，6 号无性系全氮含量比平均值高 15%。

（3）蒙古栎叶片总糖含量变异：无性系间总糖含量差异达到极显著水平（F=111.17**），多重比较结果表明，6 号无性系总糖含量较高（17.1252g/kg）。22 个无性系总糖含量平均值为 14.1908g/kg，6 号无性系总糖含量比平均值高 20.68%。

（4）蒙古栎树高变异：对不同无性系蒙古栎树高进行方差分析可知，不同无性系间蒙古栎树高差异达到极显著水平（F=8.26**）。进一步对各无性系树高进行多重比较，结果表明，6 号无性系树高较大（455cm），与其他无性系间差异均达到显著水平。

（5）蒙古栎胸径变异：对不同无性系蒙古栎胸径进行方差分析可知，不同无性系间蒙古栎胸径差异达到极显著水平（F=20.42**）。进一步对各无性系胸径进行多重比较，结果表明，6 号无性系胸径较大（15cm），与其他无性系间差异均达到显著水平。

（6）蒙古栎侧枝连年生长量变异：对不同无性系蒙古栎侧枝连年生长量进行方差分析可知，不同无性系间蒙古栎侧枝连年生长量差异达到极显著水平（F=3.79**）。进一步对各无性系侧枝连年生长量进行多重比较（表 8.6），结果表明，6 号无性系蒙古栎侧枝连年生长量最大（27.52cm）。

（7）选育结果：以蒙古栎叶片氨基酸、全氮和总糖含量为主要指标，兼顾树高、胸径和侧枝当年生长量等生长指标，选择 6 号无性系为饲养柞蚕的优良无性系。

3）区域试验

2011 年开始进行区域试验，共设 3 个试验点，试验面积 76 亩。具体情况如表 8.2。

表 8.2　蒙古栎"北华 1 号"无性系区域试验地点明细表

序号	试验地点	面积/亩	时间
1	珲春林业局	23	2011～2022 年
2	永吉县林业局	21	2011～2022 年
3	湾沟林业局	32	2011～2022 年

本研究在 2022 年 11 月 25～30 日，对 3 个区域试验点的蒙古栎"北华 1 号"无性系生长性状进行随机取样调查，各调查 10 株，分别调查了株高和胸径生长情况（表 8.3 至表 8.6），并检测了氨基酸和粗蛋白含量（表 8.7 至表 8.9）。

区域试验结果：在 3 个区域试验点，6 号无性系（蒙古栎"北华 1 号"无性系）氨基酸、粗蛋白含量均表现为较高。

表 8.3　珲春林业局蒙古栎 "北华 1 号" 无性系生长量调查

株序	株高/m		胸径/cm	
	北华 1 号	CK	北华 1 号	CK
1	4.2	4.0	5.1	5.0
2	4.0	4.3	5.2	4.3
3	4.0	3.6	5.1	5.1
4	4.1	3.3	5.0	4.8
5	4.3	4.1	5.5	4.7
6	4.0	3.9	5.2	4.9
7	4.1	3.4	4.6	4.5
8	4.0	3.7	4.8	4.8
9	3.8	4.1	5.5	4.7
10	4.1	3.8	5.1	4.4
平均	4.1	3.8	5.1	4.7

表 8.4　永吉县林业局蒙古栎 "北华 1 号" 无性系生长量调查

株序	株高/m		胸径/cm	
	北华 1 号	CK	北华 1 号	CK
1	5.6	5.2	6.0	5.3
2	5.3	5.1	5.7	5.2
3	6.9	6.6	6.2	5.5
4	5.2	5.0	5.6	4.9
5	5.8	5.2	4.8	4.6
6	5.5	4.8	6.3	5.4
7	6.2	5.1	6.9	5.6
8	5.5	6.2	6.1	6.4
9	6.5	6.0	6.8	6.2
10	6.7	5.7	6.7	6.1
平均	5.9	5.5	6.1	5.5

表 8.5　湾沟林业局蒙古栎 "北华 1 号" 无性系生长量调查

株序	株高/m		胸径/cm	
	北华 1 号	CK	北华 1 号	CK
1	5.8	5.2	6.6	5.4
2	5.9	5.5	7.0	5.6
3	5.2	4.8	7.2	6.0
4	6.1	5.3	7.0	6.2
5	5.8	5.1	7.0	6.1
6	5.3	5.3	7.2	5.9
7	5.5	5.2	7.1	6.0
8	5.8	4.8	7.3	5.3
9	5.7	4.9	7.4	5.4
10	6.3	5.8	7.1	6.2
平均	5.7	5.2	7.1	5.8

表 8.6　蒙古栎"北华 1 号"无性系生长量调查

序号	试验地点	株高/m		胸径/cm	
		北华 1 号	CK	北华 1 号	CK
1	珲春林业局	4.1	3.8	5.1	4.7
2	永吉县林业局	5.9	5.5	6.1	5.5
3	湾沟林业局	5.7	5.2	7.1	5.8
平均		5.2	4.8	6.1	5.3

表 8.7　区域试验蒙古栎叶片氨基酸含量检测结果

	地点 1/ (g/100g)	CK1/ (g/100g)	增加/%	地点 2/ (g/100g)	CK2/ (g/100g)	增加/%	地点 3/ (g/100g)	CK3/ (g/100g)	增加/%
天冬氨酸	0.54	0.46	17.39	0.55	0.41	34.15	0.65	0.41	58.54
苏氨酸	0.28	0.24	16.67	0.29	0.22	31.82	0.34	0.22	54.55
丝氨酸	0.29	0.25	16.00	0.31	0.22	40.91	0.34	0.22	54.55
谷氨酸	0.72	0.60	20.00	0.72	0.55	30.91	0.85	0.52	63.46
脯氨酸	0.27	0.23	17.39	0.26	0.20	30.00	0.33	0.20	65.00
甘氨酸	0.32	0.29	10.34	0.34	0.25	36.00	0.39	0.26	50.00
丙氨酸	0.35	0.32	9.38	0.37	0.27	37.04	0.41	0.28	46.43
缬氨酸	0.33	0.29	13.79	0.35	0.26	34.62	0.40	0.26	53.85
甲硫氨酸	0.09	0.07	28.57	0.09	0.06	50.00	0.09	0.06	50.00
异亮氨酸	0.27	0.23	17.39	0.27	0.20	35.00	0.32	0.20	60.00
亮氨酸	0.51	0.43	18.60	0.53	0.39	35.90	0.63	0.38	65.79
酪氨酸	0.25	0.22	13.64	0.27	0.19	42.11	0.32	0.19	68.42
苯丙氨酸	0.33	0.28	17.86	0.34	0.25	36.00	0.41	0.25	64.00
组氨酸	0.21	0.19	10.53	0.21	0.15	40.00	0.21	0.15	40.00
赖氨酸	0.4	0.33	21.21	0.41	0.29	41.38	0.48	0.29	65.52
精氨酸	0.32	0.28	14.29	0.35	0.25	40.00	0.40	0.25	60.00
总和	5.48	4.71	16.35	5.66	4.16	36.06	6.57	4.14	58.70

表 8.8　区域试验蒙古栎叶片蛋白质含量检测结果

	地点 1/ (g/100g)	CK1/ (g/100g)	增加/%	地点 2/ (g/100g)	CK2/ (g/100g)	增加/%	地点 3/ (g/100g)	CK3/ (g/100g)	增加/%
蛋白质含量	5.45	5	9	5.95	4.61	29.1	6.58	4.75	38.5

表 8.9　蒙古栎"北华 1 号"无性系区域试验生长性状统计表

序号	试验地点	氨基酸总和/(g/100g)	粗蛋白/%
1	珲春林业局	5.48	5.45
2	永吉县林业局	5.66	5.95
3	湾沟林业局	6.57	6.58

注：蒙古栎"北华 1 号"无性系与平均值比较

2. 主要经济指标

1）技术指标

（1）无性系。嫁接繁殖，选择 1～2 年生枝条，剪成 10～12cm 长度接穗，利用髓心形成层对接法嫁接到二年生砧木上。

（2）造林。造林地选择沙壤土、排水良好的山地或平原种植。

2）经济指标

（1）蒙古栎"北华 1 号"枝叶茂密、树体高大、叶片优美、观赏性好，可作为城乡绿化美化树种推广应用。

（2）蒙古栎"北华 1 号"无性系十年生时，氨基酸含量比其他无性系平均值高出 15%，可用于养蚕和饲料。

3. 繁殖技术要点

剪取 6 号优良无性系的一年生穗条，以二年生蒙古栎实生苗为砧木，嫁接繁殖无性系。

嫁接方法：髓心形成层对接。

嫁接时间：春季树液流动前。

砧木选择：在蒙古栎实生苗圃地，选择二年生超级苗作砧木。

嫁接：选择顶芽饱满一年生枝条，剪取 15cm 长度作接穗，从接穗顶端 5cm 处，用刀片斜切到髓心，沿着髓心平切到接穗基部，在接穗平切面的对面斜削一刀，接穗基部形成楔形。砧木切面与接穗相同。将接穗与砧木切口对上，用塑料条绑紧。

嫁接苗培育：嫁接后加强水肥管理，提高嫁接成活率。接穗伸长生长 10cm 时，剪掉嫁接处绑缚的塑料。嫁接成活后应注意除萌、抹芽。

4. 栽培技术要点

（1）定植：栽植前用生根粉或高效浸水剂浸根，提高苗木成活率。株行距 2m×3m。

（2）抚育：前 4 年每年耙地中耕一次，以后每两年中耕一次，穴状除草松土每年 2～3 次。

（3）水肥管理：从定植后每年施肥 2 次，以氮、磷、钾肥的平衡为准进行施肥，以促进生长。

（4）树体管理：包括修枝、整形等。

抚育目的是增加叶片产量，放养更多柞蚕。

5. 品种特征

柞树叶片是柞蚕的主要食物来源，叶片营养成分含量直接关系到柞蚕的产量和质量。蒙古栎"北华 1 号"无性系氨基酸含量高，利用蒙古栎"北华 1 号"无性系营建柞蚕场，可以提高柞蚕产量和质量（单良，2018）。

6. 适宜栽植范围

适应性较强，主要在吉林省中东部栽培，用于营建柞蚕场，也可扩展到东北其他地区。

8.4 柞蚕场建设

8.4.1 柞树资源

我国天然柞林的比重很大，如黑龙江、吉林、内蒙古、山西、安徽等省区内的天然林中，多数是天然柞林。而放蚕利用的不过十分之一，潜力很大。

天然柞林的场地荒芜，树密草盛，荆棘遍地，不易进入，如用来放养柞蚕，必须加以合理整理，使它尽早为人类服务。在不影响生产的原则下，边清理、边投入生产。因工作量大，待农村秋收冬藏后，劳力较充裕时再进行清理，不与农田争劳力。清理工具，如镰刀、斧头、镢、锯、绳索等备齐。修整时要从山脚下沿坡向上，人员并肩前进，以免伐倒的树木阻碍工作。应根据具体情况，把杂树、杂草清理分成根除和抑制两种。根除的杂树、杂草，如野蔷薇、短梗菝葜、枸骨叶冬青、酸枣、杜梨等具有针刺的树，以及飞廉等具有针刺的草，除后不再使其复活；应彻底清除杂草和灌木等，除后应不再使其发芽。抑制即抑制杂树、杂草的生长势，不因其太旺盛而影响工作，能起到遮阴，调节场地气候、小气候，保持水土的作用。有些植物根系强大，萌芽力强，根除困难，应分别处理。例如，藤、葛等的根难除净，最好在秋后叶子变黄时，沿着蔓找出根部，将根挖出一些，露出黄色部分，用镰刀削去，在切口上滴火油数滴，根即变黑枯死。打破碗花花根系强大，很难根除，应在夏季将其他上部叶茎拢成一束，拧紧在一起，打成结，使其得不到阳光照射，也不通风，从而自然死亡。飞廉、小蓟等根系亦深，应在涝雨季节土壤松软时连根拔除。茅栗没有营养价值，混生在场地内易被错食，从而严重影响蚕儿健康，应当挖除；但它是深根性植物，根除困难。应当利用夏季气温高、雨水足、植物生长最盛的时期，从根干分界部砍去，消除其发芽力，致其枯死。有些萌芽力强的植物，割除后萌芽力更强，将来危害更大，凡此种植物可以在 50cm 左右高处，砍断树干的一部分，把树干折曲至地面。待秋后闲暇时再行根除。杂草和其他灌木应保持覆盖地面，以免日光直射林地。这对控制辐射、影响小气候、阻挡流沙、涵蓄水分、防止干旱和风害的入侵有较好的效果，应在秋后刈割和伐除，使其来春发芽。

山边、山沟等低洼处，水分比较充足，土壤肥沃，杂草、杂树等生长旺盛，成为蚕儿敌害潜藏的渊薮，必须勤加清除。可在一年之内多割几次，特别是掌握夏季生长茂盛时期加以拔除或秋季草籽未成熟前再加刈割，这样既除了草，也防除了虫害。

天然柞林内柞树的高矮、大小不一。放蚕时，高大的柞树剪移困难；低矮的柞树往往由于其他树木的遮盖，生长不良，也不利于放蚕。如能将其修成同一树式，在放蚕利用上最理想。但这非一日之功，所以短期内我们可以把胸径在 20cm 左右、树干高大的柞树于冬季砍去树冠，留成独桩，养成中干，只此种树当年枝条稀疏，叶量少，担蚕少，并只能用于壮蚕。我们曾把比较高大的柞树压倒后加以利用，高大而不易压倒的柞树则在树干被压弯曲的弓背处，在放蚕前的 2~3d 内，用刀砍去一部分，砍多少以能压弯为度。树体不是很大、树干容易压弯的柞树，则不必砍而可直接压倒。如果两株相距不很远，可把两个或三个树冠系在一起，使树冠半面向地，因蚕不向下食叶，应在冬闲时剪去下垂枝条的 2/3，而发芽后由于向上性芽一律向上长，使保留的枝条上叶量增多。放蚕后，凡树干砍后压弯的柞树，尽早留桩，从预留高度截干，其他用过的柞树，解开绑绳使其尽快恢复直立树势，待冬闲整场时留成同一高度，养成同一树式。

天然柞林内柞树稀密不匀，稀的地皮裸露，浪费土地，也有风害侵入和干旱的危险；密的树冠相互拥挤，枝叶郁闭，通风不良，光照不足。日光是植物生长的必要因素之一，光照缺乏，必然造成植物生长不良。通风不好，也常造成病虫害的蔓延。例如，用柞树过稀或过密的场地来放蚕，不仅工作不便，也会增加蚕儿的损失。放蚕柞林内，缺株的应行补植。补植时要研究其缺株的原因，特别是到缺株成片的程度时需找出根源，如渍水过湿的洼地或山骨裸露、土层太薄的地方，应对场地进行整理后再行补植，如未能找出缺株的原因，宁可暂缓补植。一片天然柞林内，常常柞树树种很多。各树种发芽迟早、叶质老硬速度各不相同，叶片成分也不一致。用其来放养柞蚕，往往会使蚕儿发育不齐，技术掌握困难，应在不影响生产的情况下，结合间伐，去杂留纯，分期将应去的树种挖去，及时补植，连续数年后即可改成单一的纯林。

在间伐补植培养纯林的同时，应将杂乱无章的天然柞林尽可能地改成有规则、行列整齐的场地，根据山势、地形、坡度、土质及原来柞树的生长情况确定行株距，要求环山为行，一行中的柞树尽量争取在同一等高线上，为放蚕打下良好的基础。

8.4.2 柞蚕场营建步骤

柞树是发展柞蚕业的基础。种植柞树既是发展蚕业的基础，又是水土保持的措施之一。若遵照其特性要求，满足其需要，以上缺点是完全可以克服的。合理密植，充分利用有限的地面和空间，做到光、热、气、土、水的最佳利用，既能提高产茧量，还能起到截留滞流、渗蓄雨水的作用。

1. 苗木培育

1）橡实准备

橡实质量的好坏，是播种育苗的一个重要因素，因此要选优采集，妥善管理，以求有优良的发芽率及强大的生活力。

（1）选择母树

饲蚕良种应具有叶形大、叶肉厚、产叶量高、叶质硬化迟及蚕需要的重要营养成分（如丙氨酸、甘氨酸、丝氨酸等）含量高的优点。

（2）适期采集

在我国，橡实晚秋成熟，必须及时采集。第一次寒流初到，橡实自行坠落，先落的多数是遭受病虫危害的橡实，不能作种用，要除去不收。

（3）采集方法

在母树下清理场地，把先落下的橡实收集烧掉，消灭敌害。枯枝、落叶搂去。用长竹竿敲打柞枝，振落种子，然后收集。

（4）适时晾干

橡实刚采下后含水率在 50.4% 以上，不能堆积，要晾开并逐渐晾干，含水率在 32% 为宜。

（5）橡子的贮藏

橡实属大粒种子，富含碳水化合物和脂肪，容易感染病虫害并霉烂，又易遭鼠害。贮前需先杀虫。贮藏方法有水贮、坑贮、雪贮、沙贮、冷藏等。最好不贮，马上直播。只冬季鼠、獾严重地区必须贮藏。

水贮：贮种量大，选择水深 1m 左右、长流不息的卵石滩或漫滩处贮藏。种子最好装篓。如在河湾处贮藏，用河底卵石或砂石顺水势筑漫水坝，种子篓排列于坝内没水约 20cm，流水自由漫过坝顶，待来播种时随播随取，争取在桃花汛前播完。水贮的缺点是，经水贮的种子发芽快，但不能再贮藏。

坑贮：在背阴、气温上升缓慢、地势较高的地方，挖深、宽各 1m，长度视种量而定的坑，然后以一层种子、一层沙平铺在坑内，待与地面略平时，在顶上堆土，呈馒头状，以防雨水。最好每隔 1m，在坑的中央竖一草把，借以排出积热。

草把中间，最好备一根中通的竹竿，竿内悬一棒状温度计，以随时了解贮藏坑内的温度，以 0～5℃为好，超过 10℃即有发芽或霉烂的危险。

（6）种子的鉴别

种子质量好坏与生产量的大小关系很大，故播种前要对种子进行鉴定，还应对采集的纯度、贮藏质量、运输后的质量，以及其实用价值有所了解。

发芽率：发芽率是指种子在适宜的环境下，一定的时间内发芽数占总种量的百分比，以代表种子质量标准，计算公式如下：

$$种子发芽率(\%)=\frac{发芽种子数量}{供测种子数量}\times100\%$$

发芽势：发芽势是鉴定种子优劣的另一个指标。种子单纯以发芽率高低还不能确定其标准。种子在单位时间内发芽数多，表示发芽整齐，越整齐的种子质量越好，即发芽势高，实用价值强。

2）育苗

柞树的繁殖有苗圃育苗和直播育苗两种。林业上多采用苗圃育苗，如栓皮栎育苗。根据柞树发根的特性，前 5 年优先长的是主根（钻底根），小根位置较深，移栽时小根很难挖出，根少不易成活。故蚕业上多采用直播造林而不再移栽。

2. 柞蚕放养柞林的建立

我国放蚕柞林向来以稀植为宜，亩栽在两百株（墩）以内。树密时，郁闭度大、遮阴多，夏季起到降温、增湿的作用；相反，树稀时，山岩裸露，受阳光直晒，容易产生高温，危害最重。还有研究认为，山地硗瘠、石多、砾多、土少、缺肥又缺水，稀植虽很难生长，但密植更无法生长，所以仍采取稀植。

1）柞林合理密植与树型控制

（1）柞林合理密植

柞林合理密植可以使柞树充分利用土地，以及充分利用营养空间的光、热、气、水等恒定无偿的天然资源。单位面积土地上栽植的柞树增多，枝叶数量就相应增多，只要空间分布合理，便能提高叶片对光能的利用率，扩大光合作用面积，使光合产物增多。同时，栽植株数增多，地下根系分布面积扩大，能更多地吸收利用土壤中水分、矿物质养分，制造更多的氨基酸供应枝叶，这便加速了枝叶的光合作用和生长的进程。而枝叶中的光合作用产物增加，大量运输到根部，又促进了根系的发展。这种枝叶相辅相成的作用，促使整个植株在短时间内出现枝丰、叶茂的景象。同时由于叶片构成的叶幕，匀布空间，郁闭地面，既能截留雨水增进水分的循环，降低夏季地表温度，又能涵养水分，提高湿度，调节气候。一般来说，柞树只需要全日照射地面能量的 30%。例如，平时生长在一般松林下的柞树，生长良好，接受的光能不过 30%，故柞树密植无大碍，相反稀植有益。柞树是多年生的高大乔木，很多人只着眼于数年或数十年柞树成林后，密植必然影响通风透光，妨碍生长；但忽视播种后头几年场地的经济效益，土、光、热等白白浪费。不少柞林地因为长时间无收入，改种其他林木。要改变这种状况，达到提早放蚕、提早收益的目的，就要做到柞树密植，兼顾消除地面径流、截拦泥沙、推移物质和悬浮物质等，使水分能就地滞蓄而不流失浪费。

20 世纪 30 年代苏联学者提出了柞树的"并根"作用，我国山东柞蚕区的蚕农也认为柞树有"并根"作用，这是不谋而合的观点和经历。但至今没见到这种并根实物或标本。可是菌根真菌在根部较多，可能根与根之间构成了水分、养分互济互助的联络网络，以通有无，相互支持，促进柞树的生长发育。

（2）留桩放拐的作用

柞树本来是高大乔木，现在用修剪的办法使其矮化，有利于放蚕工作管理，其有利于柞树生长，更有利于柞蚕的生长生理。

温度对蒙古栎生长发育的影响较大。近代果树、农作物向矮化发展的原因就在于此。柞树同样干矮，也获得发育早、发芽快、发育时间长的有利条件。

柞树主干变矮，使枝叶间光合作用所制造的产物和从根部吸收的水分在柞树体内作双轨运输，供给柞树正常生长，干矮即运输距离缩短，这加快了运输速度，使时间、能量消耗、营养损失都大大减少，免去无谓的损失，利用有效的营养促进生长、增强树势，使叶片大、产叶量高、质量好。

2）放蚕柞林的建立

放蚕柞林是植物、动物、微生物等生物存活、繁衍的共同环境，是其相互依存的一个有机复合体。柞树生长的好坏影响整个环境中生物的优劣，尤其叶质、叶量直接左右柞蚕的生长。

$$柞树单位面积总条数=单位面积株数×单株条数$$
$$单位面积条长=单位面积条数×平均条长$$
$$单位面积产叶量=单位面积条长×单位条长产叶量$$

从以上 3 个关系式中可以看出，单位面积株数、单株条数、平均条长和单位条长产叶量是决定单位面积产叶量的主要因素。从放蚕柞林来看，不论单位面积栽植株数的多少，总条数和总条长都限制在一定范围之内。根据调查，条长在 1m 以上，每亩条数在一万根左右，年产叶量可达 1500kg 以上，可用叶量在 1000kg 左右，对柞树生长发育无影响。

生产中常常发现柞林担蚕量降低，产茧量低，其主要原因是：株少、墩稀、条短、条少、叶少、质劣。合理密植，适宜的群体结构，良好的肥、水条件，适当的使用管理，是提高担蚕量、蚕茧丰产的物质基础。

（1）结合水保设施的直播造林

水保设施是场地内为了保水、保土、保肥建设的必要工程，经人工挖掘而成。两三年后经雨水冲刷淤积，在挖掘的壕沟内自然积存填充一些浮土，在其内播种橡实，由于营养充足，苗木可茁壮生长。

壕沟内部的土本来是死土，没有肥力，经过冲刷淤积变成了活土，把无生产价值的死土改变为适宜柞树生长并可为放蚕提供条件的活土，这些淤积的土壤，实际是山坡的表土，它包含枯枝、落叶、腐草、朽株，是疏松多孔，渗水性能强，保水能力高，富含腐殖质，肥效高，抗旱性能强的土壤。

促进土壤有益微生物的生长、活动、繁殖，可改良土壤，增进养分。土壤中微生物的分布规律一般是上层多、下层少，越往下越少。柞树是深根性植物，其根需要与一些真菌共生，特别是对菌根真菌的需求量大。微生物越往深层越少，对于柞树的生长是一大阻碍。而壕沟内淤积的浮土，是从坡面冲积而来，携带许多微生物，使上上下下的土壤都包含大量微生物，没有上下不匀的缺陷，上下层土壤的微生物同样活跃，不仅有充足的菌根真菌寄生于柞树，还有分解有机质的氨化细菌、分解纤维的细菌等大量增殖，可增加大量的可溶性氮、磷，给柞树根系的生长发育、向纵深发展提供良好条件。更由于土层疏松通气，不间断地供应水分、营养物，也促使柞树地上部健壮发展，提高柞叶的产量和质量。

富含有机质的冲积土内腐殖质丰富，它们富有胶结性，能把单粒结构的土壤变成团粒结构，这是提高肥力的保证。

（2）直播造林方法

拓展柞林，发展柞蚕生产，最好结合场地内的水保设施，如等高撩壕、隔坡水平沟、品字沟、大鱼鳞坑等，经过一两年的雨水冲积，沟内填满泥土，为柞树的生长打下良好的基础。沟内采用宽窄行播植，像隔坡水平沟这样不能按行挖沟的，也尽量结合水保设施，暂行隔坡播植。宽行一般 2m，窄行 60cm，沿窄行挖穴，每隔 10cm 播橡实一棵。覆土 3cm，踏实。待橡子发芽后，生长好的窄行逐渐枝叶连接，形成一行，以便提前放蚕。

播种时间分秋播、春播两种。秋播在采种后至土壤结冰前都可播，种子不用贮藏，播种在地下，远比贮藏安全，种子与土壤接触密切，吸水足，发芽早，发芽率高。只在冬季鼠、獾等害兽多的地区，不行秋播。否则要采用种子拌药或拌粪等方法防止危害。春播在土地开冻、能开沟时即可播种，缺点是种子采下后，需经贮藏，工作麻烦，稍有不当则易遭霉烂、干枯的损失。

（3）树型养成

为了放养柞蚕管理的方便，获得量多、质优、老嫩一致的用叶，需养成合理的树式。通过修剪、剥芽、疏枝、打杈等技术措施，以及适宜的修剪时期、剪留得当、妥善管理,可形成树式均一、树势茂盛、通风透光好柞林,为蚕儿提供安全舒适的优良生活环境。从柞树干基部发出的最大茎称"主干",根据主干高度划分的树型见表 8.10。

表 8.10　柞蚕放蚕树型

树型	主干（桩）高度
墩柞	平地面或 30cm 以下
矮干（桩）	30～50cm
中干（桩）	51～100cm
高干（桩）	101cm 以上

资料来源：苏伦安,1993

　　树型养成过程中,除高大乔木只整侧枝外,其他柞树往往需要进行去头、截干等工作。树型养成时,首先不能影响蚕茧生产而降低场地的经济效益,其次要以省工和少伤树势为原则。养成过程往往分为如下 3 步。

　　第一步,促旺留壮干(虎尾)。结合场地轮伐更新,在一墩(窝)柞中,选择挺直健壮、位置适中、无病虫害的枝条保留 3～4 根不砍,并修去其下部侧枝,使其向高处生长,留成壮干,同墩中其余枝条全部于地面平处伐去。保留枝条突出,上有感受光照的优势,下面根系完整,吸收力强,具有得天独厚的生长势,生长旺盛,当年长成粗壮的树干,形似虎尾。

　　第二步,剪树冠顶部,保留树干。根据要求,干高尺寸一次定型。如果树势高度不够,不截冠,对树冠下部枝条继续进行整枝增高处理,待高度达到后再斟酌留冠,特别是树干高度定型后,不会再对高度进行增高或减低。放蚕树式的留桩高度应随地势而异,山脚平坦、山坡陡峻处,树干要留高;山顶与缓坡处宜留矮;阳坡宜留矮,阴坡宜留高,这都能为放蚕提供便利。

　　第三步,养侧枝。场地在整理与轮伐更新时,在所留干高(桩橛)的上部,选留 3～4 根粗壮、角度适宜、位置匀称的枝条,在拟留的长度截断,作为第一级枝,俗称"拐枝"。拐间的高度与顶端基本等高,这样粗拐、高拐留短,细拐、低拐放长,将来形成扁平树冠。馒头形树冠的养成是中间拐枝、粗拐稍高,周围拐枝、细拐稍短。在山东方山蚕场的实地调查结果显示,后者远不如前者产叶量高。

　　不同树型的生长势见表 8.11。

表 8.11　不同树型生长势

项目	拐型	柞芽生长状况	调查数/株	旺拐数/个	旺拐率/%
拐端水平修剪	拐端基本水平,粗拐短、细拐长	枝条长势匀,树冠圆满	85	66	77.6
拐端中高修剪	中间拐高,粗拐高、细拐短	中间枝粗长,周围枝细小	70	47	67.1

资料来源：苏伦安,1993

　　树型养成过程中的注意事项：①留冠，不宜截去树冠，俗称"断头"，若无枝叶进行光合作用来制造营养，则导致长势慢。经调查，"断头"影响其长粗、长高的速度。②"断头"时不宜同时截枝留拐，因枝叶剪光，无叶不能制造光合作用产物。经调查，去头留拐同时进行者，旺拐仅 53%；头年去头，翌年留拐者旺拐占 85%。③留拐时选留健壮、饱满的剪口芽，即剪口下面的芽，才能生长旺盛。④柞树养成与抚育中应改革用具，锯、剪两种工具结合使用，革除砍柴使用的镰刀或挖山镢等粗笨工具，以免砍死、砍伤而导致树势衰败。修剪要细致合理，不要伤树。经调查，单用砍镰砍的柞树，死茬率达 48.08%；三种工具结合使用，死茬率降为 16.67%，柞树生长旺盛。以其出柴量计，1971 年均墩产柴 2kg，改用三件工具结合修剪后，墩出柴 4kg，增加一倍，同样产茧量也增加一倍。但三件齐用，工效比单用砍镰低。放蚕树式应按照其合理修柞原则，定点剪伐，势必会造成潜伏芽减少或削弱，导致不能发芽或发出弱小无用之芽，致树势衰颓，故不采用拳式，剪条位置不固定，可灵活伸缩，在末级枝上有选择余地，故柞树应养成无拳式。

　　（1）墩柞：为灌丛形式，称墩子、无干柞、根刈柞，是一种沿用多年、最容易养成的树型。直播的幼苗或从根际伐去的柞树，重新萌发的小枝条成丛、成窝、成墩生长，无真正主干。以后伐条每隔一定年限都从根际皆伐。砍伐时一定要伐光，不留弱小枝条，以免争夺养分、水分，影响新芽的生长，弱小枝也长不旺。初建人工林时，土层薄或地下水位高的柞林，根系分布较浅，伐条时宜用快镰或剪刀剪成矮茬。而多年的老墩柞，地面上生有老疙瘩，皮层厚，害虫严重，发芽力弱，应更新，改建桩柞。

　　墩柞树型放蚕优点：①树型矮小，放蚕劳动既不用弯腰，又不用费力踮脚，操作方便。②树型养成方法简便，砍伐更新时技术简单、省力。③枝条多近地面，发芽早，叶质成熟快，质量好，适合小蚕应用。④树势矮，不挡风，摇摆幅度小，减蚕率低。

　　墩柞树型放蚕缺点：①枝条接近地面，易受雨水击溅沾污，泥叶多，蚕不喜食。②枝条丛生，贴近地面，往往树丛内通风不良。③大蚕期若遇干旱天气，易受地面炎热高温蒸烤，蚕易受损失，下地跑坡。④枝条距地近易遭敌害。

　　（2）矮桩（干）柞：可改变墩柞的缺点，发挥其优点。墩柞条数有限，在株面难以开展放蚕工作，矮干柞便应运而生。养成方法为：利用轮伐更新的柞树或新植的经截干后生长旺盛的小柞树，于树液停止流动时期的秋后或早春，将挺拔的枝条于 30～50cm 高处剪断，作为主干，剪口在芽上端的 1cm 左右处，使截面平滑向南稍倾斜。发出的枝条对春蚕大蚕或秋蚕小蚕适量放养利用。至秋后每株上部选留 3～4 根强壮而位置匀称的枝条，在长 25～30cm 处截断，作为该株的一级枝，其余枝条剪去，矮干柞已具雏形，为了再发展树冠，于秋后在一级枝上同样酌情选留 3～4 根强壮枝条剪留作二级枝。三级枝等照法进行，但要求枝条逐级缩短 5cm，枝条平伸，使树冠圆满。

（3）中桩（干）栎：养成方法与矮干栎养成基本相同，只留干时要求树干挺拔粗壮。干高稍提高，一般比矮干晚 1～2 年养成，留干的高度在 51～100cm，上面所发枝条在放蚕后，仍于树液停止流动时选留位置适当的枝条 3～4 根，长度相当于树干高度的约 60%，为一级枝，其他平树干剪去。第二年放蚕后，在一级枝上酌情选留 3～4 根枝条，在相当于一级枝长度的 80% 处剪去，为二级枝，以后每级枝都为上级枝长度的 80%。伐去树干上其他枝条，余类推。修剪中不管选留哪一级枝，都要争取水平、位置分散均匀。凡垂直向上的或向下的枝条要从基部剪去。

中干栎的优点：①树干高、空间大，相应的树冠扩展大，发条数多。株面扩大，从而提高了产叶量。②干高、通风透光顺利，有利于叶质的提高，促进蚕儿的健康。③树冠高离地面，受地下害虫危害少。

中干栎的缺点：修剪费工。

（4）高桩（干）栎：养成方法与中干栎养成方法基本相同，不同的是养成时间较长，主干和枝条都较高，枝条分级数较多，枝条也多，主干一般高 101cm 以上，一级枝长 60cm 以上，二级枝长 50cm，三级枝长 40cm，余类推。高干栎利用较少，因为树干高，操作不便，只在塘边、地埂场角、路旁等处栽植、放蚕，以增加农业经济收入。

树型养成过程中，根据地势、土壤、水分、肥沃度等条件的不同，第一级枝条保留的长度、数目都应被考虑到，若在土层薄、肥沃度差的地点生长不良，不如减少枝数、降低长度对养成有利。主干与分枝、分枝与小分枝间的角度应大，即枝条倾斜度要大，地势平坦处，应向水平方向发展。重点去掉直立枝，利用倾斜枝，培养成扁圆形树冠，除去内向枝、重叠枝、并生枝、弱小枝、病伤枝等（苏伦安，1993）。

8.5　柞蚕场管理

树型是由主干、树枝和株面构成的，是柞蚕放养、丰产蚕茧的基础，作用很大。为了长期维持广阔的株面、丰满的树型，发挥增产机能，就需要做好整株、密度调节、修剪、土壤肥力增进、套种牧草等措施。

8.5.1　增加条数以促速成

初生的幼龄柞树有 3 年内偏长根部的本性，地上部较小，枝细叶量少。群众对于老的播种培柞方法有"十年人不见、十年不见人"的口头语，意为前十年由于放任不管，小柞树生长很慢，有的简直成了小老树，不会引起人们的注意，所以人们看不见它；以后的十年，根系壮大，才是柞树地上部旺盛生长期，其高度会遮住人们的视线。现在已不能允许其缓慢生长，蚕业是助群众"脱贫致富"的事业，需要其速成。速成的主要意义就是快速增加产叶量，增加枝条的长度和数量。播种量增加，相应的株数就增加，即可增加产叶量。但播种量大，投入增加，也存在局限性。截干增条是有效的方法，截干在冬季进行，冬季柞叶枯黄，在树液停止流动时于地面平处将小柞苗干伐去，来春可从基部发出的枝条中选留 2～3 根粗壮的枝条，如果长出的枝条还符合要求，至秋季再行截干。截干对小柞树的生长发育来说有利无弊。因为柞树一年间同化器官生产的营养物质一部分用于呼吸消耗，以满足其本身的生活和物质转换过程中所需的能量；一部分用于本身生长，如增高、增粗、形成贮藏器官等；还有一部分低分子化合物转换成高分子贮藏物质贮藏起来。根、干的韧皮部入冬后，其贮藏的碳水化合物、氨基酸、蛋白质和脂肪等含量最高，供来年发芽使用。若截去枝干，外表看虽然有所损失，但这种枝干如果不截去，来春萌发新芽时，除消耗自身贮藏的养分外，大量消耗的养分需依靠根干的供应，直至抽枝长叶。如果冬季截干，根部贮藏的大量养分只供给根茎交界处的 1～2 个潜伏芽，丰富的贮备能促其较快地生长。所以截干是壮苗、养树的手段。

8.5.2　叶质调节

根据柞树的生长特性，低温、高温、干旱都能抑制其生长，在时间上，生长时间只有 4～7 月 4 个月，在西南风危害的地区，4 个月时间都不到，常在 6 月底即停止生长，使春蚕、秋蚕都面临缺叶的问题。人们为此想了很多调节叶质的办法，如挦芽子、扩芽子、削坡、二芽柞、花茬子柞、老眠柞等。只有东北的辽宁、吉林、黑龙江和内蒙古等地，由于春、夏不缺墒（雪大），春季发芽迟，夏、秋少酷暑，气温偏低，更无西南风之害，柞树生长时间长，故春秋两季蚕都没有叶质问题，全用老柞。

1. 老柞

又称老梢，是上年和上年以前枝条上的冬芽所生成的枝条。有的将上年生长的枝条称二芽棵，前年生长的称三芽棵，余类推。这种柞都是由越年的冬芽萌发的，它发芽早，叶质成熟快，相应地变老硬也快。东北诸省春蚕、秋蚕全部用老柞叶放养。近年辽西新蚕区大蚕期，也存在叶质老硬的问题。

2. 芽棵

也称"火芽"，是通过剪枝，由剩余的少数几个冬芽或潜伏芽萌发的枝条，当年称芽橛。由于庞大的根系所贮藏的营养物质供给这些保留的少数几个芽，其营养丰富，运输距离又近，故发芽旺盛，叶质含水量高，柔嫩期长，是干旱期间维护蚕正常发育、确保蚕茧丰收的好饲料。

缺点：①枝条少，叶量大大减少，使用柞的亩数成倍增加。②叶质柔嫩、可口性大，食叶重，柞树生理受摧残，损伤树势。③墩柞的芽橛，枝条短且柔嫩，3～5头大蚕爬上去则会将其压垂于地，蚕受地面炙烤、雨水击溅，叶易被泥水污染，蚕容易得病。④树势矮，敌害严重。

3. 老柞疏（敲）枝

老柞疏枝是在树液停止流动时，用剪刀将柞树（老柞）的细小柔弱的枝条疏去一些，俗称"去敲一些"。疏去的多少，要根据柞树品种发育速度的快慢、用叶时间的早晚而定。早用少疏，迟用多疏。还要考虑气候状况、立地条件，如土质肥沃、雨水多、供水足时宜少疏；土质瘠薄、雨水少、干旱时宜重疏，应灵活掌握。达到叶质与蚕儿生理要求一致。轻疏者只疏去柞树树冠内部的细弱枝、病虫枝、徒长突出枝、下垂枝、丛生过密枝、受伤枝等，疏去总条数的 3/4、重量的1/4。轻疏供应春蚕 3～4 龄蚕用叶，疏芽期距使用时间不长，叶质可较早成熟。还可供春蚕窝茧用，因为柞树经疏枝后枝叶茂密，能为蚕结茧准备较多的适宜位置。重疏者除轻疏必疏的枝条外，各主枝（大枝）基部的毛枝、小枝、近地枝、重叠枝、并生枝、弱枝、过多的中心枝等，都要疏去总枝条数的 4/5、总枝条重量的 1/3，供 5 龄蚕用叶或秋蚕窝茧场用。疏枝时，凡选留的粗壮、挺直枝条，不要剪梢，否则抑制其高的生长，刺激其下部发出一些侧枝，不利于向空间发展，限制其多占据营养空间、多制造光合作用产物。疏枝时剪剩的茬越短越好，免生死橛。墩柞平地，桩柞宜与桩干平，更不要留短橛给运输增添障碍，刺激该处潜伏芽的萌发，浪费营养，影响疏枝效果。疏枝是疏去枝条上的细小孱弱枝条，都是些营养不足、发育不良的小枝条，如果对其保留不疏，其上着生的大量先天缺乏营养而发育不良的冬芽，会白白消耗一些营养。若疏去，越冬期根、干贮藏的营养减少并避免了营养的无效分配，将营养专供给疏留的枝条，使其营养充足、发育旺盛、叶片面积增大、厚度增厚、叶质柔软、叶色浓绿、叶面光泽强、叶质优良、所含营养成分丰富。

疏枝柞的含水量、蛋白质、可溶性糖都比老柞多，说明疏枝制造的光合产物含量高，疏枝后枝条分布合理、稀密适宜、通风透光好、养分集中使用、无效养分消耗少，叶片光合作用强，所以叶质优良、养分含量高、含水量多。叶质调节的效果重疏枝＞轻疏枝＞老柞。疏枝柞比老柞脂肪含量少，表明疏枝后的柞叶叶龄短、叶表蜡质层尚未发育充分。老柞叶相反，蜡质层厚，所以脂类较多。老柞疏枝后新发柞条总长比老柞的短 6.33%，但相反新发枝条的平均条长增加 52.63%，产叶量也增加 17.28%，这说明老柞发出的枝条总条长虽长，但根数多，枝条细、长度短，叶小、质劣，且根、干供应的水分、养分使用分散，无效耗费多，长势弱，故产量低。

8.5.3　普通柞林改建

亩栽 200 墩以下的柞林，柞树数量很大，有的为墩子即无干的灌丛式，有的一墩中已留成中高干（干高 1.2m 左右），有的中干已进行修枝的管理。好的郁闭度能达 0.6 以上的，没有改建的必要。改建主要是针对郁闭度在 0.5 以下、水土流失严重，特别是坡度在 20° 以上的、较陡的场地。改进的方向是增加经济效益和生态效益。首先增鳞补墩，防止水土流失。在每墩柞树基部增挖鱼鳞坑，既能拦蓄水土，又能翻土助耕。另外，挖掘短沟也能起到保水、改土的作用。缺墩、缺株的地方，以冬季播种补植为好，补植的小柞树需加强管理，必须适当追施肥料，两三年内不放蚕或少放蚕以促其生长。

8.5.4　养分的返还

氮、磷、钾和其他矿质元素对柞树生命活动有很大影响，尤其是氮素，土壤最容易缺乏该元素，不少学者都进行过试验性的化肥施用，结果都表明化肥能促进柞树的生长，可提高叶质，使叶质油润、光亮，延迟老硬时间，增加担蚕量，效果明显。柞树对各种元素兼收并蓄，广结"伙伴"，最有利的是真菌，如菌根真菌等，只要管理得当，养分的返还是可以达到的。返还途径如下。

1. 降雨

降雨具有增加土壤养分的功能。降雨可以直接从大气中溶解氮素，淋溢尘埃。国外有资料显示，温带地区每年通过降雨增加到每公顷土地上的氮素约有 5kg。这种氮素主要是铵态氮（NH_4^+）和硝态氮（NO_3^-），正是供柞树利用的吸收态。

另外，雨水淋洗植物，使其表面一些物质随雨水落入土壤，包括落在叶片、树皮上的一些尘埃、颗粒、柞树的分泌物等，以及停留在柞林内一些动物的遗留物、排泄物等。这些被淋掉的物质主要为矿质元素，有钾、钠、钙和镁等。英国学者的相关研究显示，柞林冠下收集的雨水中，钠、钾、钙、镁要比在附近旷地收集的水中多 2～8 倍。磷在雨水中的含量较少。英国某片赤栎林内，通过降雨返还到土壤的养分超过了枯枝落叶返还给土壤的钾、镁和钠的数量。以上虽然是国外的调查资料，但降雨作用是相同的，说明降雨是柞林的肥料来源之一。

2. 枯枝落叶

栎林内的地表覆盖一层松软的枯枝落叶。它既能保持水土、涵养水源，又起着为土壤输送养分的作用。枯枝落叶经过长期分解过程，逐渐把养分归还给土壤，从而增加土壤的肥力，相当于"自我施肥"。枯枝落叶的分解作用是栎林生态系统物质循环和能量转化的重要途径，要经过失重、腐解、化学成分的变化过程等。

枯叶随时间推移而逐渐被分解，在场地内其分解过程通常有 3 个：一是淋溶，二是自然粉碎，三是分解，即由复杂的有机化合物，转化成简单分子。淋溶是指枯叶中的可溶性物质通过水的作用而被淋溶在水中，随水而去的过程。自然粉碎即通过干湿交替、冰冻、解冻及动物的活动或摄食咀嚼、消化、分解将复杂的有机化合物转化成简单分子，这些都能使枯叶破碎，由大变小。以上三个过程同时发生，而且直接受环境因子变化和土壤动物、微生物活动的影响。

在分解过程中，枯叶的重量发生变化，变化大小可以体现枯叶的分解速度，将枯叶在场地内放置一定时间后，枯叶失去重量。以其失去的重量，除以放置前枯叶的原重，求得的百分值即"失重率"。枯叶在场地内放置的时间越长，枯叶的失重率越大，在同一生态环境下，不同树种的枯叶和不同放置时间的失重率不相同。一般来说，初期阶段针叶树的枯叶分解速率比阔叶的慢。分解速率也称"腐解率"。

枯叶分解是场地内生态系统中营养元素循环的重要组成部分。随着枯叶的分解进程，其化学成分不断发生变化。以放置 120~150d 为例，有机化合物成分中的粗脂肪、可溶性糖、单宁、有机碳等可溶性易分解的物质含量大幅度降低。纤维素、木质素是难以分解的物质，通常在后期缓慢分解。

枯叶中的矿质元素是以各种无机盐的形式存在的，在分解过程中，该盐类被淋溶到土壤中，再通过水及其他作用而形成离子态被植物吸收。在分解过程中枯叶的变化是，钾、钠、钙、镁、铜、锌都不同程度地从枯叶中显著丧失，丧失的速度也因树种和化学元素的不同而不同。矿质营养元素的丧失以钾和钠最快。

枯叶分解中碳、氮含量之比可反映枯叶的无机化学过程，又表现出初期快、后期慢，碳的净丧失值随时间的推移而增加。氮的情况也基本相同。

3. 土壤微生物

栎树不能利用空气中的氮，只能吸收土壤中的无机氮化物，主要是铵盐和硝酸盐。但是铵盐和硝酸盐在土壤中并非来自土壤矿物质的分解，而主要来自空气，因空气中 80%是氮气。它们进入土壤的方式除上述降雨的作用外，主要靠土壤微生物。

蚕场表层土壤内，栖息生活着能适应栎树下小生境条件的小动物和微生物，在种类上是很丰富的，枯枝落叶是它们的基本食粮。在它们之中，有的是能够进行光合作用的植物，有的是以腐殖质为营养的腐生植物，这些有生命力的生物的重要性在于它们能使枯枝落叶转变成可被柞树根系吸收利用的可溶性化合物。

土壤具有合适的温度、水分和氧气条件，是细菌的乐土。细菌是土壤中最多的土壤有机体，有资料指出，在温带每公顷细菌的重量达 1680kg。这么多细菌每年把大量的有机质分解补充返还到土壤中，作为土壤的一员。

在这些细菌中，有少数细菌有固氮能力，如根瘤菌，它和豆科植物共生，根瘤菌把固定了的氮化物供给豆科植物，实际上根瘤菌所固定的氮化物不仅供豆科植物利用，还有一部分氮化物分泌到土壤中，被其他植物利用。死亡的根瘤菌，固然会被根瘤细胞所消化，其分解物则会被植物吸收同化。土壤中的真菌都有分解土壤有机质的能力，即将有机质分解为简单的、能被柞树利用的化合物。柞林土壤里常见的真菌在累积氮素方面的作用就很大。在不利于细菌生长的不良条件下，真菌就显得非常活跃，具有很强的生命力，在繁衍、生长上都表现优越，成为最重要的土壤微生物。

（1）柞树菌根：柞树根部组织与真菌的菌丝体结合共生，这种真菌为外寄生，即真菌形成一个套子，套在根尖上，外形鼓起，协助不发达的根毛吸收大量水分、矿质营养。它能积聚大量的养分离子。这种养分离子既可以被真菌自身利用，也可供宿主柞树根利用。事实证明，没有寄生菌根的柞树生长不良，而寄生菌根的柞树生长良好。柞树生长的好坏与吸收磷肥的能力也有关。菌根具有抗生作用，可以保护柞树根免受根腐病等的感染，有研究者从土壤中的真菌中分离出链霉素和氯霉素等抗生素。美国在育苗中执行橡树苗木菌根化，其质量指标为：一年生橡树菌根的苗木比对照的质量几乎高两倍。他们播种时将分离培养出的菌种彩色豆马勃（*Pisolithus tinctorius*）与橡实同时埋入土中。

（2）小动物的活动：柞林由枝干和叶片组成的“天篷”，为各种小动物提供了各式各样的栖息场所，经它们的竞争与适应，森林动物之间的平衡得以保持，形成一个生命旺盛的集合体，构成柞林内的“生态体系”。地面上的树叶、枯枝、嫩枝等覆盖物有助于地面保温、保湿，这些植物性的物质，与昆虫、鸟类、小的哺乳动物等的排泄物一起腐烂后，大量有机物归还给土壤。还为一些小动物提供了一个温暖、湿润的家园和一个丰富的食物工厂。许多昆虫、蚯蚓、马陆构成了许许多多的食物链，有的为柞树的保护、柞蚕的保护提供生物防治效果（苏伦安，1993）。

8.6　柞蚕场抚育

8.6.1　修剪

根据柞园实际情况，可将柞园原有的无干、低干柞树改造成中干柞树，中干柞树改造成中干放拐和阶梯树型，呈现多层立体结构，使叶面积系数和载蚕量增加 40%，中干树型占生态柞园更新的 90% 为宜。柞蚕场要做好柞树树型的养成，要因地制宜，以桩上留拳和桩上放拐枝的方式进行养成。

（1）剪枝：一般在休眠期结合蚕场轮伐更新进行。大平头剪去 2～5 年生柞树枝条的上部枝梢，并剪去病弱枝、拖地枝、徒长枝、向上枝，保留侧枝和主枝的主干权，促使柞树重新萌发出繁茂的枝叶来。

（2）疏芽：柞树经砍伐后会萌发出过多的新芽，如不进行合理疏芽，会影响柞树的整齐度，耗费大量的水分和养分。因此，应疏去过密的弱小枝及病弱芽，保留健壮的芽条。

（3）疏枝：柞树萌芽力很强，砍伐后能萌发出很多枝条，应适时剪去病弱枝、过密枝、虫害枝、枯死枝。

（4）轮伐修剪：在长期的生产实践中，各地已形成了定期轮伐更新的制度。轮伐都在晚秋至早春的柞树休眠期进行。其方法是在保持树型的前提下，将上次轮伐更新后的新生枝条伐除，使其重新萌发新枝。砍伐切口应呈马耳形，断面光滑，周皮完整。

8.6.2 树型培养

培养中刈树型蚕场主要有"三大要素"，即中刈留桩、中刈留拳放拐和在拐枝上按一定周期轮伐更新。

（1）中刈留桩：当根刈柞树或实生柞苗长到 5～6 年后，在冬末春初树液流动前，每墩柞树选留健壮单株 3～5 个，用锋利的镰刀，离地面 80～120cm 处砍掉。砍时要注意 3 点：①刀口一定要选定在"芽眼"的上方和背面；②刀口斜面呈光滑的马耳形；③留出有培养前途的侧枝。中刈留桩总的原则是：大树留小的，小树留大的，不大不小留好的和先留后定。

（2）中刈留拳放拐：中刈柞树留拳放拐是中刈树型剪伐技术的核心。由于麻栎生长具有侧枝角度大、侧枝向水平伸展的特性，只要在一株树上剪去顶梢，下边生长的侧枝便可作为放拐的拐枝。拐上都可以萌发枝条养蚕。放拐可根据山形、树型分别留成水平拐、低头拐（主干向下坡一面）、仰头拐（主干向上山坡一面）和二层楼拐等。要求各个拐枝顶端与山的坡面保持平行，一般离地 80～120cm，并引导向空缺方向发展。

（3）在拐枝上按一定周期轮伐更新：中刈留拳放拐或中刈留桩的蚕场，每养 2～3 年蚕后，在冬末春初，从拐枝或桩子上进行轮伐更新，使之萌发出新的枝条用于养蚕，更新时要选出合乎放拐要求的小枝，其余伐去，既保证能养成中刈放拐树型，又有利于当前养蚕需要。在轮伐更新时，发现树型某一方向空缺，而在主干或侧枝上有较大的侧枝或副枝,此即"阴阳拐",春季砍伐时,将其基部劈开1/3 左右,用手轻轻下压,使之向空缺一方弯曲,刀口用石头或木片塞上,防止恢复原状和雨水浸入腐烂。放"阴阳拐"可以在不重新栽培柞树的前提下,利用已有的柞树侧枝向柞墩周围有空闲的地块伸展,从而达到合理利用蚕场空间的目的。

8.6.3　水土保持

水土保持应根据各地植被、地形、土质、气候条件,以生物措施为主、工程措施为辅,因地制宜地进行。生物措施主要是保护和种植草灌植物,以保护蚕场植被,防止其退化。植被差的蚕场,应种植耐旱、耐瘠、水土保持效果好的植物,采用等高线带状密植的种植形式,起到护坡、固土的作用。工程措施主要有修谷坊、闸山腰、挖水平沟、挖鱼鳞坑、修筑梯田等。

8.6.4　培肥地力

对树势较弱的柞树,在根部施用有机复合肥料及土壤调理剂,促进其生长。可在早春或晚秋,对缓坡蚕场的柞树进行培土压盘,修成直径 1m 左右、下高上低的树下坑盘,借以增加柞树根际的土层厚度,蓄积雨水。

8.7　柞蚕场轮伐休闲

柞蚕场一般 3～5 年轮伐一次。轮伐更新的适用期为柞树的休眠期,轮伐方式因根刈和中刈柞而不同。轮伐时要注意保留芽眼,以保证新枝的萌发;轮伐后,在芽条伸长到 5～20cm 时,应及时疏芽,疏去过密、弱小、受病虫侵害及生长不正的新芽,以确保保留枝芽茁壮生长。

以 60 亩为例,每年修剪砍伐 10 亩,6 年轮流剪伐一次,使蚕场的柞树常年有 1～6 年生各 10 亩。当年生的芽休闲,2～3 年生柞树养稚蚕,4～6 年生柞树养壮蚕。

养蚕的柞树,经过数年之后,树势渐高,同时柞叶亦现粗硬而稀,对放养均属不利。因此放养林地的柞树,到了适当的年限,需轮伐更新。放养林地的轮伐,在东北称"打场子"、在河南称"伐坡"、在山东称"打㭹"。

柞树的轮伐需要根据当地的气候条件、土质条件及其他放养管理上的年次等因素来定。

(1)轮伐周期:我国各蚕区的轮伐年次大致是山东隔年轮伐一次,东北地区每隔 3～4 年 1 次,河南则每年按放养量分为根伐、枝伐和不伐三种,轮流使用。轮伐后第一年生长柞,在东北和山东被称为"芽㮼"、在河南被称为"火芽";轮伐后第二年生长的二年柞，在东北被称为"二芽棵"，轮伐后生长三四年者称为"三四年芽棵"；二年生长以上者，在山东统称为"老梢"。1~4年生柞，树身较低而叶繁茂；5~6年生柞，树高大而叶片稀疏。东北地区一二年生柞放养稚蚕，三四年生柞养壮蚕，四五年生柞树用于结茧。山东地区轮伐后的一年柞，主要用于放养秋蚕，而春蚕期主要用老柞，但遇干旱年份，老柞硬化早，4~5龄期需用芽棵才能保持收成。

（2）轮伐季节：原则上是在冬季柞树枯黄后到翌春树液流动开始以前进行。过早、过迟均有碍新枝生长。在冬季多旱的河南一带，尤应根据坡的土质、树性和用途来灵活掌握轮伐时期。河南一般是在霜降后至立春之间进行，高坡地要比低坡地晚些，阴坡地要比阳坡地早些，栎树早些、槲柞迟些。

（3）轮伐方法：砍伐墩柞时，选择生长旺盛的枝条2~3根，在离地6~8cm处截伐，其余由基部砍去，这样可促使柞墩迅速生长，提高产叶量。柞树萌芽力很强，轮伐后又密生枝条，为使枝条繁茂，通风良好，在芽条伸长5~20cm时，疏去细小的和生长过密的芽枝。留芽数量应根据树势、土质确定，土肥树强的多留，否则少留。桩柞经数十年后，树干衰老，应行更新。轮伐时连主干由根际砍去，翌春由基部发芽，经3~4年后再养成青壮的桩柞（王方，2017）。

8.8　柞蚕养殖管理

8.8.1　柞蚕养殖

1. 养蚕前的准备

蚕卵经10d左右的合理保护，便孵化出蚕，二化一放柞蚕，必须根据小蚕经过快、大蚕经过慢的特点和柞蚕对最适生态条件的要求科学放养。

2. 柞蚕生长过程

柞蚕卵呈椭圆形，稍扁平，卵壳的主要成分是蛋白质，卵壳具有一定的坚韧性，对胚胎具有很好的保护作用。柞蚕幼虫由头、胸、腹三部分组成，外表呈长筒形。柞蚕以蛹越冬，在温度、湿度及气候条件适宜时发育转变成蛾。傍晚前后，是发蛾最盛阶段。蛾体由头、胸、腹三部分构成，全体着黄褐色鳞毛，具有飞翔能力。雌雄蛾交配后，产卵时间可达3~4夜之久，一蛾产卵在200粒左右。随着蚕卵内胚胎的逐渐发育，胚胎发育至气管形成期可发出轻微的卵鸣。柞蚕卵在产出时是比较饱满的，随着卵内胚胎的发育，营养物质逐渐被消耗，卵内水分也不断蒸发，导致卵壳表面出现凹陷。当胚胎发育至气管形成期，卵壳再行鼓起。蚕农领卵宜在孵化前一日进行，领卵、运卵时要注意蚕卵不要被日晒、堆积，还要避免巨大振动和接触有毒有害气体及农药、液体等，减少人为因素给蚕卵造成的危害。

3. 养殖管理

选种：结合本地气候、环境等方面的实际情况，首选优良、抗病能力强的柞蚕品种。严禁选用个体蚕场生产的"无证"劣质蚕种，避免造成损失。

布局：根据本地柞树分布等情况，合理安排布局，选择有利时机，尽量错开不同农作物的种、收季节，避免某些外界因素对养殖的影响。合理掌握养殖密度，不要堆积过厚，及时穿挂种茧。饲喂适熟柞叶，避免饲喂湿叶、萎凋叶。将弱树上的蚕、老叶上的蚕、贴地枝上的蚕、过密枝叶上的蚕尽早移到蚕少或未放蚕的嫩枝上，使蚕吃到营养丰富的柞叶。老眠前将晚蚕、小蚕及五眠蚕剔净，另换好树饲养，使蚕的体质增强。壮蚕期蚕食叶量大，注意防止吃光墩和跑坡缺食，以提高蚕茧质量。在柞园内禁牧，适度清场，合理使用柞树资源。操作时动作要轻缓，保护蚕体，避免伤到柞蚕，给病菌入侵造成可乘之机（程成，2017）。

8.8.2　防控各类危害

危害柞蚕的主要病虫害有脓病、软化病、步甲、螽斯和线虫病等，还要适时防控鼠害及飞鸟的危害。

1. 病虫害防治

（1）预防为主：病虫害防治必须遵循"预防为主，综合防治"的原则。首先，严格选蛾，淘汰病弱蛾及病蛾产的卵。做好卵期、蛹期的保护工作，精心喂养，保证柞叶质量，确保柞蚕健康生长，提高自身抗病能力。其次，做好消毒杀菌工作，发生病虫害时立即防治，并进行隔离。对病蚕连同污染的柞叶一起剪下，集中放入消毒池内消毒后挖坑深埋。可用 500 倍敌敌畏药液，对场地周围及杂草、杂树进行喷施杀虫。需要注意的是，用药物防治病虫害时，宜在晴天无雨无风情况下进行喷药。同时，要严格按照说明配比配药，不可擅自加大或减少药量。浓度过低会影响防治效果，而浓度过高则会危害柞蚕。

（2）药杀幼虫：分 2～3 次进行，第一次在养秋蚕前 7～10d，在蚁场进行。蚁场以外的柞园要及时进行第二次、第三次喷药防治，第二次喷药时间建议在 8 月 10 日左右，第三次用药建议根据柞园的虫害发生情况灵活把握。栎粉舟蛾防治应该放在幼虫发生前期，龄期小的幼虫不耐药，后期接近老熟的幼虫耐药性较强，防治比较困难。可使用"蚕敌一扫光"蚕药杀灭柞园内栎粉舟蛾等各种食叶害虫，喷药 7d 后即可放蚕。每支 10ml，2 支药兑水 15kg 充分搅拌均匀后，喷布柞树叶面，以叶面布满雾滴为度，能对准虫体喷施更好。喷施时要避开早晚柞树有露水的时间，选择无风晴天，防止漂移，同时做好个人安全防护工作。

（3）黑光灯诱杀成虫：在 6 月下旬至 10 月，设置黑光灯诱杀成虫。

（4）生物防治：在栎粉舟蛾羽化高峰后 2～3d 释放舟蛾赤眼蜂，当年每亩投放赤眼蜂 6 万头，以后每年投放 4 万头/亩，分三次投放，每次间隔 7～10d。每次放蜂时间应在喷药前后 7～10d 及以上。选用舟蛾赤眼蜂、松毛虫赤眼蜂、螟黄赤眼蜂混合投放，舟蛾赤眼蜂、松毛虫赤眼蜂和螟黄赤眼蜂投放比例为 5∶4∶1，蜂卡间距为 18m，放蜂时要躲避柞园用药。

2. 鼠禽伤害

在防治病虫害的同时要及时控制鼠禽，可用鼠夹、捕鼠器等进行捕杀。

3. 驱鸟

对小鸟可采用哄吓的方式驱赶，禁止射杀鸟类（程成，2017）。

8.9 稚蚕场建设与管理

在恶劣的气候条件下，确保苗全、苗壮需要总结归纳多年的保苗避灾经验，在生产成本增加较少的前提下，采取如下措施可获得较显著的经济效益。

8.9.1 保苗稚蚕场的位置选择

要选择半山腰以下较为平坦、树墩较密、连片的、树龄整齐的 1～2 年生芽棵（最好避开西北风头风口坡向），一般每斤[①]蚕卵需用稚蚕场面积约 100m²，80～100 墩中干放拐芽棵即可。不能选用半山腰以上土层薄、缺少水分、易蒸发、易受风雹危害的山坡上部及山顶地点，更不能选择山洼窝风的地点，防止发生高温闷热、不通风，导致伤热发病。

8.9.2 稚蚕场使用前的技术处理

在蚕上山的前 10d 将场内杂树清理干净，便于劳作；稚蚕上山前 7～10d 用正规厂家生产的敌敌畏乳剂配制成 500g/kg 水溶液药杀蚕场；稚蚕上山前把较大的破蚁树墩用袋口绳轻轻收拢捆绑（过紧影响通风和食叶，过松口绳容易脱落），防

---

① 1 斤=500g

止大风摇晃柞枝，摇掉稚蚕造成损失。

8.9.3　稚蚕场的防旱方法

视稚蚕场柞墩大小将稚蚕以每墩 300～600 头的密度进行收蚁。当天气干旱无露水时，可以用 4～6h 之前准备好的洁净井水或洁净的自然水，每日早、晚两次向稚蚕场有蚕的地方进行人工补湿，喷至水滴即将流淌为止。若天气过于干旱无露水，有条件的蚕场可用机械向场地内进行浇水，浇至湿土层深度达到 30cm 左右即可，以保证稚蚕场湿度。如天气继续干旱，早晚仍无露水时必须向稚蚕场有蚕的树墩进行补湿。

8.9.4　保苗注意事项

在出蚕前一天种卵必须用 3% 的甲醛、盐酸混合液消毒（即 500g 甲醛+500g 盐酸+5kg 水）；要在收蚁前、收蚁期间用敌敌畏、蚕病灵等蚕药进行叶面用药，防止发生蚕病或暴发性传染；要注意食叶不能超过柞墩的 1/2，达到食叶标准前要及时移蚕预防传染发病；保苗期间，由于幼蚕密度过大，为了避免损失，预防虫、鸟、蜂危害尤为重要，因此要严密做好虫、鸟、蜂危害的防范工作。

8.9.5　蚕场树龄要求

稚蚕场要求在正常气候条件下用二年生芽棵，在干旱气候条件下用一年生芽棵；壮蚕场在正常气候条件下用三年生芽棵，在干旱气候条件下用二年生芽棵；窝茧场在正常气候条件下用四年生芽棵，在干旱气候条件下用三年生芽棵。场地内必须按照上述要求的一个树龄为主，不能掺杂其他树龄的树。柞树高度要整齐一致，才能方便养蚕。

8.9.6　场地清理要求

场地轮伐时，将场地内 1/4（四年轮伐制，每年必须轮伐 1/4）面积，要连大带小成片清理，使下年柞树全面重新萌发新芽，树龄、高度完全一致，这样既能保护柞林也有利于生态平衡。

8.9.7　稚蚕场管护

养蚕用的柞蚕场，每年被蚕吃掉大部分树叶，营养积累少，树质树势减弱，又无外界营养的补充，往往出现生长不良、枝疏叶小的现象。更为严重的是连年吃得较枯的蚕场，很难做到既养蚕又养山养树。为保柞蚕常年丰收，必须加强管理。

1. 追肥

为保树势的恢复，每把剪子柞林每年必须要有 1/4 或 1/3 的当年不养蚕的休闲林地。并要在养蚕中掌握食叶程度，防止吃光墩。在树势较弱、土质较差的蚕场，可用尿素做根外追肥或用喷施宝等肥料做叶面喷施，以提高叶质，增加产叶量。在清理场地时，要保留场内小草，更不能铲草皮，防止水土流失。柞蚕场要有专人负责看护，禁止乱砍滥伐、上山放牧。

2. 修剪、疏墩、补植

修剪：一是剪枝，在柞树休眠期剪去 2～4 年生的柞树枝条上中部枝杈上的枝梢，使树冠平齐。在修剪时要剪去病弱枝、徒长枝、向上枝及拖垂枝等，保留主枝和好的侧枝，使养分集中，使新发的枝条繁茂。二是剪梢，在夏芽发生前，即在养蚕前约 40d，将春天发出的枝条剪去顶梢，使之萌发出嫩枝叶，供蚁蚕食用。在黑龙江省一般不用此法，如蚁场不足又无一二年芽棵，可剪一点柞树，供收蚁用。

疏墩：有的蚕场树密，条细不发棵。为提高柞树的担蚕量及叶质和产叶量，也使养蚕操作方便，就应把树墩疏开。每一柞墩之间保持 2m 左右的距离为好。

补植：柞蚕场内的空闲地和缺株、缺墩处要补种橡子或补栽柞树，以提高场地的利用率。

3. 柞树虫害综合防治

柞树的虫害种类很多，分布极广，繁殖快，数量大，经常造成严重危害，是蚕茧增产的一大障碍。

柞树虫害综合防治方法有以下几种。

（1）刮除卵块：根据其产卵习性寻找卵块，适当杀死（并保护卵寄生蜂），如天幕蛾的顶针卵块，明显易采。

（2）诱杀成虫：根据发生时期，用黑光诱蛾灯诱杀抱卵成虫。

（3）捕杀幼虫：有些幼虫群栖，舔食叶肉，只剩叶脉、白枯之叶，高挑柞树之上，其下叶丛中和叶的反面群虫集聚，容易捕杀。

（4）药杀幼虫：不宜盲目撤蚕，对鳞翅目食叶幼蛹应采取：①辛硫磷 50% 乳油，1000g/kg 水溶液喷洒场地。②敌敌畏 80% 乳油，700 倍液喷洒场地。③辛硫磷粉 2% 喷洒场地。④磷胺 50% 乳油，1000g/kg 水溶液喷洒场地。⑤对天牛在蛀孔内注入二硫化碳、二氯苯液或塞入磷化钼颗粒，用泥封口，杀死幼虫。⑥橡实象虫虫以 60℃温水浸种 5min，熏蒸橡实，在 23～25℃的环境下，每立方米用二硫化碳或溴甲烷 25～30ml，或用磷化铝 75g 熏蒸 24h（苏伦安，1993）。

8.10　柞蚕场持续经营

柞蚕场是一个小型的生态系统，有纵横交错的网络结构。其中的各种生物和非生物因子形成一个互为利用、能量转换和物质循环代谢的综合体，时时维持着生态平衡。在放养柞蚕的过程中，蚕场生态平衡经常被打破。为此，需要加强蚕场肥培管理，促使这个生态系统的长期平衡，从而达到永续利用。

8.10.1　造成蚕场质量下降的原因分析

（1）沙化：尽管蚕场沙化与当地蚕场的地表结构有关，但植被遭到严重破坏是蚕场出现沙化的重要原因。因能源紧张，蚕场遭受了不到年限的更新，乱打疙瘩头及搂草等行为，使蚕场植被遭到破坏。同时，过度的清割蚕场造成了蚕场的水土流失。另外强降雨可促使蚕场土壤裸露，易形成沙化。

（2）稀化：蚕场中柞墩数的多少因柞树树型的不同而异，其最佳数量应分别达到下列标准：中干放拐 150 墩/亩，中干留拳 151 墩/亩，无干树型 250 墩/亩以上。不够上述数量便是稀化。蚕场绝大多数由天然柞树林改造而成，由于自然和人为等因素的影响，蚕场柞树缺墩少株比较常见，特别是三类蚕场缺墩较多，达不到放蚕最佳需求，必然影响柞蚕种投放量和蚕茧产量。

（3）掠夺式经营：蚕场属于集体财产，其所有权归集体所有。农民放蚕轮流坐庄使用蚕场，势必造成短期经营行为，盲目投种，过度使用蚕场，而且剪枝过重，影响柞树生长，降低蚕场郁闭度，削弱了蚕场水土保持功能。

（4）放牧、开矿：由于管理与制度的原因，有关部门对在蚕场内放牧和开矿等现象管理较宽松，致使柞蚕场植被遭到严重破坏，影响了放蚕的正常进行。

（5）过度砍伐：近几年，因有些蚕场处于承包的结尾期，一些蚕民为了多砍些柴火，而不按政策规定，擅自进行超面积砍伐，势必影响下轮正常的放蚕秩序（梅建顺，2008）。

8.10.2　建设和保护好蚕场资源

1. 保护蚕粪和蚕场枯落物

蚕粪是蚕场土壤最好的有机肥料，除含有叶绿素、纤维素外，由于柞蚕幼虫的每个龄期除表皮以外，肠内围食膜与马氏管内膜都要脱落 1 次，后者均随粪便一起排出体外，增加了粪的养分。每头蚕平均食叶量为 14.31g（干物质），排泄蚕粪 11.86g 左右，消化量为 2.45g 左右，消化率仅为 15% 左右。通常，一个蚕场放养 20 万头柞蚕，可积累蚕粪 230kg。

蚕场枯落物由柞树枝叶、草本植物、灌木和病蚕、其他昆虫体及其粪便等构成。一级蚕场里枯落层厚 2～3cm，二级蚕场里枯落层厚 1～2cm，三级蚕场里枯落层仅残留在柞树根部。这都表明枯落物是蚕场肥力的主要来源。枯落物多，不仅能提高蚕场土壤肥力，而且能提高土壤蓄水能力。据研究，一处地表 3cm 厚的枯落物层，雨后 10d 蒸发至恒重，会比 1cm 厚的枯落物延长 1 倍多的时间。在蚕场修鱼鳞坑及挖小型截水沟等办法可有效防止蚕粪、枯落物的流失，对柞树生长极为有利（吴振多等，1989）。

2. 养护草本和灌木植物

由于柞树每隔 5～6 年轮伐 1 次，从而形成了蚕场特有的植被生长波动规律，这是在其他林地少见的。人们的生产活动就应当自觉地利用这种规律，采取积极措施，维护蚕场植被的完整性。蚕场内草本植物和灌木的多少，是衡量蚕场植被类型的主要指标之一。一级蚕场的植被类型较完整，除乔木层外，灌木层主要有胡枝子、榛等；藤本植物层主要有猕猴桃、山葡萄、五味子等；草本植物层主要有苦参、山扁豆等。而二、三级蚕场中的乔木、灌木和草本植物的数量和生长量都在发生逆向演替，一些抗旱、耐瘠薄的植物如结缕草、羊须草等渐成优势种。对这些生态屏障，除了需要勤加养护以外，还应多采用补植措施，逐年提高植被对蚕场的覆盖度。

保护杂草灌木植被是改善蚕场环境因子的重要措施。保护方法：少割，除过道和树里的杂草外，不要进行清理。其作用是可提高杂草、灌木植物结实率和根茎繁殖力，保护蚕场植被完整（吴振多等，1989）。

3. 种植绿肥

蚕场绿肥植物，以豆科草本植物和灌木为主。有的是在蚕场中自然生长的，适应性强，应加以珍惜、保护和利用，尽量扩大面积；有的是人工选育的，应在蚕场里试种，这是提高蚕场水土保持能力和土壤肥力的措施之一。常见的绿肥植物有：胡枝子、苦参、紫穗槐、山扁豆、草木犀等，这些植物耐阴、抗旱，有利于水土保持，应加以保护利用（吴振多等，1989）。

4. 开展蚕场建设和治理

首先要进行蚕场补植和加密工作，达到高标准蚕场的要求，对二三类蚕场不清割植被。在蚕场中种植抗旱、耐瘠薄的草灌植物等，修筑水土保持工程治理蚕场沙化，在蚕场缺墩少株处种橡子或栽柞苗提高单位面积产叶量。

5. 加强对蚕场的管理力度

必须根据蚕场方面的政策法规，坚决实行 5～6 年柞树更新，不准擅自在蚕场内开矿、取土及砍柴，要完善蚕场更新手续，放蚕要留叶，不剪主干枝，要量场投种，不搞掠夺式经营。

6. 深化蚕场产权制度改革

延长蚕场承包期是加强和改进蚕场建设的有效方法。稳定蚕场承包期至 30～60 年，可充分调动蚕农建设和保护蚕场的积极性，在落实蚕场经营权的同时，进一步落实蚕场建设的任务指标，真正解决好蚕场的责、权、利等问题，这是提高蚕场质量、改善蚕场生态环境、切实保障蚕场可持续利用的有效途径和可行措施。

7. 建设生态蚕场

随着科学技术的发展和蚕业的进步，为了保证柞蚕场永续利用、蚕业生产稳步发展，蚕场生态建设越来越被各级政府和蚕业生产部门重视。

柞蚕场生态系统是由柞树、草灌植物、柞蚕等生物和外围环境构成的。柞树是柞蚕的食料，是生态蚕场建设主体。柞蚕场柞树的密度、树型的养成、轮伐周期等是反映柞蚕场生态经济效益的主要指标；草灌植物是柞蚕场的植被，具有保持水土、增肥地力、改善蚕场小气候的功能；柞蚕是靠摄食柞叶吐丝营茧而实现经济效益的。所以，生态蚕场技术要求放养柞蚕既要获得高产，更要加强蚕场建设，控制食叶程度，以保持柞蚕场的永续利用。

生态蚕场应该是中刈树型，每亩 150 墩以上，郁闭度 0.7 以上，植被完整。

柞树中刈和中刈放拐枝是扩大树冠、提高蚕场郁闭度和增加蚕茧产量的关键，也是生态蚕场建设的核心。所以，更新蚕场最好实行中刈。

中刈：利用根刈蚕场逐步建成中刈蚕场，根刈三年生柞树，每墩选健株 1～2株，于休眠期在距地面 50～60cm 处剪去上面主干枝，留下分枝，促进分枝生长。过 5～6 年更新时，留下选留的中刈柞树，其余的从根部去掉，并且把留下的柞树侧生对称枝条选留 3～5 个，在距主干 30～40cm 处削去上部，留作第一级拐枝并把拐枝上的枝条在距拐枝 3cm 处全部削去。

放拐枝：已中刈的柞树，4～5 年生的枝条需要更新时，选与主干开叉角度大的、对称的、健壮枝条 3～4 个，在距主干 20～30cm 处削去上部留作一级拐枝，并从基部削去拐枝上的所有枝条；然后再过 4～5 年更新时，在每个一级拐枝上留1～2 个与地面平伸的枝条，距一级拐枝端部 40～50cm 处，削去上部留作二级拐枝，同时从基部削去拐枝上的所有枝条，按此法再在下次更新留出三级拐枝。

补植柞树：大多蚕场都是在天然次生柞林上建造成的，柞树稀密不等，并且有很多空地，某蚕场 1982 年区划调查柞树平均密度为 130 墩/亩，按科学密度 150 墩/亩计算，平均每亩需补植柞树 20～30 墩才能达到生态蚕场的标准（赵云吉，2006）。

8.10.3 建设生态型柞蚕场的意义和作用

生态型高效益柞蚕场，就是使蚕场内形成 3 层覆盖：第一层是柞树覆盖；第二层是草灌植物覆盖，在地面形成绿色"地毯"；第三层是枯枝落叶层覆盖。通常以栽植榛子和山野菜为主。因为榛子树的根瘤菌能肥山旺柞，还可采收榛果，增加收入。还可栽植东风菜或大叶芹，栽植野菜不但有利于保持水土，还能提高蚕场生态效益，并且经济效益显著。

1. 建设生态型柞蚕场，进一步促进山区生态建设

蚕场柞林既作为经济林，又作为水土保持林，还兼作薪柴林，一直发挥着自己独特的经济、生态与社会功能。通过对蚕场柞树进行补植和加密，对衰老的柞树进行改造，对蚕场柞树进行禁牧保护，从而避免和减少蚕场沙化及退化现象的发生，在保障蚕场正常饲养柞蚕的基础上，进一步促进柞蚕场发挥其最佳生态效能，有利于柞蚕场持续利用。

2. 建设生态型柞蚕场，进一步提高柞蚕场的生产力

我国柞蚕生产有几百年的历史，蚕场柞树仍保持着旺盛的生产力。但近些年，在当前柞蚕生产以蚕农为主体的自主经营管理模式下，蚕民的过度生产、超负荷使用使得部分蚕场树势衰退，单位面积养蚕量减少，生产力下降。因此要想进一步提高柞蚕场的生产力，建设生态型蚕场是柞蚕场持续利用的关键。

3. 建设生态型柞蚕场，进一步提高山区蚕农的收入

柞蚕生产多集中在山区，这些地方山多地少，依靠种地无法满足家庭经济需求。饲养柞蚕成为一部分农民的最佳选择。实践证明，这部分农民通过养蚕年收入可多达数万元。另外，柞蚕生产的投资收益远远高于种植四大作物的投资收益。据黑龙江省佳木斯市农业农村局统计，佳木斯地区 1995～1999 年这 5 年间，种植四大作物投资与纯收益比平均为 1∶1.26，而柞蚕为 1∶2.47。尤其是这二者在时间上并不矛盾。建设生态型柞蚕场，将进一步提高蚕农收入，促进地方经济的发展。

8.11　柞蚕场复合经营

柞蚕场是一个未得到充分开发利用、充满生机、前途远大的资源库。在柞蚕场内养蚕、培育榛子、种植药材等复合经营，会创造出更多更好的产品，取得更大的效益，为农民增收作出贡献。

8.11.1　栽种榛树

榛子作为一种坚果在市场上特别走俏，其价格每千克在 20～30 元。榛树可在沟旁和植被稀疏、坡度较大的地方栽植，大部分柞蚕场内都生长着大量的榛树，一般占柞蚕场面积的 20%左右，但疏于管理，任其自生自灭，采果不多，现必须将其进行管理。首先要进行疏株，一般株、行距在 0.3m×0.6m，3 年一平茬，同时又可在蚕场沟岔等空闲地进行种（栽）植，方法是将采摘的成熟榛子在冬季经层积处理后，拌 600～1000g/kg 乐果乳剂（以防虫、鼠害）催芽播种。据统计，每亩柞蚕场内若存有 0.2 亩的榛子秧，每年可采摘榛果 30～50kg，创收 1000 元左右，同时大量的榛树又可起到肥培地力、保水保土及改善蚕场内植被和环境状况的作用。

8.11.2　培植绿肥植物

人工种植桔梗、柴胡、苦参、细辛等中草药材和山扁豆、胡枝子等绿肥植物，既可改良柞蚕场植被组成，又可提高柞蚕场土壤肥力。

8.11.3　栽（种）植蕨类等山野菜

当前，食用有机绿色食品已成为时尚，山野菜生自天然，富含各种矿物质和维生素，备受人们的青睐。柞蚕场内由于无树遮光又有肥沃的地力和湿润的气候条件，是山野菜生长的最佳场地。利用春季和伏季在蚕场内土层较厚的地方栽植蕨菜等山野菜，当年栽植翌年见效，一年栽植多年增效。经几年有目的的培育后，即可批量采摘上市，若每亩柞蚕场种植 0.2 亩的蕨菜，1 年采 3 茬，就可采摘蕨菜 50kg 左右，每千克 10 元，每亩即可创收 500 元左右，同时又可防止水土流失导致的柞蚕场裸露沙化，改善柞蚕场内的环境因子。

8.11.4　间作药材、花卉、食用菌

在蚕场可种植中草药材，如桔梗、柴胡、细辛等；可种植花卉，如野生百合、芍药等北方野生特有花卉；可培植食用菌，主要指野生的榛蘑、草菇、木耳等。这些项目的开发必将为柞蚕场的综合利用迎来一个光明的未来（罗桂芳和刘淑红，2012）。

第9章　蒙古栎病虫害防治

蒙古栎在东北的主要作用是营造防风林、防火林及水源涵养等，是一种综合性状比较突出的优良树种。蒙古栎的生存能力强，所以不论是孤植，还是与其他类型的树木混合种植，都可以很好地生长。由于蒙古栎的特性，人们已经开始对其进行人工培植，并且广泛应用于园林造景等方面。因此，蒙古栎作为一种重要的经济性树种，对于东北地区蒙古栎常见病虫害的防治，对森林的保护及对木材质量的保护等都有很重要的意义。

9.1　蒙古栎病害

9.1.1　心材白腐病

1. 发病原因和危害

心材白腐病是阔叶树种中常见的病害之一。感染了心材白腐病菌的蒙古栎不能成材的可能性更大，这严重影响了经济效益，还导致整体森林的健康指数严重下降。该病在中国东北、华北、西南和西北地区多有发生，在发病初期，蒙古栎顶梢或者侧枝呈现灰色腐朽状，木材横截面有灰色变色区，并呈放射状，之后随着病情的加剧，变色区变软，水分较大，用坚硬物体触碰有海绵质感。此时可以判定蒙古栎出现隐蔽性腐朽，风雨天可能导致其立木折断，尤其是幼龄蒙古栎，抗风折性能不强，更容易折断，并露出雪白朽材。

病菌通过以下几种方法进入蒙古栎内部：枝条断口处、死节、火烧伤处及天牛虫，还有其他原因可能会导致蒙古栎出现机械化的伤口，这样都会诱入病菌。病菌入侵时，树干木质部的颜色会先发生变异，会呈现出较深的颜色，之后变色的部分就会产生白色的斑点，此时纤维数目不断增加，最终出现凹型的状态。在被病菌感染之后，蒙古栎的木质部会出现孔状的海绵体结构，这种海绵体结构被命名为心材混合杂斑腐朽。蒙古栎在感染了心材白腐病菌后，其髓心组织及输导组织就会被腐蚀，即使利用科学的方法进行研究也无法获得切实可行的防治方法，只能控制心材白腐病菌的传播。

蒙古栎在感染了心材白腐病菌之后，不单树干的内部会产生腐烂，还会围绕腐烂点向四周进行扩散，最终导致整体树干都被病菌腐蚀。产生心材白腐病的原因主要是地势低洼、林间郁闭度较大、植株生长矮小而细弱，如果经常处于被抑制的状态，将直接导致树种感病性增加，或者排灌不良，根部始终处于阴湿状态，从而加大病原菌子实体的含量，最终发生心材白腐病。

2. 预防措施

由于技术人员在抚育过程中未能采用精细化种植方法，不能结合蒙古栎成长特点及时检查病虫害问题，导致蒙古栎树干部位受到真菌影响，感染心材白腐病菌之后，围绕腐烂点，向四周进行扩散，致使整个林区健康指数严重下降。此时相关部门和管理者应该常态化检查枝条断口处是否出现病变问题，及时判断病害严重程度，控制病菌传播，及时处理掉被感染的枯枝落叶，尽量减少或杜绝蒙古栎产生机械伤口的可能，以此降低心材白腐病病害发生概率。

3. 治疗措施

治疗心材白腐病的第一步就是要清理掉已经被感染的树木，之后要定期清理并燃烧枯树枝、树叶，以便破坏病菌产生的环境。清除病原菌滋养繁殖场所，注意收集树盖上的子实体，加强营林抚育，如果是发病较轻的林木，可以利用消毒杀菌剂对树洞或伤口进行消毒，防止病菌的再次浸染，或者利用杀菌剂封堵树洞，以防在风雨的侵蚀下再次注入病菌，同时利用刮刀除去受伤的树皮，刮皮深度约为 0.5cm，以此达到木质部，之后涂药，用 10%石硫合剂或交替使用 5%田安水剂200 倍液、40%福美砷可湿性粉剂 600g/kg 水溶液和 2%腐殖酸钠可湿性粉剂300g/kg 水溶液进行综合防治，直至长出新鲜组织为止（赵波和苑静，2017；辛向军，2022）。

9.1.2　根朽病

1. 发病原因和危害

根朽病是由蜜环菌的侵入而产生的，这种真菌主要在破败的枝叶、破败的落叶及植物的残体上依靠孢子的形态而生存。含有病菌的孢子在风的传播作用下，会落在老柞树枯萎的树根上或已经腐烂的其他组织上，病菌孢子得到了滋生的环境，很快就向树木的根部发展，一开始是在树皮组织的内外部形成黑色的菌落，若气候条件允许，很快就会繁衍成为蜜环菌。蒙古栎的根朽病就是由于蜜环菌在其体内发生变化而发生的。

2. 防治措施

面对根朽病，要积极改善林地的卫生环境，定时清理掉已经腐败的根须或者树桩。对幼林进行保养的过程中，要保留好根系，杜绝机械伤害。另外，要清除杂草，控制好菌体的产生，减少传染源（赵波和苑静，2017；辛向军，2022）。

9.1.3　早烘病

早烘病常发生在整片柞树林中，一般情况都是从柞树下半部分枝条的根基位置的叶片开始发病，并且迅速向上传染。刚发病时，叶缘会产生不均匀的褐色斑块。斑块在不断扩大的同时还会向叶片蔓延，最终导致叶片变成褐色，并且呈现干枯状，却不脱离树枝。柞树早烘病的病因还在研究的过程中，有关数据显示其发病与当地的气候、土壤的成分等都有很密切的关系。这种早烘病常发生在秋季，人造林的树木在生长 5 年左右发病会比较严重，而一两年的幼树反而不易发生早烘病。一般种植过密、树干比较低矮、树势比较弱的地方容易发病，而迎风的阴坡及陡坡也常见此病（赵波和苑静，2017；辛向军，2022）。

9.1.4　白粉病

1. 发病表现和原因

白粉病属于蒙古栎叶部真菌性病害。在发病初期，叶片部位出现不规整绿色小斑点，之后斑点颜色逐渐变浅，成为白色，病斑逐渐扩大，随着病情的加剧，病叶表面很快出现白粉，最后连接成片，导致蒙古栎干枯、卷叶和树叶萎缩，这对蒙古栎植株生长的危害极大。产生白粉病的原因主要是种植地地势低洼、杂草丛生，单株枝条过密，未能及时修剪，或者林间种植密度较大，造林地温度早晚温差较大，相对湿度过高（超过 80%），再加上林间窝风严重，会直接诱发白粉病。

2. 预防措施

要想有效抑制白粉病的发生，营林技术人员应该遵循白粉病发病规律和原因，杜绝病原体的侵入，尤其在蒙古栎落叶之后，应该及时处理落叶，及时祛除病枝病叶并焚烧，防止病原菌再次浸染。在林间抚育环节，要想有效杜绝病原体的侵入，必须保持合理的栽植密度，形成通风、透光的林间格局，以此保证蒙古栎的良好生长发育。对于相对低洼的地区，要及时清除地面杂草，做好幼树管护工作，及时整治修剪，并加大阳光辐射面积。

3. 治疗措施

利用 50% 霉菌净可湿性粉剂 800g/kg 水溶液，结合 5% 多硫化钡溶液进行综合防治，也可以在 6 月中旬添加 2% 硫酸钾均匀喷施到叶面处，以有效抑制白粉病的蔓延。在发病中期也可以利用 45%甲菌定 1500g/kg 水溶液进行喷施治疗,每 1～2d 喷施 1 次,但是连续喷施 3 个周期后应停药 1 周,再连续施药 3 个周期,以此降低蒙古栎白粉病侵害率。如果是白粉病暴发严重的地区,应该使用 50%硫磺胶悬浮剂 600g/kg 水溶液,结合 70%甲基硫菌灵可湿性粉剂 800g/kg 水溶液、50%苯菌灵可湿性粉剂 1000g/kg 水溶液和 40%多硫胶悬剂 1000g/kg 水溶液进行综合防治,以此有效抑制白粉病蔓延,并尽早恢复蒙古栎树势(辛向军,2022)。

9.1.5 褐斑病

1. 发病原因和危害

褐斑病主要由立枯丝核菌引起,属于蒙古栎真菌性病害。在发病初期,病斑呈椭圆形,从下至上发病,随着病情加剧,斑点变为褐色或黑褐色,影响植株生长,同时该种病害全年均可发生。林间存在丝核菌病原体,并且郁闭度过高、地势低洼、排水不良,就会导致褐斑病的大面积发生。

2. 预防措施

营林技术人员应该做好相应的预防措施,减少初浸染源,及时清除林间病残体,改善林间通风透光性能,也可以利用 1%波尔多液,每 2 周喷施 1 次,及时清除林间残存病菌,加强农业防治,做好水肥管理,增强树势,提高抵抗力,及时清沟排灌,清除病枝病叶并集中烧毁。

3. 防治措施

可以采用 75%百菌清可湿性粉剂,按照 1∶1 的比例均匀喷施,或者在病情严重区域喷施 56%嘧菌酯百菌清可湿性粉剂 1000g/kg 水溶液,每周喷施 2～3 次,也可以交替使用 50%退菌特可湿性粉剂 1500g/kg 水溶液,每隔 7d 喷施 1 次,可以有效降低病害蔓延速率。对于常发区、多发区,营林技术人员可以利用 80%代森锰锌可湿性粉剂 700g/kg 水溶液、80%炭疽福美可湿性粉剂 800g/kg 水溶液、40%增效甲霜灵可湿性粉剂 1500g/kg 水溶液、70%甲基硫菌灵可湿性粉剂 800g/kg 水溶液进行综合防治;或者交替使用 50%乙霉多菌灵可湿性粉剂 800g/kg 水溶液,每 7d 喷施 1 次,连续使用 3 次,每亩施加 60kg 药剂即可,在雨季来临之前喷施,以此防止褐斑病大规模蔓延(林志生,2022)。

9.1.6 煤污病

1. 发病原因和危害

煤污病也被称为煤烟病,发病初期枝梢上形成黑色小霉斑,降低植株观赏价值，影响植被光合作用，随着病情加剧，嫩梢上布满黑霉层，其菌丝体在病枝病叶上越冬，或者蚧壳虫、蚜虫等排泄物遗留在蒙古栎植株表面，也会导致煤污病的发生。如果蒙古栎的栽植密度过高，影响林间通风透光性，或者生长环境湿度＞90%，也会引发煤污病的大面积蔓延。

2. 预防措施

营林技术人员应该加强蒙古栎抚育管理，使林间透密性良好，通过间伐措施，保持合理栽植密度，定期喷施 5%波美度石硫合剂，从而消灭越冬病原体。

3. 防治措施

对于煤污病，营林技术人员可以定期喷施 40%氧化乐果乳剂 1500g/kg 水溶液，结合 10%松脂合剂 800g/kg 水溶液和 20%石油乳剂 300g/kg 水溶液进行综合防治；也可以在病害暴发严重区，喷施 80%敌敌畏乳油 3500g/kg 水溶液或者代森铵 1000g/kg 水溶液，防治煤污病的暴发和蔓延。如果是由于蚧壳虫和蚜虫而引起的煤污病，可以在清园时喷施淇林广正 15ml，按照 1∶1000 的比例，稀释成喷雾溶剂，均匀喷施到发病部位，每 7d 喷施 1 次，连续喷湿 2 次或 3 次，效果较为明显（林志生，2022）。

9.1.7　根腐病

1. 发病原因和危害

根腐病也被称为根朽病，属于真菌性病害，常发于 3 月中旬至 5 月中旬。在发病初期，蒙古栎根部腐烂，影响养分自下而上运输，随着病情加剧，整株叶片枯黄、枯萎，阻断养分和水分输送路径，最终全株枯死，主要危害蒙古栎幼苗。当主根染病后，新叶首先发黄，如果此时夏季蒸发量较大或中午前后光照较强，会加速植株叶片枯萎程度，根皮变褐色。产生这一病害的原因是，营林技术人员管理不当，林间透气性不好，并且土壤板结严重，直接导致传染病菌从根部侵入，最终发病。

2. 预防措施

营林技术人员应该悉心培育壮苗，保证林间不积水，及时排灌，施足基肥，分别在花蕾期、果期和果实膨大期施加优质磷肥，促进植株健康生长，从而提高树势，增强抗病性能。

3. 防治措施

恶霉灵属于真菌性杀菌剂，可通过抑制真菌生长达到杀菌效果，如可以利用30%甲霜恶霉灵水剂1000g/kg水溶液，喷施蒙古栎受害部位；也可以利用3%甲霜恶霉灵可湿性粉剂，按照1：3000的比例稀释后喷施。但是，该方法更适于种子园蒙古栎根腐病防治，如果是大规模造林地，可以采用滴灌和灌根方式，与氨基酸叶面肥同时施加，防治效果良好。此外，还可以利用50%根腐灵可湿性粉剂500g/kg水溶液，结合50%甲基硫菌灵可湿性粉剂800g/kg水溶液、75%敌克松可湿性粉剂500g/kg水溶液、50%甲基布托津可湿性粉剂600g/kg水溶液进行综合防治，每棵病株施药300ml左右，每隔1周喷施1次，可以有效防止根腐病蔓延（林志生，2022）。

9.2　蒙古栎虫害

蒙古栎是东北地区非常主要的经济性树种，其对生态环境的改善、确保林场的经济效益、保护水土流失等都具有重要的作用。针对其病虫害的防治，要以预防作为主要手段，并且科学地、合理地运用药品对蒙古栎进行有效的保护，此外，还要保护好天然林的自然生长状态，减少人为的环境破坏，这样能够进一步提升人造林的各项效益。

9.2.1　橡实象虫

1. 分布与危害

橡实象虫主要分布在东北地区、华中地区及华北地区。橡实象虫的幼虫是危害蒙古栎的主要虫害，其幼虫会对蒙古栎的橡实部分产生危害。蒙古栎被橡实象虫伤害的可能性会根据地区的不同而产生变化，概率主要在38%～78%。被迫害过的橡实能够发芽的只有很少一部分，大部分被伤害的橡实都不能再发芽生长。橡实象虫成长为成虫之后，还会对蒙古栎的嫩橡实及嫩芽进行伤害，并且伤害的力度很大。

2. 防治方法

橡实成熟之后，要尽快安排工作人员采集其果实，在采集果实之前要预先对采集场进行清理并打扫干净，对有些在打扫的过程中就落地的橡实要集中收集并找到专门的位置进行销毁，这样能大大减少橡实象虫的数量，减少虫害的发生。之后要按照不同的树种确定不同的果实收集日期，并且按照果实成熟的早晚情况，科学地整理出收集果实的先后顺序，利用这样的时间进行杀虫是最便利、最节约资源的杀虫方式，这种处理方法不会对橡实的生长、发芽产生不好的影响。具体的实施步骤是：先用温水进行浸种杀虫，若橡实比较少，用温水浸泡蒙古栎的橡实，能够大幅减少橡实象虫幼虫。将收集到的橡实象虫放在 59℃的水中，浸泡 10min 即可，或者是利用 49℃的水浸泡 15min 左右，浸泡结束后，沥水晒干即可，这样的做法能够确保杀虫率达到 90%以上（赵波和苑静，2017）。

9.2.2　栗山天牛

1. 生活习性

栗山天牛在东北和西北地区危害最为严重。其以幼虫钻蛀木质部，可以对蒙古栎造成严重的经济损失，不仅影响蒙古栎的观赏价值，损害工艺效益，还会导致树势衰弱，树冠枝条大部分枯死，风折木较多，使之只能作为劣质薪炭材，难以培育成大径材。栗山天牛在我国一般 3 年发生 1 代，幼虫在树干蛀道内越冬，7 月下旬羽化成虫，清晨多聚集在树干 1m 以下，逐渐向上运动，咬食木栓层和叶片部位，雌虫分泌物还会引来大量雄虫形成集聚，加速栗山天牛的危害。

2. 防治措施

可将农业防治、物理防治、药剂防治措施相结合。其中，农业防治措施是指为了提高蒙古栎抗病虫能力，采用抚育管理、清除虫源、及时处理树干内越冬幼虫，并且及时砍伐受虫灾较为严重的植株，以消灭虫源；或者在 6～7 月栗山天牛繁殖盛期，借助其喜欢在倒伐木上产卵繁殖的特性，设置杨树、柳树木段供害虫大量产卵，捕杀成虫和幼虫，降低害虫孵化率；也可以通过林间混交方式，将蒙古栎与樟树混交，可以有效降低虫害率，对栗山天牛具有一定趋避作用。物理防治措施就是指在 5～6 月成虫羽化期，对树干上的成虫，利用害虫趋光性，振荡树体，对散落到地上的成虫进行捕杀，也可以实时检查树干基部，用锤敲击产卵刻槽处，以此降低虫害暴发率；或者在成虫产卵之前，向树干喷施 40%国光必乳油 600 倍液，结合 45%丙溴辛硫磷 1000g/kg 水溶液进行综合防治；也可以在幼虫危害期，用磷化铝片堵住洞口，通过熏蒸法杀死幼虫（林志生，2022）。

9.2.3　天幕毛虫

1. 生活习性

天幕毛虫主要为害蒙古栎叶片，1 年发生 1 代。在春季蒙古栎发芽时，幼虫在卵壳内越冬，之后为害嫩叶，尤其是 3 龄虫和 4 龄虫，更加喜欢群居生活，昼夜皆可以取食，进入 3 龄期后，主要以白天取食为主，随着虫体的逐渐增大，分布于枝梢处，被害的蒙古栎出现叶质硬化，当天幕毛虫达到 5 龄期时，可以将整株树叶吃光，之后转移到其他寄主。

2. 防治措施

可利用人工防治法，剪除暴发较为严重的枝条，消除植株内大型卵块，并且在幼虫分散之前振树捕杀，或者利用物理防治法，在林间释放黑光灯或高压汞灯 3~5 台/hm²，利用成虫趋光性降低虫口数量；也可以利用药剂防治法，如利用 50% 杀螟松乳油 1500g/kg 水溶液，交替性结合 50%辛硫磷乳油 800g/kg 水溶液、90% 敌百虫晶体 1500g/kg 水溶液、80%敌敌畏乳油 3500 倍液进行综合防治；也可以利用 10%溴马乳油、2.5%敌杀死乳油 2500g/kg 水溶液，交替性使用 20%菊马乳油 1500g/kg 水溶液、25%爱卡士乳油 1500g/kg 水溶液进行综合防治；也可以穿插使用 10%天王星乳油 3500 倍液和 2.5%功夫乳油 2000g/kg 水溶液进行综合防治，从而大大降低虫口密度，以此实现防治目的（林志生，2022）。

9.2.4　象鼻虫

1. 生活习性

象鼻虫在东北和华北地区每年可以发生 1~2 代，以幼虫危害最为严重，受到象鼻虫侵害的植株部分不能发芽，象鼻虫以老熟幼虫在土壤中越冬，7~8 月羽化为成虫，30d 左右成虫即可交尾和产卵，并开始下一轮为害。象鼻虫成虫主要在白天活动，尤其是晴朗的无风天气为害最为活跃，阴雨天气和湿冷天气活动频率较低，如果成虫咬伤被害植株，可能直接导致蒙古栎落叶、枯叶和枯枝，从而降低植株生长质量和成材产量。

2. 预防措施

要想有效防治象鼻虫，技术人员应该分批采集果实，遵循早熟早采、晚熟晚采的原则，边采收、边清理场地，并且在定植之前为了提高树势、降低病虫害发生率，采用浸种的方法，利用温水（水温在 60℃左右）浸泡种子 15~20min，降低种源表面病原菌含量，提高种子发芽率，确保定植过程中提高蒙古栎成活率，以此保证在生长抚育阶段增强树势。也可以通过药剂泡种法，利用 25%乐果乳油 2000g/kg 水溶液进行泡种，同时在营林抚育过程中，做好病枝病叶的修剪，保证林间透光性和通风性，在必要时尽量按照 2∶8 的比例营造混交林，将蒙古栎和红松、桦树进行混淆，以此打造复种林，丰富林间灌冠层和生物数量，以此降低虫害暴发率。

3. 治疗措施

在蒙古栎定植前，要想提高树势，增强植株抗病虫能力，可以利用温水浸种法、熏蒸法提高杀虫率。在温水浸种法中，将蒙古栎种子浸泡 10～15min，水温在55～60℃，可以有效杀灭种子表面的病菌。在熏蒸法中，可以利用二氧化碳熏蒸法，1m³ 种子用 30ml 二氧化碳进行熏蒸，熏蒸温度在 25～28℃，熏蒸时间为 20h；或者利用溴化钾熏蒸法，1m³ 用药 38g，熏蒸温度在 23～25℃，熏蒸时间为 40h。上述两种熏蒸方法对种子发芽没有任何影响，杀虫率可以高达 95%以上，其中溴化钾熏蒸法杀虫率可达 100%。此外，也可以利用农业防治法，修剪有虫卵的病枝，通过整地深翻法，集中烧毁病枝病叶，减少来年危害虫源的基数；也可以利用人工捕杀法，检查枝叶、果实有无产卵情况，如果有，可以将树根下部密封，等到成虫大量出土时进行人工捕杀；或者喷施氯氰菊酯 2000 倍液和甲胺磷 1000 倍液，在成虫盛发期进行综合性防治；或者利用啶虫脒乳油和甲维盐乳油，在无风的晴朗天气按照 1∶1500 的比例稀释成水剂，在傍晚喷施，可以有效降低虫口密度（林志生，2022）。

9.2.5　舞毒蛾

1. 生活习性

舞毒蛾主要以幼虫为害，具有一定的迁飞能力，几周内就可以把树叶吃光。其以寄主形式越冬，经常活跃在雨后，靠成虫飞翔传播，在东北和华北地区每年可以发生 1 代，成虫和幼虫多在白天群居于叶背面，傍晚上树取食，5～6 月危害最为严重。产生舞毒蛾的主要原因为林间抚育管理措施不当，未能建立起害虫迁飞过渡区，加之部分地区蒙古栎多以纯种林种植为主，更容易加大虫害暴发率。

2. 预防措施

营林技术人员应该构建中期、长期和短期舞毒蛾虫害预报监测制度，根据实际调查情况，测试虫态发生期，在打造害虫迁飞过渡区的基础上，利用信息化平台，判断舞毒蛾幼虫、成虫生长现状和分布范围，以此预报下一代虫害发生趋势，从而采取针对性措施，最大限度地降低舞毒蛾危害。同时加强林区管理，一次性彻底清园，剪除枯枝和残枝，并集中销毁，降低病原菌和虫卵传播率。

3. 治疗措施

营林技术人员可以利用人工采集卵块法，在草丛、树干和树根部位集中收集卵块并销毁，或者在舞毒蛾幼虫暴发期前期，对 3 龄虫和 4 龄虫进行采集，并及时销毁；也可以利用烟剂防治法，在清晨或傍晚点燃化学烟剂（化学烟剂以生物农药为主）以降低虫口密度，烟点之间距离在 8m 左右，带间距离 300m；或者在舞毒蛾孵化高峰期，利用 1.8%阿维菌素乳油，结合苏云金杆菌可湿性粉剂进行综合防治；也可以利用性诱剂，诱杀雌蛾，对舞毒蛾进行集中消灭；也可以利用生物天敌法，在林间释放舞毒蛾天敌，如寄蝇、寄生蜂、蜘蛛和鸟类等，从而减少化学杀虫剂的使用，在保护好现有森林资源的基础上降低虫灾（林志生，2022）。

9.2.6 花布灯蛾

1. 生活习性

花布灯蛾属灯蛾科害虫，以幼虫取食为主，主要为害蒙古栎叶片和芽苞，将被害植株叶片全部吃光，在北方地区一般发生 1 代，在长江以南地区每年可发生 2 代，主要以 3 龄幼虫为害，取食芽苞和叶片，在 6 月中旬成虫羽化，钻入芽苞内蛀食，在极短的时间内可以进入暴食期。产生花布灯蛾的原因主要是营林技术人员未能及时清理枯枝病叶，直接导致虫苞和卵块发生大面积扩散与蔓延。

2. 预防措施

营林技术人员应该及时做好虫情调查，为后续防治工作提供依据。并且在春秋两季加强地面防治工作，减少害虫上树行为，尽可能多地清除虫源，做好枯枝病叶焚烧工作，以此加大监督力度，最大化控制虫源暴发。

3. 治疗措施

灯光诱集是比较普遍的物理防治措施。多数危害栎树的鳞翅目害虫具有趋光性，设置黑光灯和频振式杀虫灯可诱杀夜间活动的害虫成虫，降低虫口量。例如，花布灯蛾趋光性强，在成虫期设置黑光灯可诱杀大量的雌雄成虫（舒红，2016）。营林技术人员要想有效抑制蒙古栎花布灯蛾暴发率，应该在 10 月中下旬至 11 月初翻动落叶，捡出虫苞，或在树干上设毒绳，捕杀幼虫，使其沿着毒绳下树，以此实现人工捕杀和毒杀。也可以在 5 月中旬喷施 3%高效氯氰菊酯溶液 1000g/kg 水溶液，防止幼虫上树；还可以利用 50%辛硫磷乳油 2000g/kg 水溶液毒杀幼虫。此外，营林技术人员也可以释放生物天敌，每公顷释放寄生蜂或茧蜂 1.5×10^5 头，以此降低虫口数量，减少化学农药喷施；或者利用物理防治法，在 6 月中下旬利用频振式杀虫灯，每公顷放置 2～3 盏，可以有效对成虫进行诱杀，最终降低虫源。

蒙古栎具有较高的经济价值、药用价值和工业价值，但是在蒙古栎抚育和管理过程中，经常遇到病虫害问题。此时，营林技术人员应该采用精细化种植方法，结合蒙古栎生长特点，及时检查病虫害问题，建立害虫迁飞过渡区，构建中期、长期和短期舞毒蛾虫害预报监测制度。根据实际调查情况，测试虫态发生期，将多种防治方法相结合，修剪有虫卵的病枝，将所有病枝病叶进行集中烧毁，以此减少来年危害虫源的基数，并杀死虫卵，确保蒙古栎健康生长。营林技术人员应采取多种预防措施和治疗措施，提高蒙古栎树势，增强植株抗病虫能力，根据病虫害暴发特点和发生情况，及时采取相应手段，降低病虫害蔓延速率，保证蒙古栎更好、更快地生长，最终培育蒙古栎大径材（林志生，2022）。

第10章　蒙古栎耐盐碱性

盐碱胁迫显著抑制植物生长。蒙古栎是我国东北林区的主要阔叶树种，其根系发达，固土能力强，耐贫瘠，对东北地区的环境和土壤具有高度适应能力。盐碱胁迫作为环境胁迫中常见的种类，对植物种子萌发与生长及植物生理响应等均会产生显著影响。了解蒙古栎幼苗在盐碱胁迫下的生长规律及生理响应机制，可为在中轻度盐碱地营建蒙古栎人工林提供参考。

10.1　蒙古栎苗期耐盐性

10.1.1　材料与方法

1. 试验材料

选取株高和地径基本一致的一年生蒙古栎幼苗。

盐胁迫采用 NaCl（分析纯），碱胁迫采用 Na_2CO_3（分析纯）。

2. 试验方法

本研究在吉林省吉林市丰满区北华大学东校区校园内进行盆栽试验。将一年生蒙古栎幼苗定植于塑料营养钵内，营养钵上口径 19cm、高 17cm，基质为旱田土和腐殖土以 3∶1 比例混合的中性土，每个营养钵盛混合好的基质 2kg。每个营养钵栽植 1 株蒙古栎幼苗，缓苗后分别用 NaCl 和 Na_2CO_3 处理。

（1）NaCl 胁迫试验设计：共设 5 个梯度，分别为 0、0.05%、0.10%、0.15%、0.20%（以干盆土质量分数计），即 CK、S_1、S_2、S_3、S_4。每个处理 15 株重复，盐处理后的钵苗上面用塑料膜遮挡，防止过多雨水进入营养钵淋溶营养钵内盐分而改变 NaCl 含量。处理后在苗木生长期间每 2d 浇水一次，用自来水适量浇灌，保证其水分充足，同时在每个试验植株花盆底下放置托盘，将浇灌时流到托盘中的水倒回盆中，防止土壤中的盐分流失。苗木缺水时应避免因浇水过多导致盐分流失。不同 NaCl 处理下土壤的 pH 见表 10.1。

（2）Na_2CO_3 胁迫试验设计：共设 5 个梯度，分别为 0、0.15%、0.30%、0.45%、0.60%（以干盆土质量分数计），即 CK、K_1、K_2、K_3、K_4。每个处理 15 株重复，盐处理后的钵苗上面用塑料膜遮挡，防止过多雨水进入营养钵淋溶营养钵内盐分而改变 Na$_2$CO$_3$ 含量。苗木缺水时应避免因浇水过多导致盐分流失。不同 Na$_2$CO$_3$ 处理下土壤的 pH 见表 10.2。

表 10.1　NaCl 处理土壤的 pH

NaCl 处理	CK	0.05%	0.10%	0.15%	0.20%
pH	7.08	6.73	6.68	6.56	6.44

表 10.2　Na$_2$CO$_3$ 处理土壤的 pH

Na$_2$CO$_3$ 处理	CK	0.15%	0.30%	0.45%	0.60%
pH	7.08	7.25	7.32	7.52	7.93

3. 调查与检测

（1）生长性状调查：分别于处理后 1 周、3 周、5 周，用直尺和游标卡尺等工具，分别对各处理的蒙古栎幼苗株高、地径、新梢长、叶片长度、叶片宽度进行测量。生长季节结束后，拔出植株，每个处理随机选取 3 株幼苗，用自来水清洗干净。将幼苗的茎叶与根系分开，用电子秤分别称量其地上部分茎叶和地下部分根系的鲜重；再将上述材料放入干燥箱内，先 105℃ 杀青 35min，再 80℃ 烘干至恒重，冷却后，用电子秤分别称量其整株植物、地上部茎叶和地下部根系的干重。

（2）生理生化指标检测：每个处理随机选取 3 株健康无病虫害的蒙古栎幼苗，每株幼苗随机选取 6 片无病虫害的叶片，剪碎混匀、称量，测量叶绿素含量、叶片电导率、叶片含水量、丙二醛和脯氨酸含量等指标，测定方法均按照高俊凤版《植物生理学实验指导》（高俊凤，2006）测定，重复 3 次。

（3）光合指标测定：选择晴朗天气，各处理随机选取 3 株健康无病虫害的蒙古栎幼苗，每株幼苗随机选取 3 片无病虫害叶片，分别用 Li-6400XT 便携式光合作用测量仪测定光合指标。

（4）生物量和物质积累计算：

$$根冠比=地下部干重/地上部干重$$
$$根质量比=地下部干重/植株干重$$
$$冠质量比=地上部干重/植株干重$$

（5）叶片相对含水量（RWC）：分别在开始胁迫的第 3 天、第 13 天、第 23 天、第 33 天在对照组和各处理组每个胁迫浓度的植株中随机选取 3 株植株，分别在相似的形态学位置上各取 1 片叶，随后快速转移至实验室，用蒸馏水快速冲洗 1 遍采摘的叶片，以吸水纸迅速吸干表面水分。

在叶片上用打孔器打 10 个孔，测量打孔器取下的 10 个相同大小圆形叶片的鲜重（W_f）。将其放在蒸馏水中浸泡 24h 后，以吸水纸吸干表面水分，称量其水分饱和重量（W_t），之后在烘箱中 105℃ 杀青 0.5h，转至 80℃ 烘干 2h 至恒重，测定此时的干重（W_d）。计算公式为：

$$RWC = \frac{W_f - W_d}{W_t - W_d} \times 100\%$$

（6）叶片电导率计算：每个浓度梯度随机选取 1 片成熟叶片，利用直径 1cm 的打孔器打下 10 个小圆叶片，于去离子水中浸泡，初浸泡液电导率为 S_0，抽真空静置后的浸泡液电导率为 S_1，最后该浸泡液煮沸后电导率为 S_2。计算公式为：

$$相对电导率（L）= \frac{S_1 - S_0}{S_2 - S_0} \times 100\%$$

（7）叶绿素总含量、叶绿素 a 含量、叶绿素 b 含量测定：

$$C_a = 13.95 \times A_{665} - 6.88 \times A_{649}$$
$$C_b = 24.96 \times A_{649} - 7.32 \times A_{665}$$
$$C_T = C_a + C_b$$

$$叶绿体色素含量（mg/g）= \frac{C \times V_T}{W_f \times 1000} \times n$$

式中，C_a、C_b 为叶绿素 a 和叶绿素 b 的浓度（mg/L）；C_T 为叶绿素总浓度（mg/L）；A_{665}、A_{649} 为叶绿体色素提取液在波长 665nm、649nm 下的吸光度；C 为叶绿体色素的浓度（mg/L）；W_f 为鲜重（g）；V_T 为提取液总体积（ml）；n 为稀释倍数。

（8）叶片丙二醛（MDA）含量测定：

$$MDA（\mu mol/gFW）= [6.452 \times (A_{532} - A_{600}) - 0.559 \times A_{450}] \times [V_t/(V_s \times FW)]$$

式中，A_{532}、A_{600}、A_{450} 为叶绿体色素提取液在波长 532nm、600nm、450nm 下的吸光度；V_t 为提取液总体积（ml）；V_s 为测定用提取液体积（ml）；FW 为样品鲜重（g）。

（9）脯氨酸含量测定：

$$脯氨酸（质量分数）= [(C \times V_t)/(W \times V_s \times 10^6)] \times 100\%$$

式中，C 为从标准曲线上查得的（或计算的）脯氨酸质量（μg）；V_t 为提取液总体积（ml）；V_s 为测定时取用提取液体积（ml）；W 为样品干重（g）；10^6 为克（g）至微克（μg）的换算。

（10）光响应曲线计算：光响应曲线根据直角双曲线模型公式计算：

$$P_n = [\alpha I P_{n(max)}/(\alpha I + P_{n(max)})] - R_d$$

式中，P_n 为净光合速率；α 为光响应曲线的初始斜率；I 为光强[$\mu mol/(m^2 \cdot s)$]；$P_{n(max)}$ 为最大净光合速率；R_d 为植物暗呼吸速率。

4. 数据处理

本试验数据利用 Excel 和 SPSS 进行相关分析。

10.1.2　NaCl 胁迫对幼苗高生长的影响

蒙古栎幼苗在 NaCl 胁迫下，植株高生长受到抑制。NaCl 胁迫时间相同时，随着土壤中 NaCl 含量的增加，株高生长量受抑制程度增大（图 10.1）。土壤 NaCl 含量相同时，随着胁迫时间延长，株高增长量被抑制幅度加大。

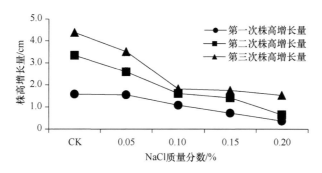

图 10.1　NaCl 胁迫下幼苗株高增长量变化

对 3 次调查数据进行方差分析，结果表明，除第一次调查外，不同 NaCl 浓度间株高增长量差异显著，进一步说明植物生长期对 NaCl 的敏感性随着胁迫时间的延长而加重。蒙古栎被 NaCl 胁迫相同时间时，NaCl 含量越高抑制越明显。对 3 次调查株高增长量平均值进行多重比较的结果显示，NaCl 处理 1 周时，土壤中 NaCl 质量分数达到 0.20%时株高增长量与对照差异显著；NaCl 处理 2 周时，土壤中 NaCl 质量分数达到 0.15%时株高增长量与对照差异显著；NaCl 处理 5 周时，土壤中 NaCl 质量分数达到 0.10%时，株高增长量与对照差异显著（表 10.3）。延长 NaCl 处理时间和加大土壤中 NaCl 质量分数，对蒙古栎株高增长量有同样的抑制效果。

表 10.3　NaCl 胁迫下幼苗株高增长量多重比较

质量分数/%	均值1/cm	显著性 0.05	显著性 0.01	质量分数/%	均值2/cm	显著性 0.05	显著性 0.01	质量分数/%	均值3/cm	显著性 0.05	显著性 0.01
CK	1.58	a	A	CK	3.34	a	A	CK	4.38	a	A
0.05	1.55	a	A	0.05	2.6	ab	AB	0.05	3.51	ab	AB
0.10	1.08	ab	A	0.10	1.61	abc	AB	0.10	1.81	b	B
0.15	0.72	ab	A	0.15	1.41	bc	B	0.15	1.75	b	B
0.20	0.36	b	A	0.20	0.64	c	B	0.20	1.52	b	B

注：不同字母表示差异显著。"均值 1""均值 2""均值 3"分别为第一次、第二次、第三次调查时株高增长量平均值

10.1.3 NaCl 胁迫对地径生长的影响

蒙古栎幼苗地径受 NaCl 抑制的程度小于株高。在不同浓度 NaCl 胁迫下，蒙古栎幼苗地径增长量呈现先增加后降低的趋势。当土壤中 NaCl 质量分数为 0.05% 时，地径增长量最大；当 NaCl 质量分数为 0.10% 时，地径增长量开始下降；当 NaCl 质量分数为 0.20% 时，地径增长量下降幅度最大（图 10.2）。

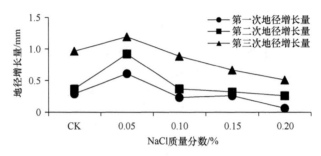

图 10.2　NaCl 胁迫下幼苗地径增长量变化

对蒙古栎幼苗在 NaCl 胁迫下的地径增长量进行方差分析，结果表明，不同 NaCl 胁迫之间地径增长量差异不显著（表 10.4）。

表 10.4　NaCl 胁迫下幼苗地径增长量方差分析

调查批次	自由度	方差	均方	F 值
第一次	4	0.4736	0.1184	0.96
第二次	4	0.8711	0.2178	2.62
第三次	4	0.8527	0.2131	2.18

10.1.4 NaCl 胁迫对新梢生长的影响

NaCl 胁迫抑制蒙古栎新梢生长，随着 NaCl 胁迫强度的增大和胁迫时间的延长，蒙古栎新梢增长量显著降低（图 10.3）。

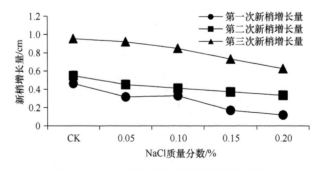

图 10.3　NaCl 胁迫下幼苗新梢增长量变化

　　不同 NaCl 质量分数间蒙古栎新梢长度增长量差异显著（表 10.5），这表明 NaCl 含量越高新梢增长量越小。多重比较结果表明，当 NaCl 质量分数为 0.15% 时，均值 1 和均值 3 新梢增长量与对照差异达到显著水平（表 10.6）。

表 10.5　NaCl 胁迫下幼苗新梢增长量方差分析

调查批次	自由度	方差	均方	F 值
第一次	4	0.225	0.0562	5.61[*]
第二次	4	0.0817	0.0204	1.81
第三次	4	0.2245	0.0561	4.04[*]

注：*表示显著相关（$P<0.05$）

表 10.6　NaCl 胁迫下幼苗新梢增长量多重比较

质量分数/%	均值 1/cm	显著性 0.05	显著性 0.01	质量分数/%	均值 2/cm	显著性 0.05	显著性 0.01	质量分数/%	均值 3/cm	显著性 0.05	显著性 0.01
CK	0.46	a	A	CK	0.55	a	A	CK	0.95	a	A
0.05	0.32	ab	A	0.05	0.45	ab	A	0.05	0.92	ab	A
0.10	0.32	ab	A	0.10	0.41	ab	A	0.10	0.85	ab	A
0.15	0.17	bc	A	0.15	0.37	ab	A	0.15	0.73	bc	A
0.20	0.12	c	A	0.20	0.33	b	A	0.20	0.63	c	A

注：不同字母表示差异显著。"均值 1""均值 2""均值 3"分别为第一次、第二次、第三次调查时新梢增长量平均值

10.1.5　NaCl 胁迫对叶片长度的影响

　　NaCl 胁迫条件下蒙古栎叶片长度受到抑制。随着 NaCl 质量分数的增加和胁迫时间的延长，蒙古栎叶片长度增长量降低（图 10.4）。不同 NaCl 质量分数间蒙古栎叶片长度增长量差异不显著（表 10.7）。

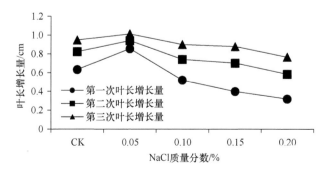

图 10.4　NaCl 胁迫下幼苗叶片长度增长量变化

表 10.7　NaCl 胁迫下幼苗叶长增长量方差分析

调查批次	自由度	方差	均方	F 值
第一次	4	2.1271	0.5318	1.53
第二次	4	0.8584	0.2146	0.56
第三次	4	0.4016	0.1004	0.25

10.1.6　NaCl 胁迫对叶片宽度的影响

在 NaCl 胁迫下，蒙古栎叶片宽度增长量呈现出先增加后降低趋势。当 NaCl 质量分数为 0.05%时，叶片宽度增长量最大；当 NaCl 质量分数为 0.10%时，叶片宽度增长量急剧下降（图 10.5）。

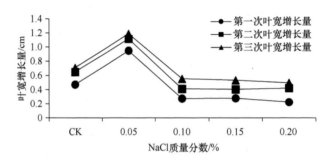

图 10.5　NaCl 胁迫下幼苗叶片宽度增长量变化

NaCl 胁迫叶片宽度增长量方差分析结果表明，不同 NaCl 质量分数之间叶片宽度增长量差异极显著（表 10.8）。当 NaCl 质量分数达到 0.05%时，叶片宽度增长量最大，显著高于其他处理；当 NaCl 质量分数为 0.10%~0.20%时，叶片宽度增长量与对照之间无显著差异（表 10.9）。

表 10.8　NaCl 胁迫下叶片宽度增长量方差分析

调查批次	自由度	方差	均方	F 值
第一次	4	4.3669	1.0917	4.98**
第二次	4	4.6415	1.1604	5.29**
第三次	4	4.0046	1.0011	4.74**

注：**表示极显著相关（$P<0.01$）

10.1.7　NaCl 胁迫对生物量的影响

NaCl 胁迫下蒙古栎地上生物量与地下生物量未出现明显降低，总生物量下降的幅度略高于地上生物量和地下生物量（图 10.6）。蒙古栎幼苗根质量比和冠质量

比在 NaCl（质量分数为 0.05%～0.20%）胁迫下与对照差异不显著。在 NaCl 质量
分数为 0.05%～0.10% 时根冠比的数值较低；在 NaCl 质量分数为 0.15%～0.20% 时
根冠比的数值升高（图 10.7）。

表 10.9　NaCl 胁迫下叶片宽度增长量多重比较

质量分数/%	均值 1/cm	显著性		质量分数/%	均值 2/cm	显著性		质量分数/%	均值 3/cm	显著性	
		0.05	0.01			0.05	0.01			0.05	0.01
0.05	0.95	a	A	0.05	1.12	a	A	0.05	1.19	a	A
CK	0.47	b	AB	CK	0.65	b	AB	CK	0.71	b	AB
0.10	0.28	b	B	0.10	0.41	b	B	0.10	0.55	b	B
0.15	0.28	b	B	0.15	0.4	b	B	0.15	0.53	b	B
0.20	0.23	b	B	0.20	0.42	b	B	0.20	0.5	b	B

注：不同字母表示差异显著。"均值 1""均值 2""均值 3"分别为第一次、第二次、第三次调查时宽度增长量平均值

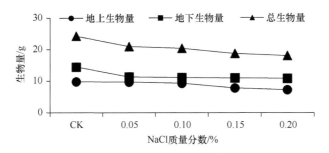

图 10.6　NaCl 胁迫下幼苗生物量变化

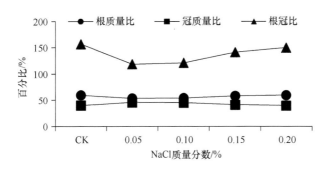

图 10.7　NaCl 胁迫下幼苗根冠比变化

　　NaCl 胁迫下各生物量方差分析结果表明，不同 NaCl 质量分数间，蒙古栎地
下生物量与总生物量差异达到显著水平（表 10.10）。进一步的多重比较表明，NaCl
胁迫下蒙古栎地下生物量显著低于对照；当 NaCl 质量分数达到 0.10% 时，总生物
量显著低于对照处理（表 10.11）。

表 10.10　NaCl 胁迫下幼苗各生物量方差分析

性状	自由度	方差	均方	F 值
地上生物量	4	16.1446	4.0362	1.65
地下生物量	4	27.9359	6.9840	4.85*
总生物量	4	68.6632	17.1658	5.29*
根冠比	4	0.3509	0.0877	1.2
根质量比	4	0.0107	0.0027	1.18
冠质量比	4	0.0107	0.0027	1.18

注：*表示显著相关（$P < 0.05$）

表 10.11　NaCl 胁迫下幼苗各生物量多重比较

质量分数/%	地上生物量			质量分数/%	地下生物量			质量分数/%	总生物量		
	均值/g	显著性			均值/g	显著性			均值/g	显著性	
		0.05	0.01			0.05	0.01			0.05	0.01
CK	9.8	a	A	CK	14.47	a	A	CK	24.27	a	A
0.05	9.69	a	A	0.05	11.33	b	A	0.05	21.02	ab	AB
0.10	9.33	a	A	0.10	11.12	b	A	0.10	20.45	b	AB
0.15	7.81	a	A	0.15	11	b	A	0.15	18.81	b	B
0.20	7.27	a	A	0.20	10.87	b	A	0.20	18.14	b	B

注：不同字母表示差异显著

10.1.8　NaCl 胁迫对叶绿素含量的影响

蒙古栎幼苗叶绿素 a、叶绿素 b 和总叶绿素含量，随着 NaCl 质量分数的升高而下降。NaCl 胁迫时间越长下降幅度越大（图 10.8）。方差分析结果表明，不同处理间蒙古栎幼苗叶绿素 a、叶绿素 b 和总叶绿素含量差异极显著（表 10.12）。当 NaCl 质量分数为 0.05% 时，叶绿素 a 含量与对照差异达到显著水平；当 NaCl 质量分数为 0.10% 时，叶绿素 a 含量与对照差异达到极显著水平；当 NaCl 质量分数为 0.05% 时，叶绿素 b 含量与对照差异达到显著水平；当 NaCl 质量分数为 0.15% 时，

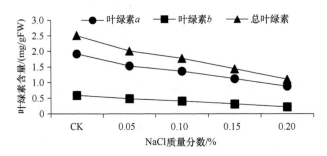

图 10.8　NaCl 胁迫下幼苗叶绿素含量变化

表 10.12　NaCl 胁迫下幼苗叶绿素含量方差分析

叶绿素	自由度	方差	均方	F 值
叶绿素 a	4	1.8683	0.4671	50.24**
叶绿素 b	4	0.2504	0.0626	90.77**
总叶绿素	4	3.4841	0.8710	59.08**

注：**表示极显著相关（$P < 0.01$）

叶绿素 b 含量与对照差异达到极显著水平；当 NaCl 质量分数为 0.05% 时，总叶绿素含量与对照差异达到显著水平；当 NaCl 质量分数为 0.15% 时，总叶绿素含量与对照差异达到极显著水平（表 10.13）。

表 10.13　NaCl 胁迫下幼苗叶绿素含量多重比较

质量分数/%	叶绿素 a/(mg/gFW)	显著性 0.05	显著性 0.01	质量分数/%	叶绿素 b/(mg/gFW)	显著性 0.05	显著性 0.01	质量分数/%	总叶绿素/(mg/gFW)	显著性 0.05	显著性 0.01
CK	1.92	a	A	CK	0.59	a	A	CK	2.51	a	A
0.05	1.53	b	A	0.05	0.48	b	AB	0.05	2.01	b	AB
0.10	1.36	b	B	0.10	0.41	c	AB	0.10	1.78	c	AB
0.15	1.12	c	B	0.15	0.32	d	B	0.15	1.44	d	B
0.20	0.88	d	B	0.20	0.22	d	B	0.20	1.1	e	B

注：不同字母表示差异显著

10.1.9　NaCl 胁迫对叶片相对电导率的影响

随着 NaCl 质量分数的升高和胁迫时间的延长，蒙古栎叶片相对电导率呈下降趋势。调查结果表明，处理后第 3 天，叶片相对电导率因土壤中 NaCl 含量升高下降幅度较大；处理后第 23 天和第 33 天查看，土壤中 NaCl 含量不同时叶片相对电导率变化幅度不大（图 10.9）。

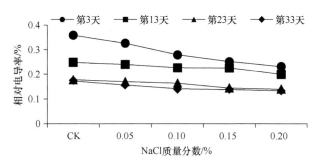

图 10.9　NaCl 胁迫下幼苗叶片相对电导率变化

方差分析结果表明，处理后第 3 天，不同 NaCl 质量分数之间叶片相对电导率差异极显著；处理后第 13 天，不同 NaCl 质量分数之间叶片相对电导率差异显著；处理后第 23 天和第 33 天，不同 NaCl 质量分数之间叶片相对电导率差异不显著（表 10.14）。多重比较结果表明，处理后第 3 天，当 NaCl 质量分数为 0.10% 时，叶片相对电导率与对照之间差异显著；处理后第 3 天，当 NaCl 质量分数为 0.15% 时，叶片相对电导率与对照之间差异极显著（表 10.15）。

表 10.14　NaCl 胁迫下幼苗叶片相对电导率方差分析

调查时间	自由度	方差	均方	F 值
第 3 天	4	0.0332	0.0083	7.87**
第 13 天	4	0.0042	0.0010	5.51*
第 23 天	4	0.0033	0.0008	0.84
第 33 天	4	0.0031	0.0008	2.32

注：*表示显著相关（$P<0.05$）；**表示极显著相关（$P<0.01$）

表 10.15　NaCl 胁迫下幼苗叶片相对电导率多重比较

质量分数/%	均值1/%	显著性 0.05	0.01	质量分数/%	均值2/%	显著性 0.05	0.01	质量分数/%	均值3/%	显著性 0.05	0.01	质量分数/%	均值4/%	显著性 0.05	0.01
CK	0.36	a	A	CK	0.25	a	A	CK	0.18	a	A	CK	0.17	a	A
0.05	0.33	ab	A	0.05	0.24	a	A	0.05	0.17	a	A	0.05	0.16	ab	A
0.10	0.28	bc	AB	0.10	0.23	a	A	0.10	0.16	a	A	0.10	0.14	ab	A
0.15	0.25	c	B	0.15	0.23	a	A	0.15	0.14	a	A	0.15	0.14	b	A
0.20	0.23	c	B	0.20	0.2	b	A	0.20	0.14	a	A	0.20	0.13	b	A

注：不同字母表示差异显著。"均值 1""均值 2""均值 3""均值 4"分别为第 3 天、第 13 天、第 23 天、第 33 天调查数据平均值

10.1.10　NaCl 胁迫对丙二醛含量的影响

随着 NaCl 质量分数的升高和胁迫时间的延长，蒙古栎幼苗丙二醛含量显著下降。调查结果表明，处理后第 3 天，幼苗丙二醛含量因土壤中 NaCl 含量升高下降幅度较小；处理后第 13 天、第 23 天和第 33 天调查，幼苗丙二醛含量随着 NaCl 含量增加下降幅度较大（图 10.10）。

方差分析结果表明，处理后第 13 天、第 23 天和第 33 天，不同 NaCl 质量之间幼苗丙二醛含量差异显著或极显著（表 10.16）。NaCl 处理后 2 周时，丙二醛含量显著低于对照，NaCl 质量分数为 0.10% 的处理丙二醛含量与对照之间差异极显著（表 10.17）。

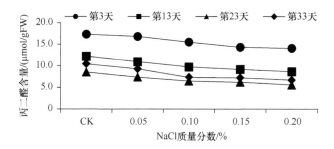

图 10.10　NaCl 胁迫下幼苗丙二醛含量变化

表 10.16　NaCl 胁迫下幼苗丙二醛含量方差分析

调查时间	自由度	方差	均方	F
第 3 天	4	25.2710	6.3178	0.62
第 13 天	4	25.1186	6.2797	14.26**
第 23 天	4	15.9900	3.9975	5.40*
第 33 天	4	31.1229	7.7807	14.43**

注：*表示显著相关（$P < 0.05$）；**表示极显著相关（$P < 0.01$）

表 10.17　NaCl 胁迫下幼苗丙二醛含量多重比较

质量分数/%	均值 1/(μmol/gFW)	显著性 0.05	显著性 0.01	质量分数/%	均值 2/(μmol/gFW)	显著性 0.05	显著性 0.01	质量分数/%	均值 3/(μmol/gFW)	显著性 0.05	显著性 0.01	质量分数/%	均值 4/(μmol/gFW)	显著性 0.05	显著性 0.01
CK	17.34	a	A	CK	12.22	a	A	CK	8.55	a	A	CK	10.47	a	A
0.05	16.81	a	A	0.05	10.97	b	AB	0.05	7.37	ab	AB	0.05	9.3	a	AB
0.10	15.51	a	A	0.10	9.74	c	BC	0.10	6.46	bc	B	0.10	7.3	b	AB
0.15	14.33	a	A	0.15	9.16	c	BC	0.15	6.2	bc	B	0.15	7.2	b	B
0.20	14.09	a	A	0.20	8.64	c	C	0.20	5.59	c	B	0.20	6.71	b	B

注：不同字母表示差异显著。"均值 1""均值 2""均值 3""均值 4"分别为第 3 天、第 13 天、第 23 天、第 33 天调查数据平均值

10.1.11　NaCl 胁迫对脯氨酸含量的影响

NaCl 处理 3 天，蒙古栎幼苗脯氨酸含量随着 NaCl 胁迫强度的加大而升高幅度较大；NaCl 处理 2 周以后，蒙古栎幼苗脯氨酸含量随着 NaCl 胁迫强度的加大略有升高（图 10.11）。

第 3 天调查结果显示，当 NaCl 质量分数为 0.05% 时，脯氨酸含量与对照差异不显著；当 NaCl 质量分数为 0.10% 时，脯氨酸含量与对照差异显著。第 33 天调查结果显示，当 NaCl 质量分数为 0.15% 时，脯氨酸含量与对照差异极显著（表 10.18、表 10.19）。

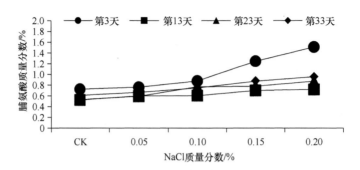

图 10.11　NaCl 胁迫下幼苗脯氨酸含量变化

表 10.18　NaCl 胁迫下幼苗脯氨酸含量方差分析

调查时间	自由度	方差	均方	F
第 3 天	4	0.000 139	0.000 035	103.93**
第 13 天	4	0.000 079	0.000 019	12.24**

注：**表示极显著相关（$P<0.01$）

表 10.19　NaCl 胁迫下幼苗脯氨酸含量多重比较

质量分数/%	均值1/%	显著性 0.05	显著性 0.01	质量分数/%	均值2/%	显著性 0.05	显著性 0.01	质量分数/%	均值3/%	显著性 0.05	显著性 0.01	质量分数/%	均值4/%	显著性 0.05	显著性 0.01
0.20	1.51	a	A	0.20	0.72	a	A	0.20	0.87	a	A	0.20	0.96	a	A
0.15	1.25	b	B	0.15	0.7	a	A	0.15	0.78	b	AB	0.15	0.87	a	AB
0.10	0.88	c	C	0.10	0.61	b	A	0.10	0.77	b	B	0.10	0.75	b	BC
0.05	0.76	d	C	0.05	0.6	b	A	0.05	0.59	c	BC	0.05	0.67	bc	C
CK	0.73	d	C	CK	0.53	c	B	CK	0.53	d	C	CK	0.61	c	C

注：不同字母表示差异显著。"均值 1""均值 2""均值 3""均值 4"分别为第 3 天、第 13 天、第 23 天、第 33 天调查数据平均值

10.1.12　NaCl 胁迫对相对含水量的影响

在 NaCl 胁迫下，蒙古栎幼苗相对含水量下降（图 10.12）。多重比较结果表明，当 NaCl 质量分数为 0.05% 时，除第 13 天外，幼苗相对含水量与对照差异显著；当 NaCl 质量分数为 0.15% 时，幼苗相对含水量与对照差异极显著（表 10.20）。

10.1.13　NaCl 胁迫下蒙古栎幼苗光合响应

1. NaCl 胁迫与幼苗胞间 CO_2 浓度

相同光照条件下，NaCl 胁迫导致蒙古栎幼苗胞间 CO_2 浓度降低，NaCl 质量分数越高，降低幅度越大。同一 NaCl 质量分数，随着光强增大蒙古栎幼苗胞间

CO_2 浓度降低（图 10.13）。CO_2 是光合作用的原料，是光合反应合成有机物的底物，底物多有机物合成量增加，反之有机物合成量下降。NaCl 胁迫下幼苗叶片胞间 CO_2 浓度降低，直接影响光合作用，NaCl 质量分数越高叶片胞间 CO_2 浓度越低，就会导致光合产物降低。光是植物光合作用的能源，NaCl 质量分数相同时，光照强度在 20~300lx 范围内时，幼苗叶片胞间 CO_2 浓度降低幅度较大，光照强度在 400~2000lx 范围内时，幼苗叶片胞间 CO_2 浓度变化不大，说明光照强度增加能够增加蒙古栎幼苗光合产物。

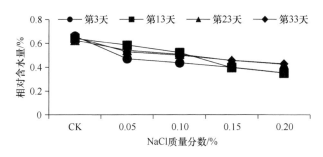

图 10.12 NaCl 胁迫下幼苗相对含水量变化

表 10.20 NaCl 胁迫下幼苗相对含水量多重比较

质量分数/%	均值1/%	显著性 0.05	显著性 0.01	质量分数/%	均值2/%	显著性 0.05	显著性 0.01	质量分数/%	均值3/%	显著性 0.05	显著性 0.01	质量分数/%	均值4/%	显著性 0.05	显著性 0.01
CK	0.66	a	A	CK	0.64	a	A	CK	0.63	a	A	CK	0.65	a	A
0.05	0.47	b	AB	0.05	0.59	ab	AB	0.05	0.54	b	AB	0.05	0.53	b	AB
0.10	0.44	bc	AB	0.10	0.52	b	AB	0.10	0.51	b	AB	0.10	0.5	b	AB
0.15	0.4	bc	B	0.15	0.4	c	BC	0.15	0.46	c	B	0.15	0.46	c	B
0.20	0.35	c	B	0.20	0.35	c	C	0.20	0.42	c	B	0.20	0.43	c	B

注：不同字母表示差异显著。"均值 1""均值 2""均值 3""均值 4"分别为第 3 天、第 13 天、第 23 天、第 33 天调查数据平均值

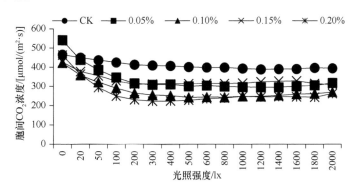

图 10.13 NaCl 胁迫下幼苗胞间 CO_2 浓度变化

2. NaCl 胁迫与幼苗气孔导度

植物叶片气孔是气体和水分交换的通道。光合作用的原料 CO_2 是通过植物气孔进入叶片，在叶绿体这个有机物制造工厂合成初级有机物。同时，气孔张开时，植株内的水分会蒸腾，张开越大水分蒸腾越多。因此，气孔张开大小与水分蒸腾量呈正比。NaCl 胁迫下蒙古栎幼苗气孔导度明显低于对照（无 NaCl 胁迫），NaCl 质量分数越高气孔导度降低幅度越大。光照强度在 200～1000lx 范围内时，幼苗叶片气孔导度升高，对照的气孔导度升高幅度很大；光照强度在 1000～1400lx 时，幼苗叶片气孔导度下降；NaCl 质量分数为 0.15% 和 0.20% 的处理，蒙古栎幼苗气孔导度在光强 0～1800lx 范围内时一直较低（图 10.14）。

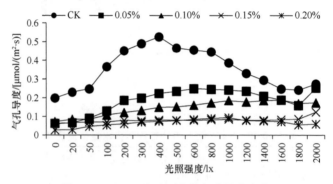

图 10.14　NaCl 胁迫下幼苗气孔导度变化

3. NaCl 胁迫与幼苗净光合速率

植物生长过程包括有机物合成（光合作用）和分解（呼吸作用），光合作用产生的有机物一部分用于植物形态建成，一部分通过呼吸作用分解，产生能量。因此，净光合作用产物是总光合作用产物减去呼吸作用消耗掉的那部分有机物。净光合作用产物的量越多，植物生长越旺盛。NaCl 胁迫下，光照强度低于 400lx 时蒙古栎幼苗净光合速率低于对照，光照强度大于 1000lx 时蒙古栎幼苗净光合速率高于对照（NaCl 质量分数 0.15% 和 0.20% 处理除外），多数情况下 NaCl 质量分数越高净光合速率越低，并且随着光照强度的增加这种趋势越显著。对照和较低 NaCl 质量分数时，净光合速率较高，随着光照强度的增加净光合速率也增加（图 10.15）。

10.1.14　小结

1. NaCl 胁迫与蒙古栎幼苗生长性状

在 NaCl 胁迫下，蒙古栎幼苗高生长受到抑制，随着土壤中 NaCl 含量的增加和胁迫时间的延长，株高生长量受抑制程度增大。在 NaCl 胁迫下，蒙古栎幼苗地径增长量呈现先增加后降低的趋势。随着 NaCl 胁迫强度的增大和胁迫时间的延长，蒙古栎新梢增长量显著降低。不同 NaCl 质量分数间蒙古栎新梢长度增长量差异显著，NaCl 质量分数越高新梢增长量越小。随着 NaCl 质量分数的增加和胁迫时间的延长，蒙古栎叶片长度增长量降低。在 NaCl 胁迫下，蒙古栎叶片宽度增长量呈现出先增加后降低趋势。不同 NaCl 质量分数之间叶片宽度增长量差异极显著。

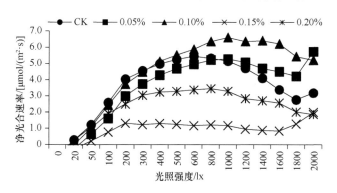

图 10.15　NaCl 胁迫下幼苗净光合速率变化

2. NaCl 胁迫与生物量

NaCl 胁迫下蒙古栎地上生物量与地下生物量未出现明显降低，总生物量下降的幅度略高于地上生物量和地下生物量，蒙古栎幼苗根质量比和冠质量比在 NaCl（质量分数为 0.05%~0.2%）胁迫下与对照差异不显著。不同 NaCl 质量分数间，蒙古栎地下生物量与总生物量差异达到显著水平。

3. NaCl 胁迫对生理生化指标的影响

随着 NaCl 质量分数的升高和胁迫时间的延长，蒙古栎幼苗叶绿素 a、叶绿素 b 和总叶绿素含量下降，不同 NaCl 处理间蒙古栎幼苗叶绿素 a、叶绿素 b 和总叶绿素含量差异极显著。随着 NaCl 质量分数的升高和胁迫时间的延长，蒙古栎叶片相对电导率和丙二醛含量呈下降趋势，不同 NaCl 质量分数之间叶片相对电导率、丙二醛和脯氨酸含量差异显著或极显著。在 NaCl 胁迫下，蒙古栎幼苗相对含水量下降。

4. NaCl 胁迫下蒙古栎幼苗光合响应

NaCl 胁迫导致蒙古栎幼苗胞间 CO_2 浓度降低，相同光照条件下，NaCl 质量分数越高，降低幅度越大。同一 NaCl 质量分数下，随着光强的增大，蒙古栎幼苗胞间 CO_2 浓度降低。NaCl 胁迫下蒙古栎幼苗气孔导度明显低于对照，NaCl 质量分数越高气孔导度降低幅度越大。较低 NaCl 质量分数时蒙古栎幼苗净光合速率较高，随着光照强度的增加净光合速率也增加，较高 NaCl 胁迫下蒙古栎幼苗净光合速率降低，并且随着光照强度的增加这种趋势越显著。

10.2　蒙古栎苗期耐碱性

材料与方法同 10.1.1 节。

10.2.1　Na_2CO_3 胁迫对幼苗高生长的影响

在 Na_2CO_3 胁迫下，蒙古栎幼苗高生长趋势与 NaCl 胁迫的趋势相同。Na_2CO_3 胁迫时间相同时，随着土壤中 Na_2CO_3 含量的增加，株高生长量受抑制程度增大（图 10.16）。Na_2CO_3 胁迫时间越长，株高增长量减少的幅度越大。

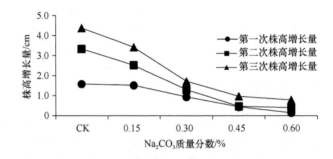

图 10.16　Na_2CO_3 胁迫下幼苗株高增长量变化

对蒙古栎幼苗在 Na_2CO_3 胁迫下株高增长量进行方差分析，结果表明，不同 Na_2CO_3 含量间，第一次调查的株高增长量差异不显著，第二次调查的株高增长量差异显著，第三次调查的株高增长量差异极显著（表 10.21）。说明随着 Na_2CO_3 胁迫时间的延长危害加重，这与 NaCl 胁迫相同。进一步对不同 Na_2CO_3 处理的株高增长量进行多重比较，结果表明，Na_2CO_3 处理 2 周，土壤中 Na_2CO_3 质量分数达到 0.30% 时，株高增长量与对照差异显著；Na_2CO_3 处理 5 周，土壤中 Na_2CO_3 质量分数达到 0.45% 时，株高增长量与对照差异达到极显著（表 10.22）。

表 10.21　Na_2CO_3 胁迫下幼苗株高增长量方差分析

调查批次	自由度	方差	均方	F
第一次	4	4.9038	1.2259	1.67
第二次	4	20.1077	5.0269	5.74[*]
第三次	4	30.0007	7.5001	6.65[**]

注：*表示显著相关（$P<0.05$）；**表示极显著相关（$P<0.01$）

表 10.22　Na$_2$CO$_3$ 胁迫下幼苗株高增长量多重比较

质量分数/%	均值 1/cm	显著性		质量分数/%	均值 2/cm	显著性		质量分数/%	均值 3/cm	显著性	
		0.05	0.01			0.05	0.01			0.05	0.01
CK	1.58	a	A	0.15	3.34	a	A	0.15	4.38	a	A
0.15	1.52	a	A	CK	2.53	ab	A	CK	3.43	ab	A
0.30	0.94	a	A	0.30	1.3	bc	AB	0.30	1.72	bc	AB
0.45	0.44	a	A	0.45	0.47	c	AB	0.45	0.97	c	B
0.60	0.14	a	A	0.60	0.4	c	B	0.60	0.78	c	B

注：不同字母表示差异显著。"均值 1""均值 2""均值 3"分别为第一次、第二次、第三次调查时株高增长量平均值

10.2.2　Na$_2$CO$_3$ 胁迫对地径生长的影响

在 Na$_2$CO$_3$ 胁迫下，蒙古栎幼苗地径增长量表现出与 NaCl 胁迫相同的趋势，即在不同浓度 Na$_2$CO$_3$ 胁迫下，蒙古栎幼苗地径增长量呈现先增加后降低的趋势。当 Na$_2$CO$_3$ 质量分数为 0.30% 时，地径增长量下降（图 10.17）。对蒙古栎幼苗在 Na$_2$CO$_3$ 胁迫下地径增长量进行方差分析，结果表明，不同 Na$_2$CO$_3$ 胁迫之间地径增长量差异不显著（表 10.23）。

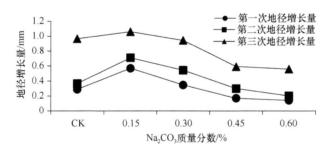

图 10.17　Na$_2$CO$_3$ 胁迫下幼苗地径增长量变化

表 10.23　Na$_2$CO$_3$ 胁迫下幼苗地径增长量方差分析

调查批次	自由度	方差	均方	F
第一次	4	0.3496	0.0874	1.54
第二次	4	0.0490	0.1225	2.18
第三次	4	0.6396	0.1598	1.76

10.2.3　Na$_2$CO$_3$ 胁迫对新梢生长的影响

Na$_2$CO$_3$ 胁迫下蒙古栎新梢生长与 NaCl 胁迫相似，即蒙古栎新梢生长随着 Na$_2$CO$_3$ 质量分数的增加和胁迫时间的延长而降低（图 10.18）。不同 Na$_2$CO$_3$ 质量分数间蒙

古栎新梢长度增长量差异不显著（表 10.24）。

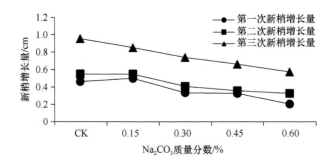

图 10.18　Na$_2$CO$_3$ 胁迫下幼苗新梢增长量变化

表 10.24　Na$_2$CO$_3$ 胁迫下幼苗新梢增长量方差分析

调查批次	自由度	方差	均方	F
第一次	4	0.1696	0.0424	1.24
第二次	4	0.1318	0.0329	1.05
第三次	4	0.2726	0.0681	1.52

10.2.4　Na$_2$CO$_3$ 胁迫对叶片长度的影响

蒙古栎叶片长度受 Na$_2$CO$_3$ 抑制程度大于 NaCl，在 Na$_2$CO$_3$ 胁迫下，蒙古栎叶片长度增长量呈现出先增加后降低的趋势。即在 Na$_2$CO$_3$ 质量分数为 0.15% 时，叶片长度增长量最大；当 Na$_2$CO$_3$ 质量分数为 0.30% 时，叶片长度增长量急剧下降（图 10.19）。

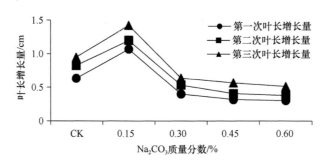

图 10.19　Na$_2$CO$_3$ 胁迫下幼苗叶片长度增长量变化

Na$_2$CO$_3$ 胁迫下叶长增长量方差分析结果表明，不同 Na$_2$CO$_3$ 质量分数之间叶片长度增长量差异极显著（表 10.25）。当 Na$_2$CO$_3$ 质量分数达到 0.45% 时，叶片长度增长量与对照之间差异极显著（表 10.26）。

表 10.25 Na₂CO₃ 胁迫下幼苗叶长增长量方差分析

表 10.25 Na$_2$CO$_3$ 胁迫下幼苗叶长增长量方差分析

调查批次	自由度	方差	均方	F
第一次	4	4.971 8	1.242 9	4.61**
第二次	4	5.729 2	1.432 3	4.77**
第三次	4	6.882 4	1.720 6	5.44**

注: **表示极显著相关（$P < 0.01$）

表 10.26 Na$_2$CO$_3$ 胁迫下幼苗叶长增长量多重比较

质量分数/%	均值 1/cm	显著性 0.05	显著性 0.01	质量分数/%	均值 2/cm	显著性 0.05	显著性 0.01	质量分数/%	均值 3/cm	显著性 0.05	显著性 0.01
0.15	1.07	a	A	0.15	1.2	a	A	0.15	1.42	a	A
CK	0.63	b	A	CK	0.82	ab	A	CK	0.95	b	A
0.30	0.4	b	AB	0.30	0.53	b	AB	0.30	0.64	b	AB
0.45	0.32	b	B	0.45	0.41	b	B	0.45	0.57	b	B
0.60	0.3	b	B	0.60	0.38	b	B	0.60	0.51	b	B

注: 不同字母表示差异显著。"均值 1""均值 2""均值 3"分别为第一次、第二次、第三次调查时叶长增长量平均值

10.2.5 Na$_2$CO$_3$ 胁迫对叶片宽度的影响

在 Na$_2$CO$_3$ 胁迫下，蒙古栎叶片宽度增长量呈现出先增加后降低的趋势，即在 Na$_2$CO$_3$ 质量分数为 0.15% 时，叶片宽度增长量最大；在 Na$_2$CO$_3$ 质量分数为 0.30% 时，叶片宽度增长量急剧下降，随着 Na$_2$CO$_3$ 质量分数的增加，蒙古栎叶片宽度进一步下降（图 10.20）。

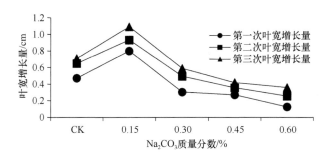

图 10.20 Na$_2$CO$_3$ 胁迫下幼苗叶片宽度增长量变化

Na$_2$CO$_3$ 胁迫下叶片宽度增长量方差分析结果表明，不同 Na$_2$CO$_3$ 质量分数之间叶片宽度增长量差异极显著（表 10.27）。当 Na$_2$CO$_3$ 质量分数为 0.15% 时，叶片宽度增长量最大，与对照差异不显著；当 Na$_2$CO$_3$ 质量分数达到 0.30% 时，叶片宽

度增长量低于对照，但不显著（表 10.28）。

表 10.27　Na₂CO₃ 胁迫下幼苗叶片宽度增长量方差分析

调查批次	自由度	方差	均方	F
第一次	4	3.1890	0.7972	3.97**
第二次	4	3.4019	0.8505	3.96**
第三次	4	4.0661	1.0165	4.36**

注：**表示极显著相关（$P<0.01$）

表 10.28　Na₂CO₃ 胁迫下幼苗叶片宽度增长量多重比较

质量分数/%	均值 1/cm	显著性 0.05	显著性 0.01	质量分数/%	均值 2/cm	显著性 0.05	显著性 0.01	质量分数/%	均值 3/cm	显著性 0.05	显著性 0.01
0.15	0.8	a	A	0.15	0.93	a	A	0.15	1.09	a	A
CK	0.47	ab	AB	CK	0.65	ab	AB	CK	0.71	ab	AB
0.30	0.3	b	AB	0.30	0.5	bc	AB	0.30	0.59	b	AB
0.45	0.27	b	B	0.45	0.36	bc	AB	0.45	0.42	b	B
0.60	0.13	b	B	0.60	0.26	c	B	0.60	0.36	b	B

注：不同字母表示差异显著。"均值 1""均值 2""均值 3"分别为第一次、第二次、第三次调查时宽度增长量平均值

10.2.6　Na₂CO₃ 胁迫对生物量的影响

Na₂CO₃ 胁迫下，蒙古栎地上生物量、地下生物量和总生物量均呈下降趋势，且地下生物量和总生物量下降幅度大于地上生物量（图 10.21）。根质量比和冠质量比对照与处理之间差异不显著，随着 Na₂CO₃ 胁迫强度的增大根冠比则呈下降趋势（图 10.22）。

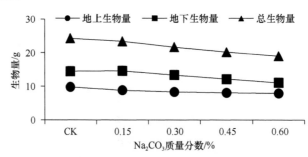

图 10.21　Na₂CO₃ 胁迫下幼苗生物量变化

Na₂CO₃ 胁迫各生物量方差分析结果表明，蒙古栎地下生物量和总生物量处理间差异显著，地上生物量、根冠比、根质量比和冠质量比处理间差异不显著（表 10.29）。当 Na₂CO₃ 质量分数达到 0.60%时，蒙古栎地下生物量与对照差异显著；当 Na₂CO₃

质量分数达到 0.45% 时，蒙古栎总生物量与对照差异显著（表 10.30）。

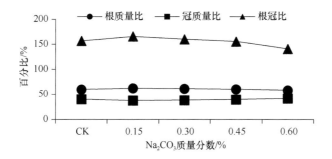

图 10.22　Na$_2$CO$_3$ 胁迫下幼苗根冠比变化

表 10.29　Na$_2$CO$_3$ 胁迫下幼苗各生物量方差分析

性状	自由度	方差	均方	F
地上生物量	4	6.9611	1.7403	0.78
地下生物量	4	27.7398	6.9350	2.82*
总生物量	4	57.7260	14.4315	3.74*
根冠比	4	0.1015	0.0254	0.27
根质量比	4	0.0024	0.0006	0.22
冠质量比	4	0.0024	0.0006	0.22

注：*表示显著相关（$P<0.05$）

表 10.30　Na$_2$CO$_3$ 胁迫下幼苗各生物量多重比较

质量分数/%	地上生物量			质量分数/%	地下生物量			质量分数/%	总生物量		
	均值/g	显著性			均值/g	显著性			均值/g	显著性	
		0.05	0.01			0.05	0.01			0.05	0.01
CK	9.8	a	A	CK	14.58	a	A	CK	24.27	a	A
0.15	8.81	a	A	0.15	14.47	a	A	0.15	23.4	ab	AB
0.30	8.33	a	A	0.30	13.33	ab	A	0.30	21.66	abc	AB
0.45	8.06	a	A	0.45	12.143	ab	A	0.45	20.21	bc	B
0.60	7.9	a	A	0.60	11.05	b	B	0.60	18.95	c	B

注：不同字母表示差异显著

10.2.7　Na$_2$CO$_3$ 胁迫对叶绿素含量的影响

蒙古栎幼苗叶绿素 a、叶绿素 b 和总叶绿素含量，随着 Na$_2$CO$_3$ 质量分数的升高而缓慢下降，总叶绿素含量在 Na$_2$CO$_3$ 质量分数为 0.60% 时升高，可能有其他因素干扰（图 10.23）。方差分析结果表明，不同处理间蒙古栎幼苗叶绿素 a、叶绿素 b 和总叶绿素含量差异显著或极显著（表 10.31）。当 Na$_2$CO$_3$ 质量分数为 0.30% 时，

叶绿素 a 含量与对照差异达到显著水平；当 Na_2CO_3 质量分数为 0.45% 时，叶绿素 a 含量与对照差异达到极显著水平；当 Na_2CO_3 质量分数为 0.15% 时，叶绿素 b 含量与对照差异达到显著水平；当 Na_2CO_3 质量分数为 0.45% 时，叶绿素 b 含量与对照差异达到极显著水平；当 Na_2CO_3 质量分数为 0.15% 时，总叶绿素含量与对照差异达到显著水平；当 Na_2CO_3 质量分数为 0.45% 时，总叶绿素含量与对照差异达到极显著水平（表 10.32）。

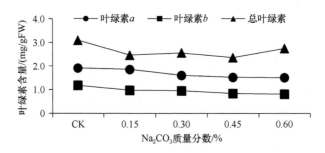

图 10.23　Na_2CO_3 胁迫下幼苗叶绿素含量变化

表 10.31　Na_2CO_3 胁迫下幼苗叶绿素含量方差分析

叶绿素	自由度	方差	均方	F
叶绿素 a	4	0.4461	0.1115	14.46**
叶绿素 b	4	0.2594	0.0648	5.91*
总叶绿素	4	1.3122	0.3281	24.08**

注：*表示显著相关（$P < 0.05$）；**表示极显著相关（$P < 0.01$）

表 10.32　Na_2CO_3 胁迫下幼苗叶绿素含量多重比较

质量分数/%	叶绿素 a/(mg/gFW)	显著性 0.05	显著性 0.01	质量分数/%	叶绿素 b/(mg/gFW)	显著性 0.05	显著性 0.01	质量分数/%	总叶绿素/(mg/gFW)	显著性 0.05	显著性 0.01
CK	1.92	a	A	CK	1.18	a	A	CK	1.18	a	A
0.15	1.86	a	AB	0.15	0.98	b	AB	0.15	0.98	b	AB
0.30	1.61	b	AB	0.30	0.96	b	AB	0.30	0.96	c	AB
0.45	1.52	b	B	0.45	0.84	b	B	0.45	0.84	cd	B
0.60	1.51	b	B	0.60	0.81	b	B	0.60	0.81	d	B

注：不同字母表示差异显著

10.2.8　Na_2CO_3 胁迫对叶片相对电导率的影响

随着 Na_2CO_3 质量分数的升高和胁迫时间的延长，蒙古栎叶片相对电导率呈下降趋势。调查结果表明，处理后第 3 天、第 13 天，叶片相对电导率因土壤中 Na_2CO_3 含量升高下降幅度较大；处理后第 23 天和第 33 天，土壤中 Na_2CO_3 含量不同时叶片相对电导率下降幅度较小（图10.24）。

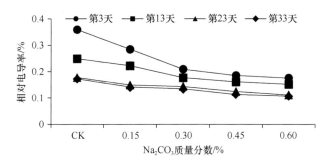

图 10.24　Na$_2$CO$_3$胁迫下幼苗叶片相对电导率变化

4 次调查数据方差分析结果表明，各处理叶片相对电导率差异极显著（表10.33）。多重比较结果表明，当Na$_2$CO$_3$质量分数为0.30%时，叶片相对电导率与对照之间差异显著；当Na$_2$CO$_3$质量分数为0.60%时，叶片相对电导率（均值1、2和3）与对照（CK）之间差异极显著（表10.34）。

表 10.33　Na$_2$CO$_3$胁迫下幼苗相对电导率方差分析

调查时间	自由度	方差	均方	F
第 3 天	4	0.0724	0.0181	14.88**
第 13 天	4	0.0208	0.0052	8.24**
第 23 天	4	0.0077	0.0019	7.36**
第 33 天	4	0.0079	0.0019	15.75**

注：**表示极显著相关（$P < 0.01$）

表 10.34　Na$_2$CO$_3$胁迫下幼苗相对电导率多重比较

质量分数/%	均值1/%	显著性 0.05	显著性 0.01	质量分数/%	均值2/%	显著性 0.05	显著性 0.01	质量分数/%	均值3/%	显著性 0.05	显著性 0.01	质量分数/%	均值4/%	显著性 0.05	显著性 0.01
CK	0.36	a	A	CK	0.25	a	A	CK	0.18	a	A	CK	0.17	a	A
0.15	0.29	b	AB	0.15	0.22	ab	AB	0.15	0.15	ab	AB	0.15	0.14	b	A
0.30	0.21	c	BC	0.30	0.18	bc	AB	0.30	0.14	b	AB	0.30	0.13	b	A
0.45	0.19	c	BC	0.45	0.16	c	AB	0.45	0.12	bc	AB	0.45	0.11	c	A
0.60	0.18	c	C	0.60	0.15	c	B	0.60	0.11	c	B	0.60	0.11	c	A

注：不同字母表示差异显著。"均值1""均值2""均值3""均值4"分别为第 3 天、第 13 天、第 23 天、第 33 天调查数据平均值

10.2.9　Na$_2$CO$_3$胁迫对丙二醛含量的影响

随着 Na$_2$CO$_3$质量分数的升高和胁迫时间的延长，蒙古栎幼苗丙二醛含量呈下降趋势。4 次调查结果显示，幼苗丙二醛含量因土壤中 Na$_2$CO$_3$含量的升高下降

幅度相似（图 10.25）。

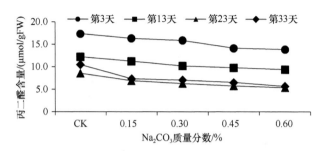

图 10.25　Na$_2$CO$_3$ 胁迫下幼苗丙二醛含量变化

对 4 次调查数据分别进行方差分析，结果表明，除第一次调查之外，第 13 天、第 23 天和第 33 天调查各处理间差异均达到极显著水平（表 10.35）；当 Na$_2$CO$_3$ 质量分数为 0.30% 时，蒙古栎幼苗丙二醛含量与对照之间差异达到显著水平（除第 3 天外）；当 Na$_2$CO$_3$ 质量分数为 0.60% 时，蒙古栎幼苗丙二醛含量与对照之间差异达到极显著水平（除第 3 天外）（表 10.36）。

表 10.35　Na$_2$CO$_3$ 胁迫下幼苗丙二醛含量方差分析

调查时间	自由度	方差	均方	F
第 3 天	4	26.2049	6.5512	0.37
第 13 天	4	16.0283	4.0071	8.51**
第 23 天	4	18.5223	4.6306	15.01**
第 33 天	4	39.6749	9.9187	18.48**

注：**表示极显著相关（$P<0.01$）

表 10.36　Na$_2$CO$_3$ 胁迫下幼苗丙二醛含量多重比较

质量分数/%	均值1/(μmol/gFW)	显著性 0.05	0.01	质量分数/%	均值2/(μmol/gFW)	显著性 0.05	0.01	质量分数/%	均值3/(μmol/gFW)	显著性 0.05	0.01	质量分数/%	均值4/(μmol/gFW)	显著性 0.05	0.01
CK	17.34	a	A	CK	12.22	a	A	CK	8.55	a	A	CK	10.47	a	A
0.15	16.31	a	A	0.15	11.25	ab	AB	0.15	6.92	b	AB	0.15	7.36	b	B
0.30	15.84	a	A	0.30	10.19	bc	AB	0.30	6.29	bc	B	0.30	7.05	b	B
0.45	14.13	a	A	0.45	9.79	c	AB	0.45	5.77	c	B	0.45	6.55	bc	B
0.60	13.85	a	A	0.60	9.39	c	B	0.60	5.38	c	B	0.60	5.68	c	B

注：不同字母表示差异显著。"均值1""均值2""均值3""均值4"分别为第 3 天、第 13 天、第 23 天、第 33 天调查数据平均值

10.2.10　Na$_2$CO$_3$ 胁迫对脯氨酸含量的影响

Na$_2$CO$_3$ 胁迫条件下，随着 Na$_2$CO$_3$ 胁迫强度的增加，蒙古栎幼苗脯氨酸含量

升高（图 10.26）。对 Na_2CO_3 胁迫下蒙古栎幼苗脯氨酸含量进行方差分析，结果表明，各处理之间脯氨酸含量差异显著或极显著（表 10.37）。当 Na_2CO_3 质量分数为 0.30%时，幼苗脯氨酸含量与对照差异显著（除第 3 天外）；当 Na_2CO_3 质量分数为 0.60%时，幼苗脯氨酸含量与对照差异达到极显著水平（表 10.38）。

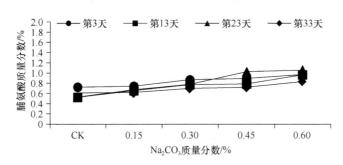

图 10.26　Na_2CO_3 胁迫下幼苗脯氨酸含量变化

表 10.37　Na_2CO_3 胁迫下幼苗脯氨酸含量方差分析

调查时间	自由度	方差	均方	F
第 3 天	4	0.000 013	0.000 003	6.9**
第 13 天	4	0.000 033	0.000 008	27.13**
第 23 天	4	0.000 061	0.000 015	246.36**
第 33 天	4	0.000 009	0.000 002	5.59*

注：*表示显著相关（$P<0.05$）；**表示极显著相关（$P<0.01$）

表 10.38　Na_2CO_3 胁迫下幼苗脯氨酸含量多重比较

质量分数/%	均值1/%	显著性 0.05	0.01	质量分数/%	均值2/%	显著性 0.05	0.01	质量分数/%	均值3/%	显著性 0.05	0.01	质量分数/%	均值4/%	显著性 0.05	0.01
0.60	0.97	a	A	0.60	0.97	a	A	0.60	1.06	a	A	0.60	0.83	a	A
0.45	0.89	a	A	0.45	0.79	b	AB	0.45	1.03	a	A	0.45	0.73	ab	AB
0.30	0.87	a	A	0.30	0.77	b	B	0.30	0.78	b	B	0.30	0.7	bc	AB
0.15	0.74	b	B	0.15	0.66	c	BC	0.15	0.68	c	BC	0.15	0.62	bc	B
CK	0.73	b	B	CK	0.53	d	C	CK	0.53	d	C	CK	0.61	c	B

注：不同字母表示差异显著。"均值1""均值2""均值3""均值4"分别为第 3 天、第 13 天、第 23 天、第 33 天调查数据平均值

10.2.11　Na_2CO_3 胁迫对相对含水量的影响

在 Na_2CO_3 胁迫下，蒙古栎幼苗相对含水量下降（图 10.27）。方差分析结果表明，各处理间相对含水量差异极显著（表 10.39）。当 Na_2CO_3 质量分数为 0.45%时，幼苗相对含水量与对照差异显著；当 Na_2CO_3 质量分数为 0.60%时，幼苗相对含水

量与对照差异极显著（表 10.40）。

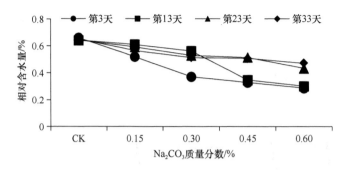

图 10.27　Na_2CO_3 胁迫下幼苗相对含水量变化

表 10.39　Na_2CO_3 胁迫下幼苗相对含水量方差分析

调查时间	自由度	方差	均方	F
第 3 天	4	0.2851	0.0713	14.36**
第 13 天	4	0.2959	0.0739	36.54**
第 23 天	4	0.0761	0.0190	43.43**
第 33 天	4	0.0583	0.0145	22.55**

注：**表示极显著相关（$P < 0.01$）

表 10.40　Na_2CO_3 胁迫下幼苗相对含水量多重比较

质量分数/%	均值 1/%	显著性 0.05	显著性 0.01	质量分数/%	均值 2/%	显著性 0.05	显著性 0.01	质量分数/%	均值 3/%	显著性 0.05	显著性 0.01	质量分数/%	均值 4/%	显著性 0.05	显著性 0.01
CK	0.66	a	A	CK	0.64	a	A	CK	0.64	a	A	CK	0.65	a	A
0.15	0.52	b	AB	0.15	0.61	a	A	0.15	0.59	b	A	0.15	0.56	b	AB
0.30	0.37	c	BC	0.30	0.56	a	A	0.30	0.53	c	AB	0.30	0.51	c	AB
0.45	0.33	c	BC	0.45	0.35	b	B	0.45	0.51	c	AB	0.45	0.51	c	AB
0.60	0.29	c	C	0.60	0.3	b	B	0.60	0.43	d	B	0.60	0.47	c	B

注：不同字母表示差异显著。"均值 1""均值 2""均值 3""均值 4"分别为第 3 天、第 13 天、第 23 天、第 33 天调查数据平均值

10.2.12　Na_2CO_3 胁迫下蒙古栎幼苗光合响应

1. Na_2CO_3 胁迫与幼苗胞间 CO_2 浓度

Na_2CO_3 胁迫导致蒙古栎幼苗胞间 CO_2 浓度降低，多数情况下，Na_2CO_3 质量分数越高，降低幅度越大。同一 Na_2CO_3 质量分数，随着光强增大蒙古栎幼苗胞间 CO_2 浓度降低（图 10.28）。Na_2CO_3 质量分数相同时，光照强度在 0~200lx 范围内时，幼苗叶片胞间 CO_2 浓度降低幅度较大；光照强度在 200~2000lx 范围内时，

幼苗叶片胞间 CO_2 浓度变化不大，说明光照强度增加能够缓解蒙古栎幼苗胞间 CO_2 浓度的下降趋势，维持光合作用。

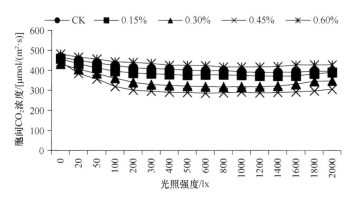

图 10.28　Na_2CO_3 胁迫下幼苗胞间 CO_2 浓度变化

2. Na_2CO_3 胁迫与幼苗气孔导度

Na_2CO_3 胁迫强度较大（0.45% 和 0.60%）时，蒙古栎幼苗气孔导度明显较低。Na_2CO_3 质量分数为 0.30% 时蒙古栎幼苗气孔导度较高，Na_2CO_3 质量分数为 0.15% 时蒙古栎幼苗气孔导度与对照交错上升和下降。较低浓度 Na_2CO_3 增大了蒙古栎幼苗气孔导度，这就意味着植株内水分大量蒸腾，长时间大量失水植物会发生生理干旱，甚至萎蔫。光照强度在 $100\sim1400$lx 范围内时，幼苗叶片气孔导度较高；光照强度在 1600lx 时，幼苗叶片气孔导度开始下降（图 10.29）。

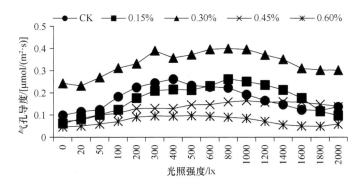

图 10.29　Na_2CO_3 胁迫下幼苗气孔导度变化

3. Na_2CO_3 胁迫与幼苗净光合速率

随着光照强度的增加，蒙古栎幼苗净光合速率也增加，当光照强度达到 1400lx 时，蒙古栎幼苗净光合速率开始下降。Na_2CO_3 胁迫强度较大（0.45% 和 0.60%）

时，蒙古栎幼苗净光合速率低于对照，Na_2CO_3 质量分数较低时，净光合速率与对照交错升降（图 10.30）。说明土壤中 Na_2CO_3 含量较低时，净光合速率没有降低。

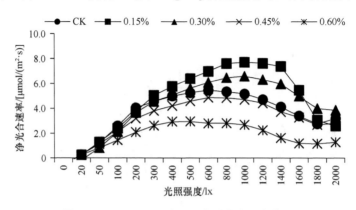

图 10.30 Na_2CO_3 胁迫下幼苗净光合速率变化

10.2.13 小结

1. Na_2CO_3 胁迫与蒙古栎幼苗生长性状

随着土壤中 Na_2CO_3 含量的增加，蒙古栎幼苗株高生长量受抑制程度增大。Na_2CO_3 胁迫时间越长，株高和地径增长量减少的幅度越大。随着 Na_2CO_3 质量分数的增加和胁迫时间的延长，蒙古栎新梢生长量降低。不同 Na_2CO_3 质量分数之间叶片长度和宽度增长量差异极显著。在 Na_2CO_3 胁迫下，蒙古栎叶片长度和宽度增长量呈现出降低趋势。

2. Na_2CO_3 胁迫与生物量

Na_2CO_3 胁迫下，蒙古栎地上生物量、地下生物量和总生物量均呈下降趋势，且地下生物量和总生物量下降幅度均大于地上生物量。随着 Na_2CO_3 胁迫强度的增大，根冠比呈下降趋势。蒙古栎地下生物量和总生物量处理间差异显著，当 Na_2CO_3 质量分数达到 0.60% 时，蒙古栎地下生物量与对照差异显著；当 Na_2CO_3 质量分数达到 0.45% 时，蒙古栎总生物量与对照差异显著。

3. Na_2CO_3 胁迫对生理生化指标的影响

蒙古栎幼苗叶绿素 a、叶绿素 b 和总叶绿素含量随着 Na_2CO_3 质量分数的升高而缓慢下降，不同处理间蒙古栎幼苗叶绿素 a、叶绿素 b 和总叶绿素含量差异显著或极显著。随着 Na_2CO_3 质量分数的升高和胁迫时间的延长，蒙古栎叶片相对电导率呈下降趋势，Na_2CO_3 质量分数为 0.30% 时，丙二醛、脯氨酸含量在碱胁迫初期与对照之间差异不显著,后期极显著;Na_2CO_3 质量分数为 0.60% 时,脯氨酸含量与对照之间差异极显著。在 Na_2CO_3 胁迫下,蒙古栎幼苗相对含水量显著下降。

4. Na_2CO_3 胁迫下蒙古栎幼苗光合响应

Na_2CO_3 胁迫导致蒙古栎幼苗胞间 CO_2 浓度降低,多数情况下,Na_2CO_3 质量分数越高,降低幅度越大。同一 Na_2CO_3 质量分数,随着光强增大蒙古栎幼苗胞间 CO_2 浓度降低。Na_2CO_3 胁迫强度较大(0.45% 和 0.60%)时,蒙古栎幼苗气孔导度明显较低。随着光照强度的增加,蒙古栎幼苗净光合速率也增加,当光照强度达到 1400lx 时,蒙古栎幼苗净光合速率开始下降。Na_2CO_3 胁迫强度较大(0.45% 和 0.60%)时,蒙古栎幼苗净光合速率低于对照。

10.3　结论与讨论

10.3.1　结论

1. NaCl 胁迫与蒙古栎幼苗生长性状

在 NaCl 胁迫下,蒙古栎幼苗高生长受到抑制,随着土壤中 NaCl 含量的增加和胁迫时间的延长,株高生长量受抑制程度增大。在 NaCl 胁迫下,蒙古栎幼苗地径增长量呈现先增加后降低的趋势。随着 NaCl 胁迫强度增大和胁迫时间延长蒙古栎新梢增长量显著降低。不同 NaCl 质量分数间蒙古栎新梢长度增长量差异显著,NaCl 含量越高新梢增长量越小。随着 NaCl 质量分数的增加和胁迫时间的延长,蒙古栎叶片长度增长量降低。在 NaCl 胁迫下,蒙古栎叶片宽度增长量呈现出先增加后降低的趋势。不同 NaCl 质量分数之间叶片宽度增长量差异极显著。

2. Na_2CO_3 胁迫与蒙古栎幼苗生长性状

随着土壤中 Na_2CO_3 含量的增加,蒙古栎幼苗株高生长量受抑制程度增大。Na_2CO_3 胁迫时间越长,株高增长量减少的幅度越大。蒙古栎幼苗地径增长量在不同浓度 Na_2CO_3 胁迫下,呈现先增加后降低的趋势。随着 Na_2CO_3 质量分数的增加和胁迫时间的延长,蒙古栎新梢生长量降低。在 Na_2CO_3 胁迫下,蒙古栎叶片长度增长量呈现出先增加后降低趋势。不同 Na_2CO_3 质量分数之间叶片长度增长量差异极显著。在 Na_2CO_3 胁迫下,蒙古栎叶片宽度增长量呈现出先增加后降低的趋势,不同 Na_2CO_3 质量分数之间叶片宽度增长量差异极显著。

3. NaCl 胁迫与生物量

NaCl 胁迫下蒙古栎地上生物量与地下生物量未出现明显降低，总生物量下降的幅度略高于地上生物量和地下生物量，蒙古栎幼苗根质量比和冠质量比在 NaCl（质量分数为 0.05%~0.20%）胁迫下与对照差异不显著。不同 NaCl 质量分数间，蒙古栎地下生物量与总生物量差异达到显著水平。

4. Na$_2$CO$_3$ 胁迫与生物量

Na$_2$CO$_3$ 胁迫下，蒙古栎地上生物量、地下生物量和总生物量均呈下降趋势，且地下生物量和总生物量下降幅度均大于地上生物量。随着 Na$_2$CO$_3$ 胁迫强度的增大根冠比则呈下降趋势。蒙古栎地下生物量和总生物量处理间差异显著，当 Na$_2$CO$_3$ 质量分数达到 0.60% 时，蒙古栎地下生物量与对照差异显著；当 Na$_2$CO$_3$ 质量分数达到 0.45% 时，蒙古栎总生物量与对照差异显著。

5. NaCl 胁迫对生理生化指标的影响

随着 NaCl 质量分数的升高和胁迫时间的延长，蒙古栎幼苗叶绿素 a、叶绿素 b 和总叶绿素含量而下降，不同 NaCl 处理间，蒙古栎幼苗叶绿素 a、叶绿素 b 和总叶绿素含量差异极显著。随着 NaCl 质量分数的升高和胁迫时间的延长，蒙古栎叶片相对电导率和丙二醛呈下降趋势，随着 NaCl 质量分数的升高和胁迫时间的延长，叶片丙二醛含量显著降低，而叶片脯氨酸含量显著增加。在 NaCl 胁迫下，蒙古栎幼苗相对含水量下降，盐浓度越高叶片含水量越低。

6. Na$_2$CO$_3$ 胁迫对生理生化指标的影响

蒙古栎幼苗叶绿素 a、叶绿素 b 和总叶绿素含量，随着 Na$_2$CO$_3$ 质量分数的升高而缓慢下降，不同处理间蒙古栎幼苗叶绿素 a、叶绿素 b 和总叶绿素含量差异达到显著或极显著。随着 Na$_2$CO$_3$ 质量分数的升高和胁迫时间的延长，蒙古栎叶片相对电导率呈下降趋势，Na$_2$CO$_3$ 质量分数为 0.30% 时，丙二醛、脯氨酸含量在碱胁迫初期与对照之间的差异不显著，后期极显著；Na$_2$CO$_3$ 质量分数为 0.60% 时，脯氨酸含量与对照之间差异极显著。在 Na$_2$CO$_3$ 胁迫下，蒙古栎幼苗相对含水量显著下降。

7. NaCl 胁迫蒙古栎幼苗光合响应

NaCl 胁迫导致蒙古栎幼苗胞间 CO$_2$ 浓度降低，相同光照条件下，NaCl 质量分数越高，降低幅度越大。同一 NaCl 质量分数下，随着光强的增大蒙古栎幼苗

胞间 CO_2 浓度大体呈降低趋势。NaCl 胁迫下蒙古栎幼苗气孔导度明显低于对照，NaCl 质量分数越高气孔导度降低幅度越大。较低 NaCl 质量分数时蒙古栎幼苗净光合速率较高，随着光照强度的增加净光合速率也增加，较高 NaCl 胁迫下蒙古栎幼苗净光合速率降低，并且随着光照强度的增加这种趋势越显著。

8. Na_2CO_3 胁迫蒙古栎幼苗光合响应

Na_2CO_3 胁迫导致蒙古栎幼苗胞间 CO_2 浓度降低，Na_2CO_3 质量分数越高，降低幅度越大。同一 Na_2CO_3 质量分数，随着光强的增大蒙古栎幼苗胞间 CO_2 浓度降低。Na_2CO_3 胁迫强度较大（0.45% 和 0.60%）时，蒙古栎幼苗气孔导度明显较低。随着光照强度的增加蒙古栎幼苗净光合速率也增加，当光照强度达到 1400lx 时，蒙古栎幼苗净光合速率开始下降。Na_2CO_3 胁迫强度较大（0.45% 和 0.60%）时，蒙古栎幼苗净光合速率低于对照（于越，2019）。

10.3.2　讨论

1. 盐碱胁迫对植物生长的影响

宋庆云等（2018）研究发现，盐和碱共同胁迫显著抑制幼苗生长，盐碱危害症状表现为减少了胚芽和胚根数量，降低了胚芽和胚根长度。潘多锋等（2016）研究发现，碱性盐胁迫会导致偃麦草幼苗株高降低和生物量减少，并且株高与碱性盐溶液浓度之间、生物量与碱性盐溶液浓度之间均呈极显著的负相关。曹磊等（2018）研究发现，槲树生长受盐碱胁迫的抑制效果取决于 Na^+ 浓度，抑制槲树生长的 Na^+ 浓度临界值为 200mmol/L。李剑峰等（2015）研究发现，不同盐浓度梯度条件下，幼苗根长呈现先增加再减少的趋势，幼苗早期生长对碱胁迫更敏感，在盐碱胁迫条件下幼苗根系伸长受到的抑制大于株高。胡华冉等（2015）研究表明，较高盐浓度会导致大麻幼苗株高变矮、干物质量减少和根长缩短。

2. 盐碱胁迫对植物的生理响应

魏磊等（2012）研究发现，在较低盐碱浓度时角果碱蓬幼苗的净光合速率与对照差异不大，而较高盐浓度胁迫下其净光合速率显著下降，蒸腾速率和气孔导度均表现为显著下降。盖玉红等（2014）研究发现，盐碱胁迫会导致野生大豆叶片的气孔限制值、表观叶肉导度、叶片净光合速率和气孔导度下降，而胞间 CO_2 浓度却表现为上升趋势。何淼等（2016）研究发现，荻幼苗叶绿素含量因盐碱胁迫程度的加剧和胁迫时间的延长而降低；在低、中盐浓度条件下根活力不断升高，在盐浓度较高时根活力表现为降低—升高—降低；幼苗丙二醛含量和相对电导率呈不断升高趋势。张潭等（2017）研究表明，随着盐浓度的增大，枸杞幼苗净光合速率、蒸腾速率、叶绿素相对含量、气孔导度和胞间 CO_2 浓度等光合作用参数在盐碱胁迫条件下明显受到抑制。杨传宝等（2016）研究发现，脯氨酸含量随着 $NaHCO_3$ 浓度的增加而升高，叶绿素含量则表现为下降趋势。

参 考 文 献

敖特根, 杨秋林, 米拉, 等. 1998. 蒙古栎橡子营养成分的研究[J]. 内蒙古农牧学院学报, (1): 77-81.

边黎明, 黄豆, 张学峰, 等. 2020. 杉木优树收集区无性系花期物候与同步性分析[J]. 南京林业大学学报(自然科学版), 44(6): 207-212.

蔡艺伟. 2023. 蒙古栎开花结实规律研究[D]. 吉林: 北华大学硕士学位论文.

曹磊, 陈伟楠, 胡增辉, 等. 2018. 盐碱胁迫对槲树幼苗生长与光合特性的影响[J]. 北京农学院学报, 33(4): 86-90.

常志刚. 2009. 柞木表板的干燥工艺研究[J]. 林业机械与木工设备, 37(2): 50-51.

陈大珂, 周晓峰, 祝宁, 等. 1994. 天然次生林: 结构, 功能, 动态与经营[M]. 哈尔滨: 东北林业大学出版社.

陈科屹, 张会儒, 雷相东. 2018. 天然次生林蒙古栎种群空间格局[J]. 生态学报, 38(10): 3462-3470.

陈士忠. 2014. 东北地区蒙古栎常见病虫害的防治[J]. 城市地理, (10): 49.

陈坦, 张振, 楚秀丽, 等. 2019. 马尾松二代无性系种子园的花期同步性[J]. 林业科学, 55(1): 146-156.

陈晓波, 王继志. 2010. 蒙古栎种源选择试验研究[J]. 北华大学学报(自然科学版), 11(5): 437-444.

陈晓阳, 沈熙环, 杨萍, 等. 1995. 杉木种子园开花物候特点的研究[J]. 北京林业大学学报, (1): 10-18.

陈雅昕, 邓娇娇, 周永斌, 等. 2018. 蒙古栎天然次生林土壤微生物群落特征及其与土壤理化特性的关系[J]. 沈阳农业大学学报, 49(4): 409-416.

陈有民. 1990. 园林树木学[M]. 北京: 中国林业出版社.

程成. 2017. 柞蚕场的建设与柞蚕养殖管理[J]. 当代畜禽养殖业, (8): 13.

程福山, 何怀江, 刘强, 等. 2018. 三湖国家级自然保护区蒙古栎林空间结构研究[J]. 林业资源管理, (2): 138-145.

程广有. 2001. 名优花卉组织培养技术[M]. 北京: 科学技术文兴出版社.

程广有. 2010. 东北红豆杉[M]. 北京: 中国科学技术出版社.

程广有, 顾地周, 邓军, 等. 2016. 长白山特色植物组织培养[M]. 北京: 中国林业出版社.

程广有, 戚继忠, 顾地周, 等. 2012. 植物组织培养[M]. 长春: 吉林科学技术出版社.

程广有, 唐晓杰, 王井源, 等. 2020. 黄檗遗传改良[M]. 北京: 科学技术出版社.

程琳, 陈琴, 陈仕昌, 等. 2021. 不同无性系杉木球果及种子质量研究[J]. 广西林业科学, 50(1): 1-7.

程茅伟, 沈更新, 章锡平, 等. 2005. 大豆异黄酮防治骨质疏松作用的现状及机制[J]. 华中医学杂志, 29(5): 344-351.

程徐冰, 韩士杰, 张忠辉, 等. 2011. 蒙古栎不同冠层部位叶片养分动态[J]. 应用生态学报, 22(9): 2272-2278.

储吴樾, 范俊俊, 张往祥. 2020. 观赏海棠花期物候稳定性及其对温度变化的响应[J]. 南京林业大学学报(自然科学版), 44(5): 49-54.

崔玉涛. 2023. 长白山区不同立地类型天然蒙古栎林林分生长差异的研究[D]. 吉林: 北华大学硕士学位论文.

端木. 1994. 我国栎属资源的综合利用[J]. 保定: 河北林学院学报, (2): 177-181.

樊后保. 1991. 蒙古栎种群结构与动态的研究[D]. 哈尔滨: 东北林业大学硕士学位论文.

樊后保, 王义弘. 1992. 不同光照条件下蒙古栎物候期及树高生长节律的研究[J]. 福建林学院学报, (2): 148-153.

樊后保, 臧润国, 李德志. 1996. 蒙古栎种群天然更新的研究[J]. 生态学杂志, 15(3): 15-20.

方乐金, 施季森. 2003. 杉木种子园种子产量及其主导影响因子的分析[J]. 植物生态学报, (2): 235-239.

方升佐, 许献文, 裴忠诚, 等. 1991. 杉木种子园无性系开花结实习性[J]. 浙江林学院学报, 8(2): 180-185.

刚群, 闫巧玲, 刘焕彬, 等. 2014. 种子更新与萌蘖更新蒙古栎一年生幼苗生长特性的比较[J]. 生态学杂志, 33(5): 1183-1189.

高芳玲, 秦小龙. 2021. 油松种子园产量的因素影响及其应对策略探析[J]. 南方农业, 15(5): 10-11.

高俊凤. 2006. 植物生理学实验指导[M]. 北京: 高等教育出版社.

高珊, 林梅, 崔建国, 等. 2013. 蒙古栎促萌茎段的离体培养研究[J]. 北方园艺, (19): 102-105.

高志涛, 吴晓春. 2005. 蒙古栎地理分布规律的探讨[J]. 防护林科技, (2): 75-84.

盖玉红, 牛陆, 董宝池, 等. 2014. 不同浓度盐、碱胁迫对野生大豆光合特性和生理生化特性的影响[J]. 江苏农业科学, 42(5): 89-93.

顾和平, 陈新, 陈华涛, 等. 2012. 大豆异黄酮药理效应研究进展[J]. 江苏农业科学, 40(9): 19-22.

郭军战, 李周岐, 毕春侠. 1997. 油松表型性状三水平遗传变异分析[J]. 西北林学院学报, (1): 14-17.

韩金生, 赵慧颖, 朱良军, 等. 2019. 小兴安岭蒙古栎和黄菠萝径向生长对气候变化的响应比较[J]. 应用生态学报, 30(7): 2218-2230.

何淼, 王欢, 徐鹏飞, 等. 2016. 荻幼苗对复合盐碱胁迫的生理响应[J]. 西北植物学报, 36(3): 506-514.

何晓东, 1982. 柞树叶营养价值及合理利用问题的探讨[J]. 古林农业大学学报, (2): 79-80.

胡华冉, 刘浩, 邓纲, 等. 2015. 不同盐碱胁迫对大麻种子萌发和幼苗生长的影响[J]. 植物资源与环境学报, 24(4): 61-68.

胡明新, 周广胜, 吕晓敏, 等. 2021. 温度和光周期协同作用对蒙古栎幼苗春季物候的影响[J]. 生态学报, 41(7): 2816-2825.

胡喜兰, 许瑞波, 陈宇. 2013. 蒡叶多糖的提取及生物活性研究[J]. 食品科学, (2): 78-82.

黄冬, 葛变, 马焕成, 等. 2015. 云南热区坡柳对立地因子的生长响应[J]. 东北林业大学学报, 43(6): 22-24, 29.

黄国伟, 黄秦军, 李文文. 2012. 不同种源蒙古栎在 3 种生长条件下的综合评价[J]. 西南林业大学学报, 32(1): 4-10.

黄秦军, 黄国伟, 苏晓华, 等. 2013a. 蒙古栎生长及生理特征的种源间差异[J]. 林业科学, 49(9): 72-78.

黄秦军, 李文文, 丁昌俊. 2013b. 蒙古栎嫩枝扦插繁殖技术研究[J]. 西南林业大学学报, 33(1):

27-33.

贾红波, 咸锋. 2021. 百花山国家级自然保护区蒙古栎林群落特征分析[J]. 林业资源管理, (3): 84-88.

姜凤, 辛士刚, 李国德. 2013. 柞树叶和柞树皮中微量元素的测定[J]. 光谱实验室, (6): 3061-3064.

蒋迪军, 牛建新. 1992. 苹果茎尖快速繁殖研究[J]. 新疆农业科学, (4): 171-173.

蒋立宪. 2000. 关于辽东地区柞蚕资源及其产业的思考[J]. 辽宁丝绸, (4): 1-4.

金国庆, 秦国峰, 周志春, 等. 1998. 马尾松无性系种子园球果产量的遗传变异[J]. 林业科学研究, (3): 50-57.

黎成学, 王明轩. 2016. 牛栎树叶中毒的诊断和防治[J]. 兽医导刊, (6): 63.

李国锋, 李军, 雷跃平, 等. 1997. 油松雌雄球花的空间分布特征[J]. 河南农业大学学报, 31(1): 59-66.

李佳宁. 2020. 蒙古栎生殖生物学特性的初步研究[D]. 沈阳: 沈阳农业大学硕士学位论文.

李剑峰, 张淑卿, 杜建雄, 等. 2015. 盐碱胁迫对水培苜蓿幼苗生长的影响[J]. 贵州农业科学, 43(6): 27-30.

李克志. 1958. 柞树萌芽林的研究[J]. 林业科学, (3): 231-247.

李美莹, 李前, 金子涵, 等. 2021. 蒙古栎体细胞胚发生技术研究[J]. 辽宁林业科技, (1): 1-6.

李前. 2019. 蒙古栎体细胞胚发生技术研究[D]. 沈阳: 沈阳农业大学硕士学位论文.

李文文. 2010. 蒙古栎种源变异及无性繁殖研究[D]. 北京: 中国林业科学研究院硕士学位论文.

李文文, 刘希华, 黄秦军, 等. 2012. 蒙古栎茎段的离体培养[J]. 东北林业大学学报, 40(8): 1-6.

李文英, 顾万春, 周世良. 2003. 蒙古栎天然群体遗传多样性的 AFLP 分析[J]. 林业科学, (5): 29-36.

李亚红, 王雨朦, 刘雪艳, 等. 2007. 丹皮酚与山楂黄酮优化配伍降低胆固醇作用研究[J]. 安徽医药, 11(10): 876-878.

李悦, 王晓茹, 李伟, 等. 2010. 油松种子园无性系花期同步指数稳定性分析[J]. 北京林业大学学报, 32(5): 88-93.

厉月桥. 2011. 木本能源植物蒙古栎与辽东栎资源调查与优良种质资源筛选[D]. 北京: 中国林业科学研究院博士学位论文.

厉月桥, 李迎超, 吴志庄. 2013. 不同种源蒙古栎种子表型性状与淀粉含量的变异分析[J]. 林业科学研究, 26(4): 528-532.

连永刚. 2019. 沙化柞蚕场定向培育特种原料林技术的探讨[J]. 内蒙古林业调查设计, 42(6): 47-49.

梁德洋, 蒋路平, 张秦徽, 等. 2019. 辽宁省 11 个蒙古栎种源及家系种子性状变异[J]. 东北林业大学学报, 47(11): 1-5.

梁机, 周传明. 1998. 1.5 代杉木种子园开花规律的观察分析[J]. 广西农业大学学报, 17(3): 285-292.

林志生. 2022. 蒙古栎常见病虫害的防治探索[J]. 林果科技, (8): 145-147.

刘会娟. 2013. 柞树叶、构树叶和柳树叶的营养物质分析及比较研究[J]. 辽宁农业职业技术学院学报, 15(4): 1-2.

刘建平, 周正立, 李志军, 等. 2004. 胡杨、灰叶胡杨花空间分布及数量特征研究[J]. 植物研究, 24(3): 278-283.

刘淑兰, 韩碧文. 1986. 核桃(*Juglans regia* L.)的离体繁殖[J]. 北京农业大学学报, 12(2): 143-147.

刘彤. 1994. 蒙古栎种群生态学的研究[D]. 哈尔滨: 东北林业大学硕士学位论文.

刘文祥, 汪绍凯, 庄德斌, 等. 2008. 蒙古栎育苗技术的研究[J]. 林业勘察设计, (3): 69-71.

刘喜仁, 陈晓波, 王继志, 等. 1997. 蒙古栎生长变异与早期选择的研究[J]. 吉林林学院学报, (3): 10-14.

刘彦龙, 刘学艳, 庞久寅, 等. 2010. 长白山蒙古栎材橡木桶生产工艺流程和性能[J]. 东北林业大学学报, 38(3): 123-125.

龙鹏, 韦小丽, 彭凌帅. 2019. 不同立地条件对棕榈人工林生长及产量的影响[J]. 福建农林大学学报(自然科学版), 48(2): 182-187.

卢永洁, 王建国. 2005. 柞树叶的综合利用[J]. 河北林业, (2): 25.

陆文海, 王政强, 唐圆梦, 等. 2021. 蒙古栎国内相关研究进展[J]. 绿色科技, 23(15): 131-133, 191.

吕东, 张宏斌, 赵明, 等. 2013. 青海云杉无性系雌雄球花及球果量的变异研究[J]. 甘肃农业大学学报, 48(3): 68-73, 81.

罗桂芳, 刘淑红. 2012. 浅谈综合开发柞蚕场资源[J]. 特种经济动物, (6): 9-10.

马诗钰. 2014. 华山松种实相关数量性状研究[D]. 成都: 四川农业大学硕士学位论文.

梅建顺. 2008. 浅谈柞蚕场建设和保护的有效途径[J]. 辽宁丝绸, (2): 30.

米拉, 苏日娜, 张建中, 等. 1999. 柞树叶营养成分及脱毒处理的研究[J]. 内蒙古林学院学报, (1): 72-75.

潘多锋, 申忠宝, 王建丽, 等. 2016. 碱性盐胁迫对偃麦草苗期生长的影响[J]. 草业科学, 33(11): 2276-2282.

潘树百, 单良, 彭博, 等. 2018. 蒙古栎无性系间叶片氮磷钾含量变异初步分析[J]. 北华大学学报(自然科学版), 19(5): 600-603.

平吉成. 1997. 用组织培养方法快速繁殖植物材料文献述评[J]. 宁夏农学院学报, 18(2): 75-81.

齐涛, 廖柏勇, 何茜, 等. 2014. 小桐子无性系结果相关性状的主成分分析[J]. 经济林研究, 32(2): 42-46, 129.

秦采风, 李悦, 牛正田, 等. 2000. 油松种子园无性系性状变异与配子贡献研究[J]. 北京林业大学学报, (1): 20-24.

屈红军, 孟庆彬, 张忠林, 等. 2013. 蒙古栎苗期种源分析[J]. 植物研究, 33(2): 166-173.

单良. 2018. 蒙古栎叶片主要营养物质变异规律分析[D]. 吉林: 北华大学硕士学位论文.

尚家辉. 2019. 蒙古栎生长性状变异规律初步研究[D]. 吉林: 北华大学硕士学位论文.

申艳梅, 郭平平, 刘淑玲, 等. 2014. 蒙古栎的加工利用研究进展[J]. 森林工程, 30(5): 58-60.

沈熙环. 1990. 林木育种学[M]. 北京: 中国林业出版社.

舒红. 2016. 抚顺陡岭地区应用自动虫情测报灯监测花布灯蛾结果分析[J]. 农业与技术, 36(8): 248.

宋庆云, 黄圣, 吕艳伟. 2018. 盐碱胁迫对白榆种子萌发和幼苗生长的影响[J]. 种子, 37(7): 15-18.

苏富琴, 崔红霞, 刘吉成. 2004. 复合多糖的免疫协同作用[J]. 中药新药与临床药理, 15(5): 317-319.

苏伦安. 1993. 野蚕学[M]. 北京: 农业出版社.

孙才华. 2007. G-中药复方多糖对雏鸡免疫调节机理的研究[D]. 石河子: 石河子大学硕士学位论文.

孙广义. 1986. 蒙古栎直播造林经验小结[J]. 吉林林业科技, (3): 8-64.

孙喆. 2021. 河北省天然次生林立地分类和立地质量评价[D]. 保定: 河北农业大学硕士学位论文.

唐晓杰, 于开渊, 程广有, 等. 2020. 蒙古栎无性系生长性状评价与选择[J]. 北华大学学报(自然科学版), 21(5): 603-607.

万小亮. 2019. 辽东地区蒙古栎适生立地调查研究[D]. 沈阳: 沈阳农业大学硕士学位论文.

王方. 2017. 浅谈柞蚕场的轮伐更新[J]. 辽宁丝绸, (1): 33.

王海荣. 2020. 蒙古栎圃地育苗技术管理措施[J]. 园艺种业, (17): 69-70.

王浩. 2016. 科尔沁沙地不同种源蒙古栎种子性状选优试验[J]. 辽宁林业科技, (2): 24-26, 33.

王金兰, 姚佳, 刘继梅, 等. 2014. 柞树皮化学成分研究[J]. 中草药, 45(21): 3062-3066.

王丽华. 2010. 柞蚕标准化高产、优质、高效养殖技术[J]. 吉林农业, (3): 76.

王明华, 李光晨, 李正应. 1995. 芭蕾苹果微繁殖中抑制褐化的研究[C]//韩振海, 黄卫东, 许雪峰. 中国科学技术协会第二届青年学术年会园艺学论文集. 北京: 北京农业大学出版社.

王珮璇, 何春, 吴秦展, 等. 2022. 立地因子影响桉树人工林土壤质量及材积量的机制[J]. 中南林业科技大学学报, 42(3): 80-91, 125.

王其桁. 2021. 立地因子对闽东山地湿地松生长的影响[J]. 福建林业科技, 48(3): 46-49.

王续衍, 林泰碧, 徐碧玲. 1988. 苹果组织培养研究简报[J]. 四川农业学报, 3(1): 46-48.

王耀辉, 孟庆繁, 孙广仁. 2006. 蒙古栎叶挥发性成分的分析[J]. 东北林业大学学报, 34(4): 37-39.

魏磊, 庞秋颖, 张爱琴, 等. 2012. 盐碱胁迫对角果碱蓬幼苗光合特性的影响[J]. 东北林业大学学报, 40(1): 32-35.

魏晓华. 1989. 蒙古栎系统的综合研究[D]. 哈尔滨: 东北林业大学博士学位论文.

魏玉龙, 张秋良. 2020. 兴安落叶松林缘天然更新与立地环境因子的相关分析[J]. 南京林业大学学报(自然科学版), 44(2): 165-172.

吴振多, 张绪卿, 石理新, 等. 1989. 柞蚕场退化原因及其综合治理[J]. 蚕业科学, 15(1): 53-55.

武华卫, 魏志强, 辜云杰, 等. 2013. 紫玉兰无性系生长性状比较及优良无性系选择研究[J]. 西部林业科学, 42(4): 63-66.

夏铭, 周晓峰, 赵士洞. 2001. 天然蒙古栎群体遗传多样性的 RAPD 分析[J]. 林业科学, (5): 126-133.

辛向军. 2022. 蒙古栎常见病虫害及其防治技术[J]. 林果科技, (7): 87-89.

邢婷婷. 2015. 内蒙古大兴安岭优势树种主要营养元素含量及变化特征研究[D]. 呼和浩特: 内蒙古农业大学硕士学位论文.

徐晶, 李滨萍, 孙伟, 等. 2022. 林分密度对蒙古栎次生林生长及更新的影响[J]. 吉林林业科技, 51(5): 11-15.

徐永勤, 徐卢雨, 沈凤强, 等. 2020. 樱花无性系花部形态及开花物候的研究[J]. 浙江林业科技, 40(3): 9-15.

许家铭. 2017. 不同处理对蒙古栎播种苗出苗率和生长的影响[D]. 北京: 北京林业大学硕士学位论文.

许中旗, 王义弘. 2002. 蒙古栎研究进展[J]. 河北林果研究, 17(4): 365-370.

闫文涛. 2017. 蒙古栎嫩枝扦插繁殖技术及其生根机理的研究[D]. 沈阳: 沈阳农业大学硕士学位论文.

闫烨琛. 2020. 大清河流域山丘区立地类型划分与评价[D]. 北京: 北京林业大学硕士学位论文.

颜冰, 刘刚, 陈爱华, 等. 2015. 东北三省不同种源蒙古栎种子表型性状和淀粉含量对比分析[J]. 安徽农业科学, 43(30): 121-123.

晏姝, 王润辉, 邓厚银, 等. 2021. 南岭山区杉木大径材成材影响因子研究[J]. 华南农业大学学报, 42(2): 80-89.

杨百钧, 柴景峰, 罗景芳, 等. 2005. 蒙古栎的采种与育苗[J]. 林业实用技术, (6): 27.

杨滨, 杨斌, 周晓静, 等. 2021. 蒙古栎优树选择研究[J]. 吉林林业科技, 50(3): 1-5, 9.

杨传宝, 倪惠菁, 李善文, 等. 2016. 白杨派无性系苗期对 $NaHCO_3$ 胁迫的生长生理响应及耐盐碱性综合评价[J]. 植物生理学报, 52(10): 1555-1564.

杨汉波, 张蕊, 宋平, 等. 2017. 木荷种子园无性系开花物候及同步性分析[J]. 林业科学研究, 30(4): 551-558.

姚大地, 于海洪, 潘丽梅. 1998. 蒙古栎叶、果实成分分析[J]. 吉林林学院学报, (4): 21-23.

姚佳, 张中伟, 宋鑫, 等. 2012. 柞树枝化学成分研究[J]. 齐齐哈尔大学学报(自然科学版), 28(6): 30-32.

殷晓洁, 周广胜, 隋兴华, 等. 2013. 蒙古栎地理分布的主导气候因子及其阈值[J]. 生态学报, 33(1): 103-109.

尤文忠, 赵刚, 张慧东, 等. 2015. 抚育间伐对蒙古栎次生林生长的影响[J]. 生态学报, 35(1): 56-64.

于顺利, 马克平, 陈灵芝. 2000. 中国北方蒙古栎林起源和发展的初步探讨[J]. 广西植物, 5(2): 131-137.

于越. 2019. 蒙古栎幼苗耐盐性初步研究[D]. 吉林: 北华大学硕士学位论文.

余莉, 杜超群, 李玲, 等. 2012. 日本落叶松种子园优良家系球花分布规律及花量调查[J]. 湖北林业科技, (4): 4-7, 20.

袁锋, 陈灿, 夏心慧, 等. 2021. 马尾松林生物量估算系数及其影响因子[J]. 生态学杂志, 40(6): 1557-1566.

袁久志. 1997. 东北栎属植物资源和化学分类学的初步研究[J]. 沈阳药科大学学报, 14(3): 220.

袁久志, 孙启时. 1998. 蒙古栎化学成分的研究[J]. 中国中药杂志, (9): 37-38.

远皓, 杨传林. 2016. 蒙古栎的价值和作用[J]. 中国林副特产, (5): 97-98.

曾群英, 黄剑坚, 刘素青. 2016. 红海榄花的空间分布格局分析[J]. 中南林业科技大学学报, 36(4): 41-44.

张冬燕, 王冬至, 范冬冬, 等. 2019. 不同立地类型华北落叶松人工林冠幅与胸径关系研究[J]. 林业资源管理, 41(4): 69-73.

张桂芹, 刘跃杰, 姜秀煜, 等. 2015. 蒙古栎种源生长性状的遗传变异及优良种源选择[J]. 东北林业大学学报, 43(4): 5-7, 36.

张桂芹, 王冰姚, 盛智, 等. 2001. 柞树的嫁接技术[J]. 林业科技, 30(2): 8-9.

张海峰, 曲继林. 2012. 黑龙江省森工林区蒙古栎林的经营对策[J]. 黑龙江生态工程职业学院学报, 25(1): 16-18.

张杰, 李健康, 段安安, 等. 2019. 不同质量浓度 NAA、IBA 对栓皮栎、蒙古栎黄化嫩枝扦插生根的影响[J]. 北京林业大学学报, 41(7): 128-137.

张杰, 吴迪, 汪春蕾, 等. 2007. 应用 ISSR-PCR 分析蒙古栎种群的遗传多样性[J]. 生物多样性, (3): 292-299.

张杰, 邹学忠, 杨传平, 等. 2005. 不同蒙古栎种源的叶绿素荧光特性[J]. 东北林业大学学报, (3): 20-21.

张劲松, 周新锋, 彭凯, 等. 2014. 蒙古栎橡实象虫的发生与防治[J]. 现代农业科技, (1): 191.

张康健, 张亮成. 1997. 经济林栽培学(北方本)[M]. 北京:中国林业出版社.

张鹏, 张宇, 何梦雅, 等. 2015. 播种时期对蒙古栎不同类型苗木出苗和生长的影响[J]. 中南林业科技大学学报, 35(1): 14-17.

张潭, 唐达, 李思思, 等. 2017. 盐碱胁迫对枸杞幼苗生物量积累和光合作用的影响[J]. 西北植物学报, 37(12): 2474-2482.

张骁. 2016. 黄檗种子园开花结实规律的研究[D]. 吉林: 北华大学硕士学位论文.

张小琴. 2008. 马尾松 1.5 代无性系种子园花量调查与遗传多样性分析[D]. 南京: 南京林业大学硕士学位论文.

张毅, 郑兰兰, 逄玉军. 2012. 优质丰产型柞蚕品种 882 促早养殖技术[J]. 现代农业科技, 12: 265-274.

张英华, 关雪. 2012. 刺五加叶中黄酮类提取物的抗氧化性及抑菌作用研究[J]. 东北农业大学学报, 43(3): 85-90.

张中惠, 王彦辉, 郭建斌, 等. 2022. 六盘山华北落叶松单木树高对立地因子和林分特征的响应[J]. 林业科学研究, 35(1): 1-9.

张卓文. 2005. 杉木生殖生物学特性研究[D]. 武汉: 华中农业大学博士学位论文.

赵波, 苑静. 2017. 东北地区蒙古栎常见病虫害的防治[J]. 绿色科技, (17): 188-189.

赵吉胜, 杨晶. 2014. 蒙古栎组织培养的初步研究[J]. 吉林林业科技, 43(1): 17-19.

赵鹏, 樊军锋, 刘永红, 等. 2007. 油松无性系种子园雌雄球花量及球果量变异分析[J]. 安徽农业科学, (13): 3847-3849, 3876.

赵云吉. 2006. 柞蚕场生态建设几个技术要点[J]. 特种经济动植物, (6): 21.

郑焕能, 贾松青, 胡海清. 1986. 大兴安岭林区的林火与森林恢复[J]. 东北林业大学学报, 14(4): 1-7.

郑金萍, 杨学东, 郭忠玲, 等. 2015. 蒙古栎林天然更新状况及影响因素研究[J]. 北华大学学报 (自然科学版), 16(5): 652-657

郑万钧. 1985. 中国树木志: 第二卷[M]. 北京: 中国林业出版社.

郑希伟, 赵荣慧, 宋秀杰. 1990. 辽西地区主要造林树种抗旱性研究[J]. 林业科学, 26(4): 353-358.

周建云, 李荣, 张文辉, 等. 2012. 不同间伐强度下辽东栎种群结构特征与空间分布格局[J]. 林业科学, 48(4): 149-155.

周延清, 张根发, 贾敬芬. 2003. 影响决明无菌苗子叶原生质体分离和培养因素的研究[J]. 广西植物, 23(4): 334-338.

周以良. 1988. 黑龙江省树木志[M]. 哈尔滨: 黑龙江省科学技术出版社.

周应军, 徐绥绪, 孙启时, 等. 2000. 巴东栎中的黄酮类成分[J]. 沈阳药科大学学报, 17(4): 263-266.

Banziger M, Setimela PS, Hodson D, *et al*. 2006. Breeding for improved abiotic stress tolerance in maize adapted to southern Africa[J]. Agricultural Water Management, 80(1-3): 212-224.

Chevre AM. 1983. *In vitro* vegetative multiplication of chestnut[J]. J Hortic Sci, 58(1): 23-29.

Dalal MA, Sharrna BB, Rao MS. 1992. Studies on stock plant treatment and initiation culture mode in control of oxidative browning *in vitro* cultures of grapevine[J]. Sci Hortic, 51(1): 35-41.

Hildebrandt V, Harney PM. 1988. Factors affecting the release of phenolic exudate from explants of *Pelargonium×hortorum*, Bailey 'Sprinter Scarlet'[J]. J Hortic Sci, 63(4): 651-657.

Hu CY, Wang PJ. 1983. Meristem,shoot tip and bud cultures[M]//Evans DA, Sharp WR, Ammirato PV, *et al*. Handbook of Plant Cell Culture (Vol. Ⅰ). New York: Macmillan Publishing Co. A Division of Macmillan, Inc.

Ishii M, Uemoto S, Fujieda K. 1979. Studies on tissue culture in *Cattleya* species II. Preventive methods for the browning of explanted tissue[J]. J Jpn Soc Hortic Sci, 48:199-204.

Ishimaru K, Nonaka G-I, Nishioka I. 1987. Phenolic glucoside gallates from *Quercus mongolica* and *Q. acutissima*. Phytochemistry, 26(4): 1147-1152.

Klein JI. 1998. A plan for advanced-generation breeding of Jack pine[J]. Forest Genetics, 5(2): 73-83.

Lambeth C, Lee BC, O'Malley D, et al. 2001. Polymixin breeding with parental analysis of progeny: an alternative to full-sib breeding and testing[J]. Theoretical and Applied Genetics, 103(6): 930-943.

Lu H, Xu J, Li G, et al. 2020. Site classification of *Eucalyptus urophylla×eucalyptus* grandis plantations in China[J]. Forests, 11(8): 1-15.

Nie X, Guo W, Huang B, et al. 2019. Effects of soil properties, topography and landform on the understory biomass of a pine forest in a subtropical hilly region[J]. Catena, 176: 104-111.

Powers JS, Peréz-Aviles D. 2013. Edaphic factors are a more important control on surface fine roots than stand age in secondary tropical dry forests[J]. Biotropica, 45(1): 1-9.

Rathcke B, Lacey EP. 1985. Phenological patterns of terrestrial plants[J]. Annual Review of Ecology & Systematics, 16(1): 179-214.

Reuveni O, Kipnjs H L. 1974. Studies of the *in vitro* culture of date palm (*Phoenix dactylifera* L.) tissues and organs[J]. Pamphlet, 145(1): 20.

Shen Y, Santiago L, Shen H, et al. 2014. Determinants of change in subtropical tree diameter growth with ontogenetic stage[J]. Oecologia, 175(4): 1315-1324.

Świątek B, Pietrzykowski M. 2021. Soil factors determining the fine-root biomass in soil regeneration after a post-fire and soil reconstruction in reclaimed post-mining sites under different tree species[J]. Catena, (204): 204.

Wang QC, Tang HR, Quan Y, et al. 1994. Phenol induced browning and establishment of shoot-tip explants of 'Fuji' apple and 'Jinhua pear' cultured *in vitro*[J]. J Hortic Sci, 69(5):833-839.

Wang X, Huang X, Wang Y, et al. 2022. Impacts of site conditions and stand structure on the biomass allocation of single trees in larch plantations of the Liupan mountains of northwest China[J]. Forests, 13(2): 1-14.

Yu DH, Meredith CPJ. 1986. The influence of explant origin on tissue browning and shoot production in shoot tip culture of grapevine[J]. J Am Soc Hortic Sci, 111(6): 972-975.

Zaid A. 1987. *In vitro* browning of tissue and media with special emphasis to date palm culture: A review[J]. Acta Hort, 212: 561-566.

Ziv M, Halery AH. 1983. Control of oxidative browning and *in vitro* propagation of *Strelitzia reginae*[J]. Hortic Sci, 18(4):434-436.